# ntworten von Aufgaben

## Beim Bearbeiten von Bildern und Zeichnungen

Das Foto/das Bild/die Zeichnung zeigt … .
Mithilfe der Bildunterschrift kann man feststellen, … .
Das Foto ist ein Schrägluftbild/Senkrechtluftbild/Erdbild.

Das Wichtigste auf dem Foto/dem Bild/der Zeichnung ist … .
Das Foto/das Bild/die Zeichnung macht deutlich, dass … .
Im Vordergrund sieht man … .
In der Bildmitte erkennt man … .
Im Hintergrund sieht man … .
Die Landschaft ist … .



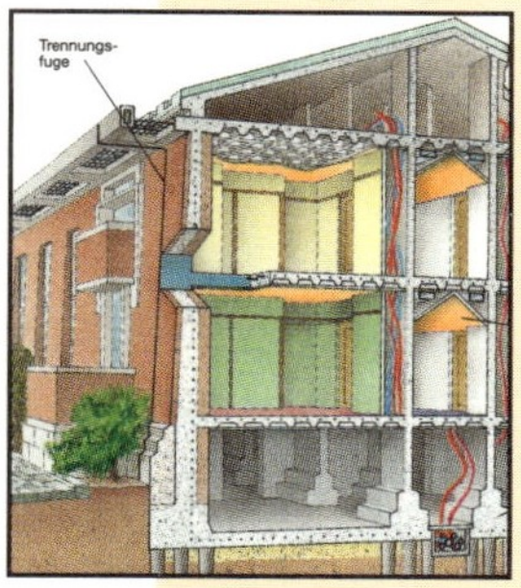


Mithilfe der Bildunterschrift kann man feststellen, … .
Besonders eindrucksvoll ist, … .
Das Foto/das Bild/die Zeichnung verdeutlicht … .

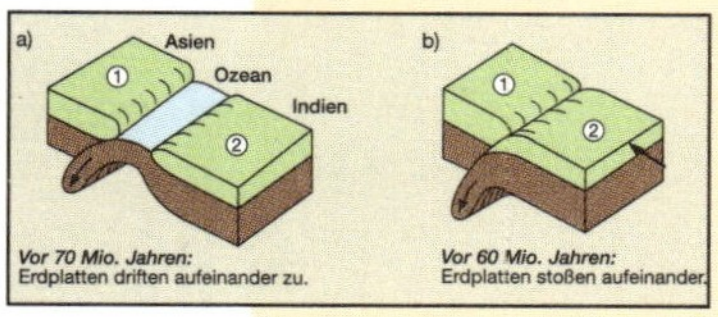


**Zeichnung**

Die Zeichnung zeigt auf, dass … .
Die Zeichnung verdeutlicht, dass … .
Die Pfeile zeigen die Beziehung zwischen … .
Die Zeichnung stellt die Verbindung zwischen … und … dar.
Die Zeichnung veranschaulicht … .

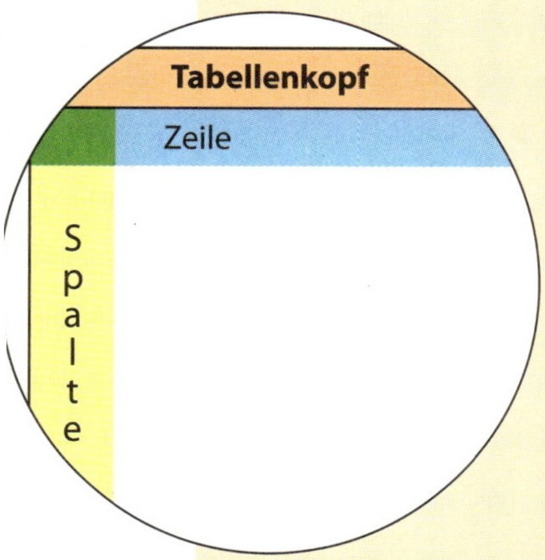


## Beim Bearbeiten von Tabellen

Der Titel der Tabelle lautet: … .
Die Tabelle stellt … (die Entwicklung der Einwohnerzahlen in niedersächsischen Städten/…) dar.
Die Zeilen zeigen (einzelne Städte/Staaten/Produktionsmengen/…).
Die Spalten zeigen (die Einwohnerzahlen der Städte in einem bestimmten Jahr/…).
Es ist zu erkennen, dass im Jahr … die Stadt … die meisten Einwohner hat.
Es ist festzustellen, dass die Einwohnerzahl der Stadt … (zugenommen/abgenommen/…) hat.
Insgesamt ist festzustellen, dass … .
Die Angaben erklären … . Die Werte verdeutlichen … .

# Durchblick

## Erdkunde 7/8
Realschule Niedersachsen


**Moderatoren:**
Matthias Bahr
Ralf Tieke

**Autoren:**
Matthias Bahr
Renate Frommelt-Beyer
Uwe Hofemeister
Katja Hoffmann
Günther Hoppe
Ralf Tieke


westermann

*Einband:* Forstbeamter in Laos auf seinem Weg von Baumhaus zu Baumhaus



Druck A¹ / Jahr 2009
Alle Drucke der Serie A sind im Unterricht parallel verwendbar.
Verlagslektorat: Ullrich Löbmann
Lay-out: Dietrich Otto
Herstellung: Ullrich Löbmann
Satz: PER Medien + Marketing GmbH, Braunschweig
Druck und Bindung: westermann druck GmbH, Braunschweig

ISBN 978-3-14-**110867**-5

# Inhalt

# Inhalt

**Erklärung der Symbole**

Die Symbole oben auf den Doppelseiten bedeuten:

 Orientierung im Raum – Gewusst wo

 Arbeitsweisen und Methoden – Gewusst wie

 Wissen und können – Wiederholung und Überprüfung wichtiger Inhalte des Hauptkapitels

 Erklären und beurteilen – Situationen und Entwicklungen in Zusammenhänge einordnen und beurteilen

Auf den Seiten bedeuten:

ⓘ Informationen, die das Verständnis von Zusammenhängen erleichtern.

 Aufgaben, die mit dem Buch allein nicht lösbar sind.

**M** Materialien, die den Text ergänzen, zum Beispiel Fotos, Zeichnungen, Karten, Tabellen und Quellentexte.

Bei den Kapiteln bedeutet:

Ⓦ Thema für den Wahlpflichtunterricht

# Verkehr – seine Ursachen und Folgen

**M1** *Der A380, das größte Passagierflugzeug der Welt, bei einem Flug über Hamburg*

A380
A380

**M1** *Reisende auf dem Kölner Hauptbahnhof*

**M2** *Binnenschiff auf dem Main*

### Menschen und Güter in Bewegung

Einkäufe machen, in den Urlaub fliegen, den Weltraum erforschen: die Menschen bewegen sich jeden Tag. Gleichzeitig transportieren sie Güter dorthin, wo diese gebraucht werden. Dazu benutzen sie zum Beispiel Lkws, Pipelines oder die Eisenbahn. Verschiedene Verkehrsmittel befördern Menschen und Güter auf unterschiedlichen Verkehrswegen, beispielsweise auf Kanälen und Autobahnen, über die Weltmeere und in der Luft. Allein in Deutschland gibt es jeden Tag etwa 270 Millionen Gründe, um einen Weg zurückzulegen.
Diese Bewegungen nennt man Mobilität. Der Begriff kommt aus dem Lateinischen und hat mehrere Bedeutungen. Man versteht darunter die Beweglichkeit oder Fortbewegung von Personen und Gegenständen, weil sie ihren Standort wechseln müssen. So sind zum Beispiel alle Schüler mobil, weil sie morgens den Weg von ihrer Wohnung zur Schule zurückgelegt haben.

**1** Zähle verschiedene Verkehrsmittel mithilfe der Fotos M1 – M4 auf.
**2** Erläutere die Benutzung von Verkehrsmitteln in Deutschland (M5, linke Säule).
**3** Beschreibe mithilfe von selbstgewählten Beispielen, aus welchen Gründen die Menschen in Deutschland jeden Tag Wege zurücklegen (M5, rechte Säule).
**4** Nenne Beispiele zu:
a) den Anlässen, bei denen du Wege zurückgelegt hast.
b) den Zielen, die du in der letzten Woche aufgesucht hast.
c) Nenne die Verkehrsmittel, die du auf deinen Wegen benutzt hast.
d) Beschreibe die Verkehrswege, die du dafür benutzen musstest.
e) Ermittle mithilfe von Stadtplan, Karte, Internet oder Navigationsgerät ihre jeweilige Länge.
f) Notiere die Zeit, die du für deine Wege benötigt hast.

**M3** *Rikschafahrt in Delhi (Indien)*

**M4** *Bushaltestelle in London (Großbritannien)*

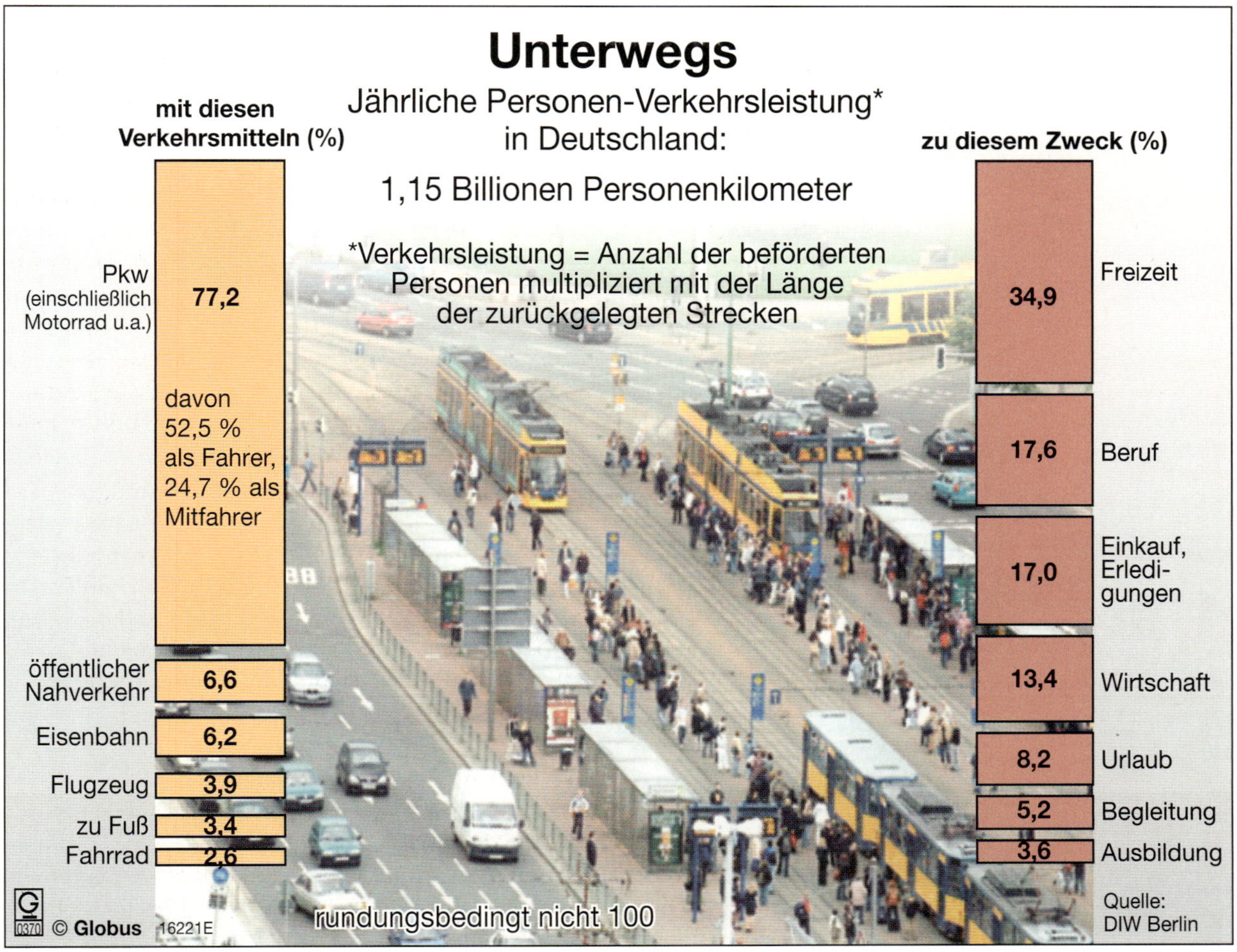


**M5** *Personen-Verkehrsleistung in Deutschland*

# Personenverkehr

M1 *Individualverkehr – Familie vor der Urlaubsreise*

M2 *Massenverkehr – Reisende im Flughafen*

## Beförderung – individuell oder nach Fahrplan

In den letzten Jahrzehnten hat der Personenverkehr in Deutschland stark zugenommen. Die bequemste und häufig auch schnellste Fortbewegung ist mit dem Pkw möglich. Dabei nutzen die Menschen das Auto, um jederzeit dorthin fahren zu können, wohin sie möchten. Allerdings hat das seinen Preis. Anschaffungs- und Betriebskosten sind hoch. Billiger ist es, Massenverkehrsmittel zu benutzen. Busse, Bahnen und Flugzeuge befördern deshalb jeden Tag Millionen von Menschen.

**1** Nenne mithilfe von Text, M1 und M2 Vor- und Nachteile
a) des Individualverkehrs,
b) des Massenverkehrs.

**2** a) Ermittle die Anschaffungs- und festen Betriebskosten für einen Kleinwagen. Tipp: Frage deine Eltern oder einen Autohändler in deinem Wohn- oder Schulort. Benutze auch das Internet.
b) Vergleiche den Preis für eine Fahrkarte im öffentlichen Personennahverkehr mit den Kosten einer Pkw-Fahrt für dieselbe Strecke.

**3** Bearbeite die Übungskarte Niedersachsen (M4).

**4** Durch Niedersachsen verlaufen zwei wichtige ICE-Strecken. Beschreibe den Verlauf auf niedersächsischem Gebiet (M4, Atlas)
a) der Ost-West-Verbindung Berlin – Ruhrgebiet,
b) der Nord-Süd-Verbindung Hamburg – München.

**5** a) Nenne sechs niedersächsische Städte, die nicht an Fernverkehrsstrecken der Eisenbahn liegen (M4).
b) Beschreibe den Verlauf einer Fahrt auf der Autobahn von Emden nach Göttingen (M4, Atlas).
c) Beschreibe den Verlauf einer Fahrt von deinem Wohn- oder Schulort in die niedersächsische Landeshauptstadt Hannover (M4, Atlas).

M3 *Parkleitsystem in Hannover*

**M4** *Übungskarte Niedersachsen*

### Individualverkehr

Individualverkehr ist die Bezeichnung für einen Verkehr, der mit individuellen Verkehrsmitteln (z. B. Pkw, Motorrad, Fahrrad) oder zu Fuß durchgeführt wird. Wegstrecke, Ziel und Zeitpunkt kann man selbst bestimmen.

### Massenverkehr

Beim Massenverkehr werden viele Personen in einem Verkehrsmittel befördert. Hier sind Wegstrecken, Abfahrts- und Ankunftszeiten sowie Zielorte festgelegt. Zu den Verkehrsmitteln des Massenverkehrs gehören zum Beispiel Busse, Eisen-, Straßenbahnen und Flugzeuge.

# Personenverkehr

Jeden Morgen sitzt sie im ICE von Köln nach Frankfurt. Abfahrt 6.44 Uhr. Fünf Tage in der Woche, immer im gleichen Waggon. Stets trifft sie die gleichen Mitfahrer. Rebecca Schaarschmidt gehört zu einer besonderen Gruppe von Bahnfahrern: den Berufspendlern. Sie lebt mit ihrem Freund in Köln und arbeitet in Frankfurt/Main 200 km entfernt. Zwei Stunden braucht sie jeden Tag für die einfache Strecke. 64 Minuten sitzt sie im ICE. Dazu kommt eine halbe Stunde Straßenbahnfahrt und eine kurze S-Bahn-Strecke. 320 Euro bezahlt sie dafür jeden Monat. „Noch!", sagt sie, „Die Bahn erhöht fast jedes Jahr die Preise." Doch mit dem Auto ist die Strecke auf Dauer nicht zu bewältigen.

**M1** *Täglich im ICE auf der Strecke Köln – Frankfurt/Main (nach: „Frankfurter Allgemeine Zeitung" vom 24.10.2008)*

**Jeden Tag auf Achse**

Ein beträchtlicher Teil aller Fahrten wird dadurch verursacht, dass heute nur rund ein Drittel aller Arbeits- und Ausbildungsplätze zu Fuß erreicht werden können. Zwei Drittel aller Arbeitnehmer und Schüler arbeiten und lernen in einer anderen Gemeinde. Menschen, die deshalb Verkehrsmittel benutzen müssen, nennt man Pendler. Sie fahren entweder täglich oder zweimal wöchentlich zwischen beiden Gemeinden hin und her.
Zusätzlich zu ihrer Arbeits- und Ausbildungszeit verbringen sie häufig mehrere Stunden täglich in Fahrzeugen des Individual- oder Massenverkehrs. Das führt zu hohem Verkehrsaufkommen auf den Straßen insbesondere im Umland von Großstädten mit Staus zur Rushhour. Die öffentlichen Verkehrsmittel sind nicht selten morgens und abends überfüllt. Vor allem das tägliche Pendeln ist oft mit Stress verbunden und schränkt die Freizeit ein.

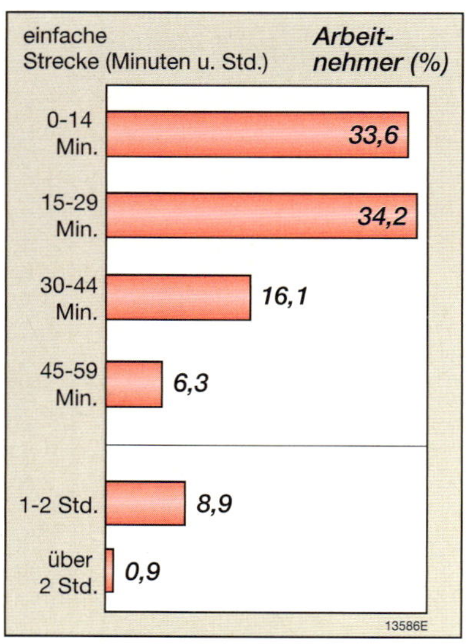


**M2** *Zeitaufwand von Pendlern (2007)*

**1** Beschreibe die Situation von Rebecca Schaarschmidt (M1).
**2** Ermittle
a) die Anzahl der Pendler in deiner Klasse (alle Schüler und Schülerinnen, die regelmäßig Verkehrsmittel für den Weg zur Schule benutzen);
b) die jeweilige Entfernung von der Schule;
c) das Verkehrsmittel, mit dem sie die Schule erreichen;
d) die Dauer des Schulwegs.
**3** Zeichne eine Karte, in die du Schule und Wohnorte einträgst.
**4** Erläutere M2.
**5** Bearbeite die Übungskarte Deutschland (M3).
**6** Der Fernverkehr mit Lkws findet in Deutschland überwiegend auf Autobahnen statt. Beschreibe den Verlauf der Autobahnen (M3, Atlas)
a) von Flensburg nach Basel,
b) von Frankfurt/Oder ins Ruhrgebiet,
c) von Lübeck nach Saarbrücken,
d) von Stuttgart nach Nürnberg.
**7** Beschreibe den Verlauf der Fahrt eines Binnenschiffes (M3, Atlas)
a) von Nürnberg nach Magdeburg,
b) von Berlin nach Karlsruhe,
c) von Duisburg nach Dresden.
**8** Nenne drei Mittelgebirge, die nicht von einer Autobahn durchquert werden (M3, Atlas).

# Deutschland

**M3** *Übungskarte Deutschland*

# Güterverkehr

**M1** *Ecuador-Rose*

Rund zwei Drittel aller Rosen in deutschen Vasen kommen aus Kenia. Sie wachsen unter tropischer Sonne heran und werden dann schockgekühlt in die europäischen Blumengroßmärkte geflogen.
Am Naivashasee liegt Kenias Blumenindustrie. 70 000 Beschäftigte machen einen jährlichen Umsatz von über 300 Millionen Euro. Täglich kommen 8,8 Millionen Rosen aus Kenia nach Europa.
Bei exakt 27 °C gedeihen die Rosen optimal und vor allem im Winter viel günstiger als in teuer beheizten holländischen Gewächshäusern. Nach dem Schneiden zählt jede Stunde: In vier Tagen sollen die Rosen aus Afrika in Europas Blumenläden sein. Vor dem Abtransport werden die Rosen in einer Kältekammer auf zwei Grad abgekühlt. Bei fünf Grad stoppt das Wachstum und die Blüten gehen nicht weiter auf. Bis zu den Großmärkten in Europa darf die Kühlkette nicht unterbrochen werden, sonst öffnen sich die Blüten und die Rosen wären unverkäuflich. 100 km sind es bis zum Flughafen Nairobi mit dem Lkw. Ab dort übernehmen Frachtflugzeuge den Transport.
Neun Tage werden für Transport und Verkauf kalkuliert, danach sollten die Rosen noch sieben Tage in der Vase blühen.

**M3** *Blumen aus Afrika (nach: mdr „Windrose" vom 26.10.2008)*

Meine Kunden verlangen das ganze Jahr über Rosen, eben nicht nur, wenn sie bei uns im Sommer blühen. Besonders beliebt sind langstielige Ecuador-Rosen mit großen Blüten, die zum Beispiel aus Kolumbien und Ecuador kommen.

**M4** *Kundenwünsche (nach: Rainer Marre, Florist in Aerzen)*

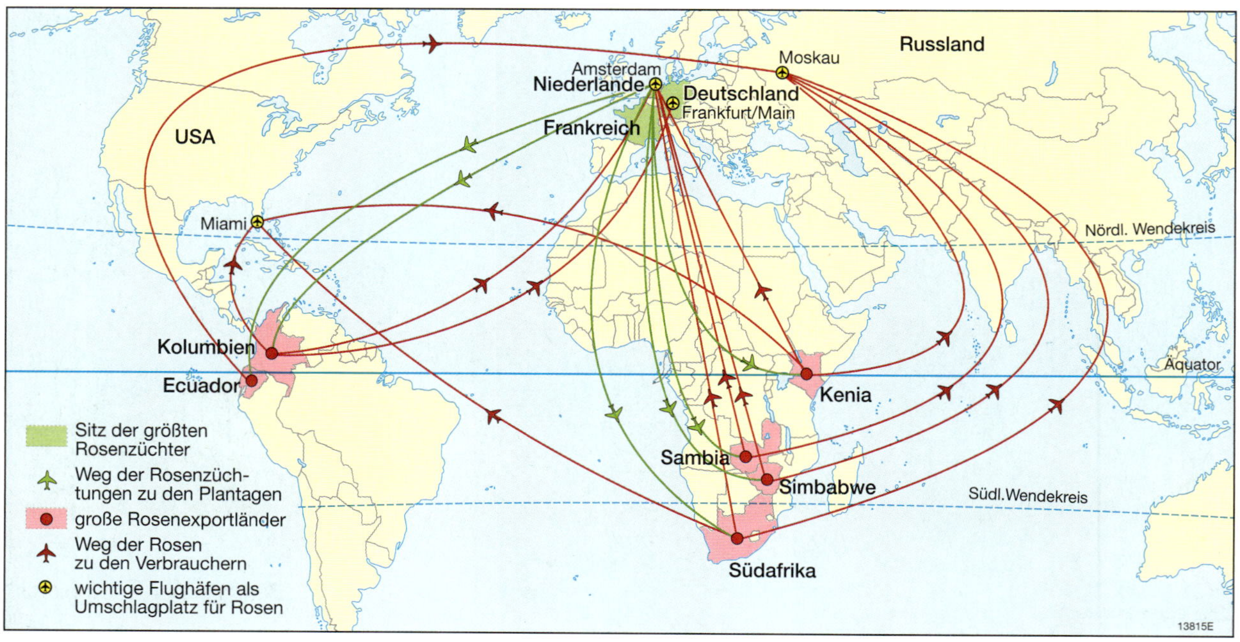


**M2** *Wege der Rosen*

## Gütertransporte

Täglich nutzt oder verbraucht jeder von uns Waren, die als Güter einen teilweise weiten Weg hinter sich haben. Aber bevor wir ein Produkt kaufen können, sind zu seiner Herstellung und Verteilung zahlreiche Fahrten notwendig. Rohstoffe müssen zur Verarbeitung transportiert werden und häufig werden fertige Einzelteile an anderen Standorten montiert. Außerdem müssen alle Güter über den Handel die Endverbraucher erreichen. Diese Transporte finden weltweit mit den jeweils geeignetsten Verkehrsmitteln statt.
Der Transport von Gütern in Containern nimmt immer mehr zu, da er mit allen Verkehrsmitteln erfolgen kann und das Umladen sowie Transportieren der genormten Behälter schnell und kostengünstig ist. In Containern kann inzwischen durch die Entwicklung vieler verschiedener Spezialcontainer, z. B. für gekühlte Lebensmittel, Flüssigkeiten oder sperrige Gegenstände, fast alles an Gütern transportiert werden. Sie können direkt beim Absender beladen und beim Empfänger entladen werden.

**1** Berichte über den Transport von Rosen (M1 – M4).
**2** Informiere dich im Internet über den Anbau von Ecuador-Rosen und berichte darüber.
**3** Nenne (M2)
a) die Standorte der Rosenzüchter;
b) die großen Rosenexportländer;
c) Regionen, in die Schnittrosen geliefert werden.
**4** Erläutere die Notwendigkeit von Güterverkehr.
**5** Beschreibe die Anteile der verschiedenen Verkehrsmittel am Güterverkehr in Deutschland (M5).

**M6** *Güterumschlag*

**M7** *Blumentransport*

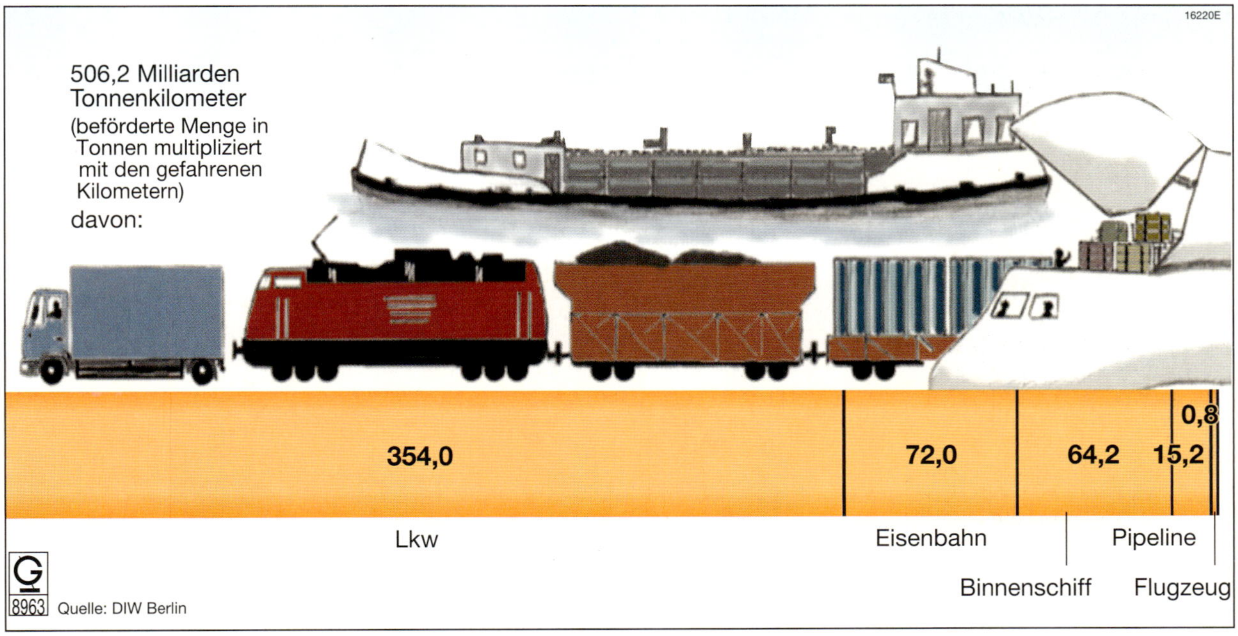

**M5** *Güterverkehr in Deutschland*

# Güterverkehr

**M1** *Weg des Spezialtanks von Deggendorf nach Leopoldshafen*

**M3** *Verladung des 700 t schweren Spezialtanks auf ein Binnenschiff (Donau)*

### Binnenschifffahrt

Bereits seit Jahrtausenden benutzt der Mensch die Flüsse, um Waren mit Schiffen oder Flößen von einem Ort zum anderen zu transportieren. Bereits im 12. Jahrhundert war die Binnenschifffahrt ein bedeutender Wirtschaftszweig. Schiffsbauer, Treidler (Menschen, die vom Ufer aus Schiffe durch Flüsse und Kanäle zogen) und Händler verdienten durch die Schifffahrt ihren Lebensunterhalt. Zur Zeit der Industrialisierung in Deutschland wurde das Wasserstraßennetz weiter ausgebaut.
Auch heute hat das Wasserstraßennetz Deutschlands mit einer Länge von etwa 7400 km eine große Bedeutung für den Güterverkehr.

**1** Beschreibe den Weg des Spezialtanks von Deggendorf nach Leopoldshafen (M1, M3, M4).

**2** Werte die Tabelle M2 aus und erstelle einen Bericht über das Güterverkehrsaufkommen der Binnenschifffahrt in Deutschland.

| Bereich | 1980 | 2006 |
|---|---|---|
| feste Brennstoffe (z. B. Kohle) | 24,0 | 31,5 |
| Erdöl, Gase | 45,5 | 40,5 |
| Erze, Metallabfälle | 41,7 | 36,2 |
| Eisen, Stahl u. a. Metalle | 14,5 | 13,3 |
| Steine, Erden | 75,0 | 52,5 |
| Fahrzeuge, Maschinen | 3,6 | 17,7 |
| Düngemittel, chem. Erzeugnisse | 17,6 | 28,8 |

**M2** *Güterverkehrsaufkommen der Binnenschifffahrt nach Güterbereichen (Mio. t)*

24 m lang und 200 t schwer ist der in Deggendorf hergestellte Spezialtank. Viel zu groß und viel zu schwer, um ihn auf dem Landweg ins Forschungszentrum Karlsruhe zu bringen. Nach einer zweimonatigen Reise kam er schließlich in Karlsruhe an. Da der Spezialtank mit einem Durchmesser von zehn Metern nicht unter den Brücken des Main-Donau-Kanals hindurchgepasst hätte, musste der Schwertransport den Umweg über das Mittelmeer nehmen. Zunächst ging es über die Donau ins Schwarze Meer. Dann per Hochseeschiff nach Antwerpen, von da per Binnenschiff über den Rhein bis nach Leopoldshafen.

**M4** *Schwertransport zu Wasser (nach: www.swr.de, 29.11.2006)*

**M5** *Mit Kohle beladenes Binnenschiff*

1743 – 1920 Elbe-Havel-Kanal
1880 – 1887 Ems-Jade-Kanal
1886 – 1891 Oder-Spree-Kanal
1886 – 1895 Nord-Ostsee-Kanal
1877 – 1899 Dortmund-Ems-Kanal
1896 – 1900 Elbe-Trave-Kanal (heute Elbe-Lübeck-Kanal)
1906 – 1914 Oder-Havel-Kanal
1906 – 1916 Mittellandkanal
1922 – 1935 Küstenkanal
1960 – 1992 Main-Donau-Kanal
1968 – 1976 Elbe-Seitenkanal

**M7** *Deutschland – Bau von Kanälen (Auswahl)*

Binnenschiffe können große Mengen an Gütern kostengünstig transportieren. Motorschiffe auf dem Rhein, eine der bedeutendsten Schifffahrtsstraßen Deutschlands, haben eine Länge von bis zu 110 m und können bis zu 6 000 t laden.
Gegenüber anderen Verkehrsarten hat die Binnenschifffahrt viele Vorteile: Unfälle kommen selten vor, es gibt keine kilometerlangen Staus wie auf Autobahnen, die Lärmbelästigung ist gering und ein Sonntagsfahrverbot wie für Lkws auf Autobahnen besteht nicht. Moderne Motorschiffe sind zuverlässig und pünktlich. Binnenschiffe können 24 Stunden am Tag fahren. Zeitliche Beschränkungen wie für Lkws gibt es nicht. Sie sind im Vergleich zu Lkw und Bahn viel langsamer.

**3** Beschreibe den Verlauf der Kanäle (M7).
**4** Vergleiche das Binnenschiff mit anderen Transportmitteln. Stelle Vor- und Nachteile in einer Liste gegenüber (Text, M8).
**5** Beschreibe den Weg eines Containers von Argentinien nach Osnabrück (M6, Atlas).

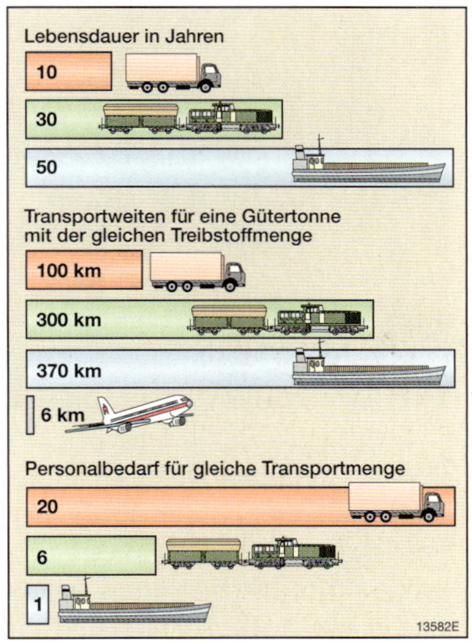


**M8** *Vergleich von Transportmitteln*

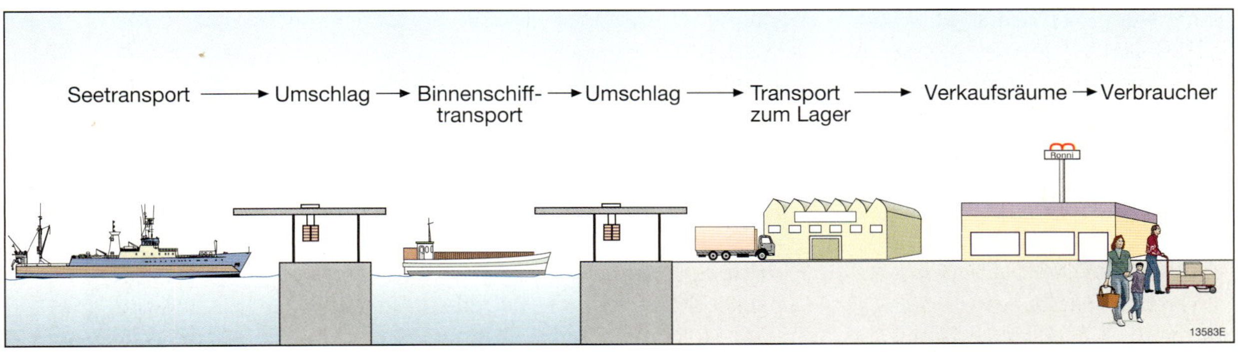


**M6** *Der Weg zum Verbraucher*

# Bau von Verkehrsmitteln – Fahrzeuge, Schiffe, Flugzeuge

Das am Mittellandkanal gelegene Werksgelände umfasst eine Fläche von mehr als sechs Quadratkilometern. Auf der bebauten Hallenfläche von 1,6 km² ließe sich das Fürstentum Monaco unterbringen. 75 km ist das Straßennetz lang, das die Produktionsstätten, Lagerhallen, Verwaltungsgebäude und Außenanlagen verbindet. Auf eine Länge von 70 km kommt das Schienennetz. Sieben Lokomotiven, zwei Rangierrobots und eine Schiebebühne sind im Einsatz.

Die größte zusammenhängende Automobilfabrik der Welt hat eine Fertigungskapazität von mehr als 3 000 Fahrzeugen am Tag. Neben der PKW-Produktion ist die Komponentenfertigung ein wichtiger Teil des Wolfsburger Werkes. 2007 wurden rund 655 000 Fahrzeuge produziert. Ende 2007 arbeiteten hier 43 600 Menschen.

Täglich verlassen rund 120 Doppelstockwaggons sowie 160 Autotransporter das Werk mit rund 2 500 Fahrzeugen. Pro Tag liefern 1 900 Firmen ihre Erzeugnisse – Rohmaterial, Teile, Systemgruppen – mit rund 150 Eisenbahnwaggons und rund 600 Lkws ins Werk.

Die zwei Heizkraftwerke des Volkswagenwerkes versorgen nicht nur das Werk, sondern auch die Stadt mit Strom und Fernwärme.

**M1** *Volkswagenwerk in Wolfsburg (nach: volkswagen-media-services vom 30.01.2007)*

1 Berichte über das Volkswagenwerk in Wolfsburg (M1, M2). Kläre zunächst dir unbekannte Begriffe im Text.

2 Stelle mithilfe des Internets fest, an welchen Orten Volkswagen außerdem produziert. Trage diese in eine Weltkarte ein.

## Kraftfahrzeug-, Schiff- und Luftfahrzeugbau

Güter und Personen werden in sehr unterschiedlichen Fahrzeugen, Schiffen und Flugzeugen transportiert. Diese werden in Fabriken des Kraftfahrzeug- und Schienenfahrzeugbaus, auf Schiffs- und Flugzeugwerften produziert. Dabei gibt es eine große Anzahl von Spezialtransportern und -schiffen für besondere Transporte und komplizierte Transportwege. Allein in Deutschland arbeiten Hunderttausende in den Produktionsstätten für Pkw, Lkw, Lokomotiven, Eisenbahnwaggons, Schiffe und Flugzeuge. Weitere Arbeitsplätze findet man in den Zulieferbetrieben, die Rohstoffe und Einzelteile zur Montage liefern.

**3** Nenne Beispiele für
a) spezielle Pkws und Lkws,
b ) verschiedene Typen von Eisenbahnbahnwaggons,
c) spezielle Schiffe,
d) besondere Flugzeuge.

**4** Nenne mithilfe von M2 und Atlas Standorte
a) des Kraftfahrzeugbaus,
b) des Schienenfahrzeugbaus,
c) des Schiffbaus,
d) der Luft- und Raumfahrttechnik,
e) der Zuliefererindustrie bei der Fahrzeugproduktion.

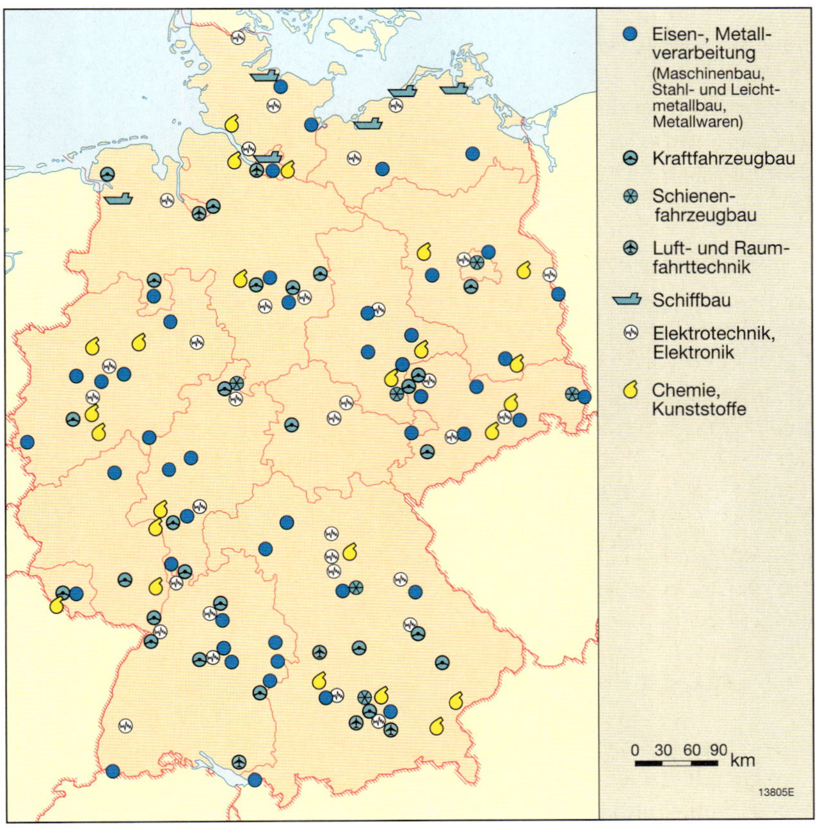


**M2** *Standorte des Fahrzeugbaus und der Zulieferindustrie in Deutschland*

**M3** *Schienenfahrzeugbau*

**M4** *Flugzeugbau*

**M5** *Trockendock*

**M1** *Lkw-Maut auf deutschen Autobahnen*

Trotz großer Bedenken wegen zu großer finanzieller Belastungen des Transportgewerbes stimmten die Länder auf der Verkehrsminister-Konferenz in Dessau-Roßlau der geplanten Erhöhung der Lkw-Maut zu. Diese soll künftig noch stärker nach Schadstoffausstoß gestaffelt werden. Zwei bis drei Jahre alte Lkws werden 2009 und 2010 weniger stark zur Kasse gebeten als bisher vom Bundesverkehrsminister geplant. Durch geringe Mehrbelastungen in den übrigen Schadstoffklassen soll es bei den rund eine Milliarde Euro zusätzlichen Mauteinnahmen bleiben. Damit werde die durchschnittliche Autobahngebühr wie vorgesehen von 13,5 auf 16,3 Cent je Kilometer erhöht, hieß es im Verkehrsministerium.

**M3** *Bund und Länder einigen sich auf höhere Lkw-Maut (nach: www.sueddeutsche.de, 08.10.2008)*

### Lkw-Autobahn-Maut

Der ständig wachsende Güterverkehr auf unserem Kontinent belastete das in Europa zentral gelegene Deutschland. Um die Unterhaltungskosten für die Autobahnen finanzieren zu können, hat die Bundesregierung ab dem 01.01.2005 eine Maut (Straßennutzungsgebühr) für Lkws (ab 12 t) eingeführt. Die Einnahmen werden nicht nur für den Bau und den Unterhalt von Straßen ausgegeben, sondern auch für den Ausbau und den Unterhalt des Wasserstraßen- sowie des Schienennetzes verwendet.

1 Berichte über die Lkw-Maut in Deutschland (M1 – M3).
2 Erläutere die Funktion des Systems der Lkw-Autobahn-Maut (M4).
3 Beurteile die Einführung der Lkw-Autobahn-Maut in Deutschland.

**M2** *Maut-Kontrollbrücke*

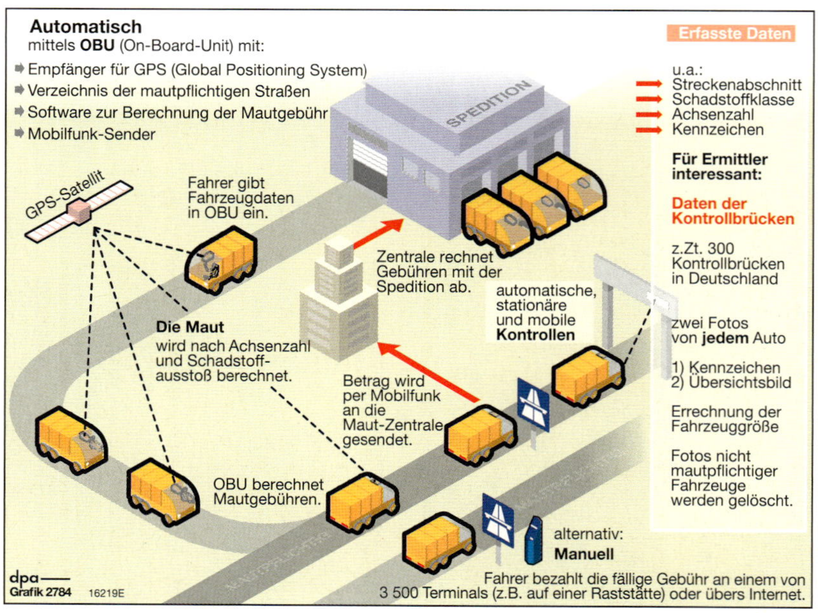


**M4** *Lkw-Autobahn-Maut*

Ein Jahr nachdem die Autobahn in Richtung Hamburg mit einem Lärm reduzierenden Flüsterasphalt-Belag versehen worden war, ist nun die Gegenrichtung an der Reihe.
Die Lärmreduzierung wird durch einen großporigen Belag verursacht. Ein weiterer Vorteil ist, dass es bei Regen eine verringerte Aquaplaning-Gefahr gibt.
Die Anwohner werden sich freuen, dass mehr Ruhe einkehrt. Eine Lärmreduzierung von fünf Dezibel ist zu erwarten. Dies hat den Effekt, als würde sich das Verkehrsaufkommen halbieren.

**M5** *Flüsterasphalt für die A23 (nach: „Hamburger Abendblatt" vom 26.05.2008)*

**Dezibel**
Dezibel (dB) ist die Einheit, mit der Lautstärke gemessen wird. Die Messung erfolgt mit einem Schallpegelmesser. Eine Zunahme von 10 Dezibel bedeutet eine Verzehnfachung der Lautstärke. 20 Dezibel mehr als der Ausgangswert bedeuten eine 100-fache Verstärkung der Lautstärke.

## Flächenverbrauch und Verkehrslärm

Zur Unterhaltung des Straßennetzes gehört neben dem Bau und der Reparatur von Straßen auch die Finanzierung von Maßnahmen gegen den Verkehrslärm.
Die Lärmbelastungen durch den Straßenverkehr sind erheblich. Bei vielen Menschen ist zum Beispiel Lärm eine der Hauptursachen für Schlafstörungen.
Um den Flächenverbrauch des ständig wachsenden Straßennetzes zu verringern, versucht man, den Verkehr auf der Straße zu reduzieren. Viele Güter können mit Schiff und Bahn wesentlich effektiver transportiert werden.

**4** Nenne Auswirkungen von Verkehrslärm auf den Menschen (Text, M8).
**5** Vergleiche den Landschaftsverbrauch von Straße und von Schiene (M9).
**6** Nenne und erläutere verschiedene Lärmschutzmaßnahmen (M5 – M7).
**7** Erläutere an Beispielen, wo in deiner Umgebung Lärmbelästigungen durch Verkehr auftreten.
**8** Erkunde, welche Lärmschutzmaßnahmen in deiner Region durchgeführt wurden oder geplant sind. Berichte darüber.

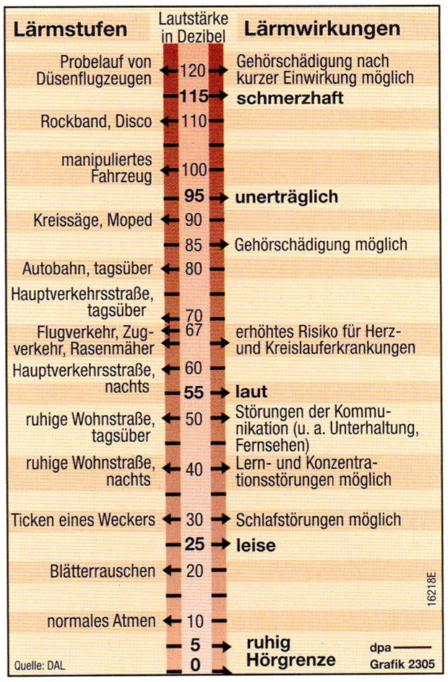

**M8** *Lärmstufen und Lärmwirkungen*

**M6** *Bau einer Lärmschutzwand*

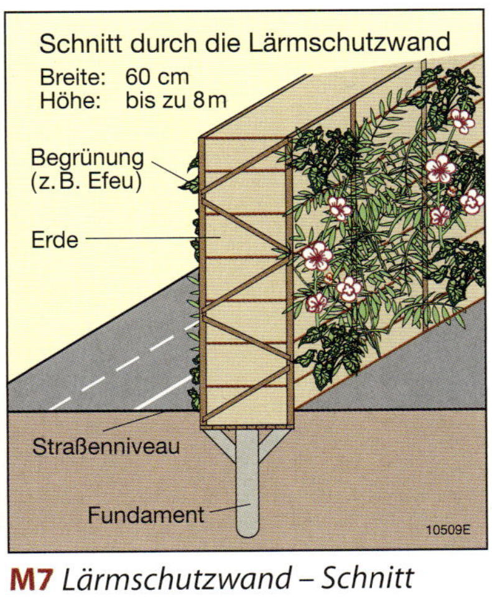

**M7** *Lärmschutzwand – Schnitt*

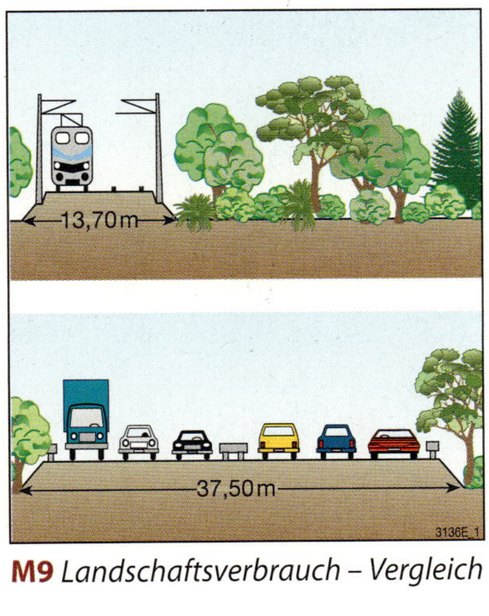

**M9** *Landschaftsverbrauch – Vergleich*

# Folgen des Massenverkehrs

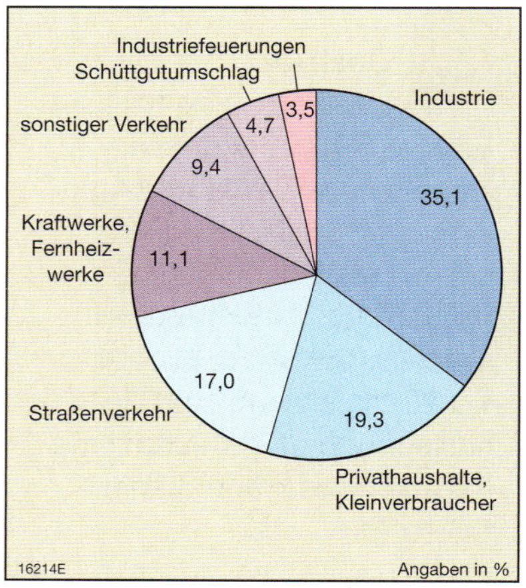


**M1** *Verursacher von Feinstaub*

**M3** *Umweltzone in Hannover*

In Berlin, Köln und Hannover ist es bereits ernst: Autos mit hohem Schadstoffausstoß, insbesondere alte Diesel-Fahrzeuge, haben in der Innenstadt nichts mehr zu suchen.
Mit Beginn des Jahres 2008 sind die Stadtzentren zu „Umweltzonen" erklärt worden. Wer sein Auto nicht außerhalb der City abstellen möchte, muss seit dem ersten Januar eine von drei farbigen Feinstaub-Plaketten an die Windschutzscheibe seines Autos kleben. Grün bedeutet sauber, gelb steht für mittelmäßig; Autos mit rotem Aufkleber sind gerade noch gestattet. Fahrzeuge, die keine Plakette erhalten, sind im City-Bereich von nun an verboten. Mithilfe der Plakettenpflicht wollen die Städte die Feinstaubbelastung in der Innenstadt senken. Denn die lag in den vergangenen Jahren vielerorts deutlich über dem EU-Grenzwert von 50 Mikrogramm pro Kubikmeter Luft.

**M4** *Drei Farben für gesunde Luft (nach: www.stern.de, 02.01.2008)*

**M2** *Feinstaub-Messstation in Hannover*

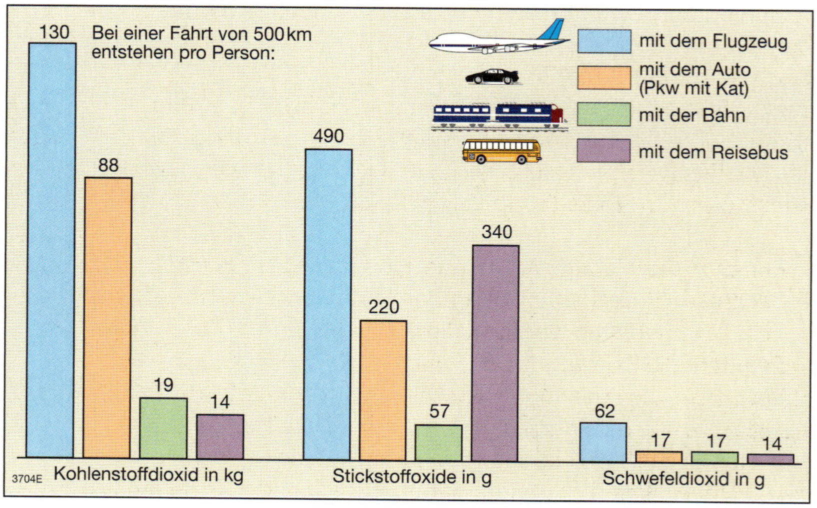


**M5** *Luftverschmutzung durch Verkehrsmittel*

M6 *Smogbelastung in Kuala Lumpur (Malaysia)*

### Luftverschmutzung durch Straßenverkehr

Bei der Verbrennung von Diesel und Benzin sowie durch Abrieb an Reifen und Bremsen oder auch beim Tanken gelangen verschiedene Abgase und Schadstoffe in die Luft. Durch diese Emissionen wird die Luft verunreinigt. Die schädlichsten Emissionen sind Kohlenstoffdioxid, Stickstoffoxid, Schwefeldioxid und Feinstaub.
Ein weiteres Problem ist die Entstehung von Sommersmog. Dieser verursacht bei Menschen Kopfschmerzen und reizt die Atemorgane.
Auch die Belastung der Luft durch kleine Staubteilchen stellt eine hohe Gefährdung für die Gesundheit dar. Dieser sogenannte Feinstaub besteht aus kleinen Partikeln, die kleiner sind als ein Mikrometer (ein Mikrometer entspricht 0,01 mm). Da die Filterwirkung der menschlichen Nase bei solch kleinen Teilchen nicht funktioniert, können Feinstaubpartikel über die Atemwege bis in die Lunge und von dort aus sogar in die Blutbahn gelangen.
Einige Staubpartikel wie Dieselruß sind krebserregend und somit besonders gefährlich. Um die Menschen zu schützen, hat die Europäische Union per Gesetz verfügt, dass bestimmte Grenzwerte von Feinstaub nicht überschritten werden dürfen.

1 Benenne die wichtigsten Verursacher von Feinstaub (M1).
2 Berichte, mit welchen Maßnahmen in Deutschland die Grenzwerte der EU eingehalten werden sollen (M2 – M4).
3 Erläutere die Bedeutung der Schilder in M3.
4 Vergleiche die Emissionen verschiedener Verkehrsmittel in M5.
5 a) Beschreibe die Entstehung von Smog (Text, Info-Text).
b) Nenne die Auswirkungen von Smog auf die Umwelt.
6 Informiere dich im Internet über die Schadstoffklassen von Pkws und Lkws.

**Emission**
Unter Emission (lat.: herausschicken, senden) versteht man den Ausstoß von Schadstoffen in die Umgebung (Luft, Boden, Wasser). In der Regel handelt es sich um gesundheitsschädliche Stoffe wie Abgase aus Schornsteinen und Motoren oder Flüssigkeiten aus Industrieanlagen.

**Smog**
Luftverschmutzung (engl.: smoke = Rauch, fog = Nebel), die vor allem über Ballungsgebieten auftritt, wenn Auto- und Industrieabgase bei bestimmten Wetterlagen nicht abziehen können. Dies ist zum Beispiel der Fall, wenn schwere bodennahe Kaltluft nicht von höherer, leichterer Warmluft verdrängt werden kann.

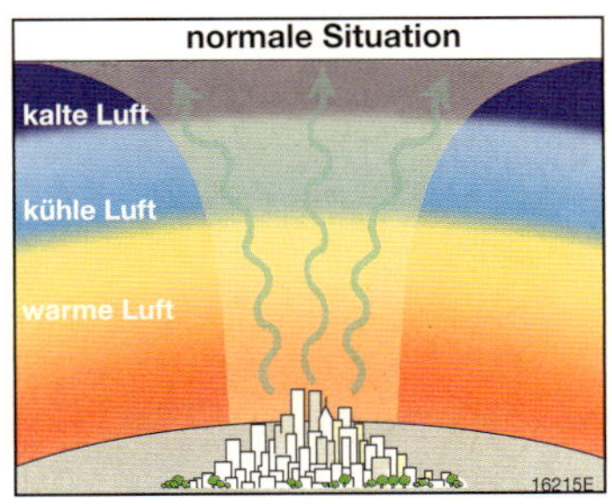


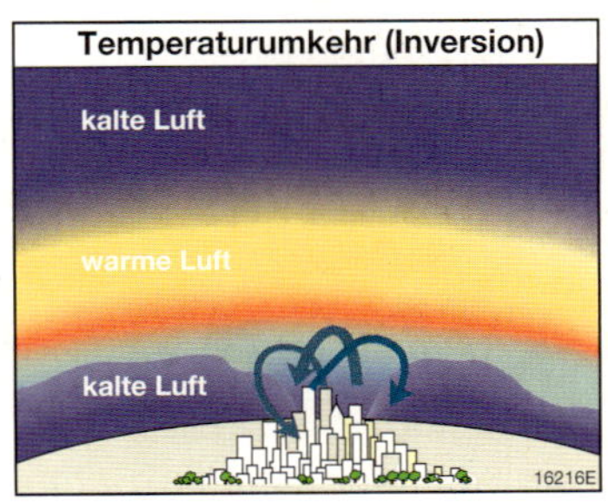

# Grafiken auswerten

Das Wort Grafik kommt aus dem Griechischen und ist der Sammelbegriff für künstlerische und technische Zeichnungen. Informationen und Zahlen werden in Zeichnungen oder Diagrammen dargestellt.

**So gehst du vor:**

**1. Schritt: Beschreiben der Darstellung**
- Nenne das Thema der Grafik. Beachte auch die Überschrift der Grafik.
- Nenne die Art der Darstellung (z.B. Säulendiagramm, Kurvendiagramm, Kreisdiagramm).
- Beschreibe die angegebenen Größen (z.B. Zeitabschnitte, Längen, Währungen). Beachte dabei gegebenenfalls die Aufteilung in waagerechte und senkrechte Achsen in der Grafik.
- Erkläre, wofür die verwendeten Farben bzw. Symbole stehen.

**2. Schritt: Entnehmen der Informationen**
- Nenne alle Informationen aus der Grafik. Du kannst dabei eine zeitliche Reihenfolge oder eine Reihenfolge nach Größen wählen.
- Fasse die Informationen aus der Grafik in zwei bis drei Hauptaussagen zusammen. Beachte den Bezug zur Überschrift der Grafik.

**3. Schritt: Bewerten der Hauptaussagen**
Nimm Stellung zu den Hauptaussagen der Grafik.

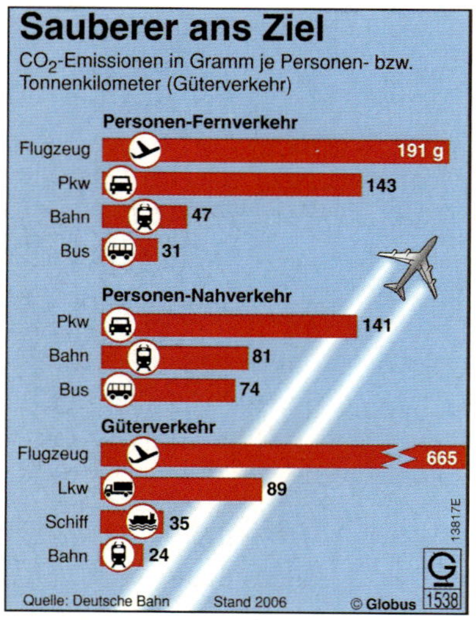


**M1** *Grafik zum Thema „Belastung der Luft"*

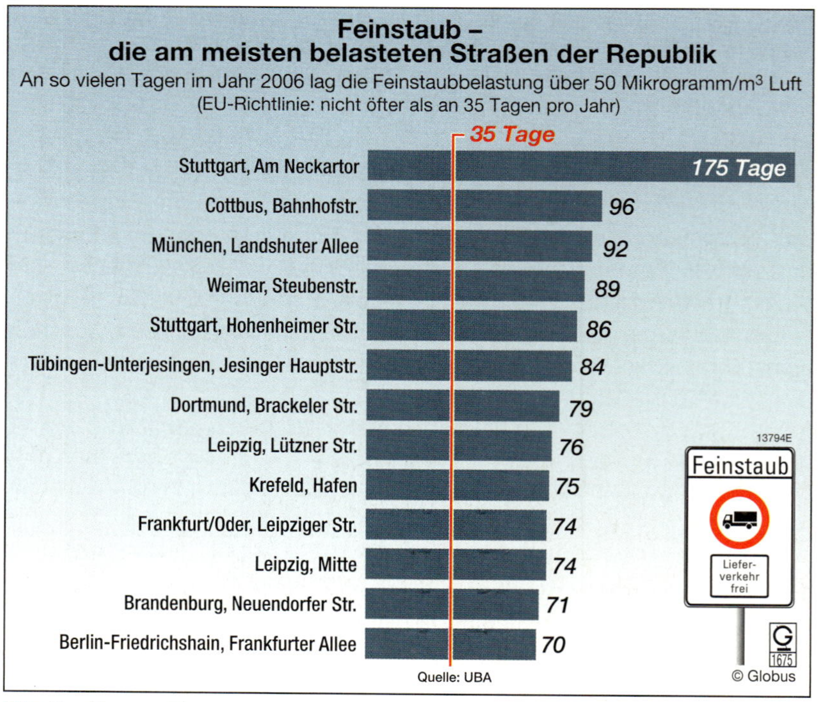


**M2** *Grafik zum Thema „Feinstaub"*

**1** Werte die Grafiken M1 und M2 aus.

**2** Sammle Grafiken aus Zeitungen oder Zeitschriften zum Thema „Mobilität". Werte eine davon aus.

# Arbeitsergebnisse präsentieren

Mithilfe einer Präsentation können Arbeitsergebnisse aus Partner- oder Gruppenarbeiten den Mitschülerinnen und Mitschülern in der Klasse vorgestellt werden. Darüber hinaus können auch andere Klassen oder Eltern über die Ergebnisse informiert werden. Weiterhin sind Aktionen am Schulort möglich. Für die Präsentation gibt es verschiedene Möglichkeiten (M4).

**So gehst du vor:**

**1. Schritt: Materialien beschaffen und auswerten**
- Beschafft euch Materialien zu eurem Thema, zum Beispiel aus Lexika, Zeitschriften, Büchern oder dem Internet.
- Erstellt eine Gliederung zu eurem Thema und notiert zu jedem Gliederungspunkt Informationen aus euren Materialien.
- Fasst die Informationen zu den Gliederungspunkten stichwortartig oder in Tabellenform zusammen.
- Entscheidet, welche Möglichkeiten der Ergebnisdarstellung ihr zusätzlich nutzen möchtet (M5).

Tipp: Wenn nicht viel Zeit zur Verfügung steht, eignet sich eine Vorstellung der Ergebnisse auf Folien mithilfe des Tageslichtprojektors.

**2. Schritt: Ergebnisse darstellen**
- Notiert eure Ergebnisse mit deutlicher Schrift auf Folien. Ihr könnt dazu verschiedenfarbige Folienstifte verwenden.
- Ergänzt weitere Darstellungen, zum Beispiel Karten, Skizzen oder Abbildungen. Ihr könnt sie selbst auf Folie (ab-)zeichnen oder kopieren.

**3. Schritt: Informationen präsentieren**
- Stellt auf der ersten Folie euer Thema und eure Gliederung vor.
- Erläutert abwechselnd die auf den Folien zusammengefassten Informationen.
- Veranschaulicht dabei wichtige Informationen mithilfe von Abbildungen.
- Beantwortet während eures Vortrages oder danach Fragen eurer Mitschülerinnen und Mitschüler.

- Plakat
- Wandzeitung
- Mappe
- Folie
- Referat
- Filmvortrag
- Diavortrag
- Standbild
- Rollenspiel
- Schülerzeitung
- Homepage
- Ausstellung
- Modell
- Gegenstand

**M4** *Möglichkeiten für Präsentationen*

- kurzer Text, Stichworte
- Tabelle
- Zeichnung
- Skizze
- Karte
- Diagramm
- Foto

**M5** *Möglichkeiten für die Darstellung von Arbeitsergebnissen*

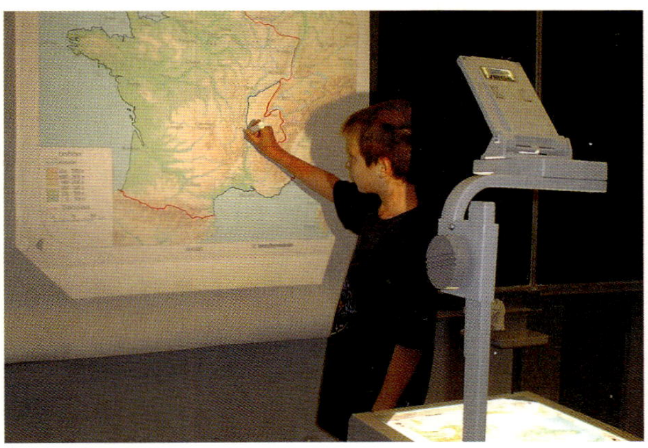

**M3** *Wandkarte erstellen für eine Präsentation*

**M6** *Präsentation der Arbeitsergebnisse*

# Zukunft des Verkehrs

Forscher der Ruhr-Universität in Bochum haben eine schnelle und besonders wirtschaftliche Transportalternative entwickelt: computergesteuerte Fahrzeuge unter der Erde. In unterirdischen Röhren befördern sie Güter auf Strecken von bis zu 150 km. „Cargo Cap“ soll nach Angaben der Entwickler den Verkehr in Ballungsräumen entlasten. Gleichzeitig sei es unabhängig von Verkehrsstaus oder Witterungsverhältnissen und könne Güter zeitgenau liefern.

**M1** *Unterirdische Flaschenpost (nach: www.focus.de, 01.12.2006)*

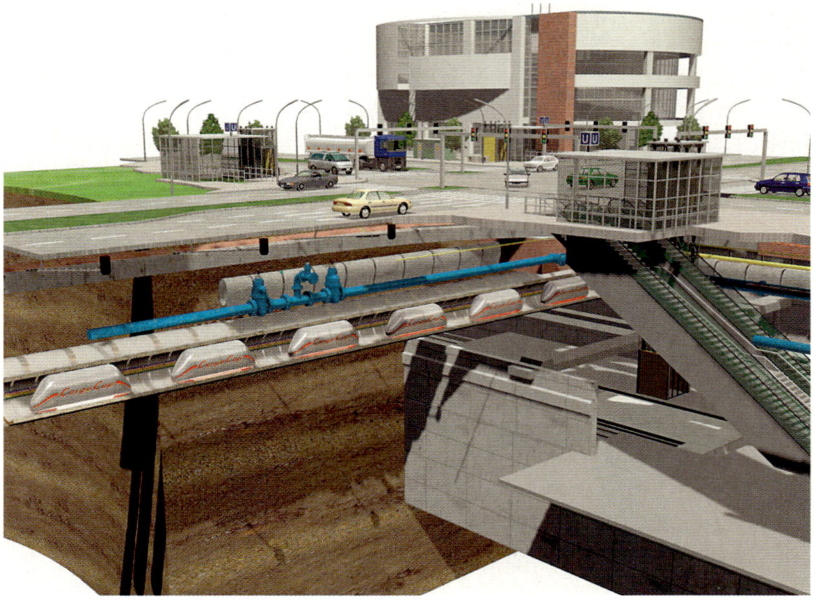

**M3** *Das unterirdische Transportsystem „Cargo Cap“*

Start frei für das Projekt „E-Mobility Berlin“. Der Autohersteller Daimler und der Energiekonzern RWE wollen von Ende 2009 an 100 Kleinwagen in Berlin testen. „Die Zukunft der Mobilität ist grün, und die deutsche Industrie hat alle Voraussetzungen, um auf dem Weg dorthin die Führungsrolle zu übernehmen“, sagte Daimler-Chef Dieter Zetsche. Bundeskanzlerin Merkel sagte, die Idee werde sich schneller durchsetzen, als alle denken. Daimler stellt dafür mehr als 100 Autos der Marken Smart und Mercedes-Benz zur Verfügung. Sie werden mit den neuesten Batterien ausgestattet sein. Die RWE übernimmt Entwicklung, Aufbau und Betrieb der 500 Strom-Ladestationen in Berlin. Der Präsident des Verbandes der Automobilindustrie bezeichnete das Projekt als „wichtige Vorstufe auf dem Weg zur Elektromobilität“.

**M4** *„Elektroautoflotte“ in Berlin im Test (nach: www.welt.de, 06.09.2008)*

**M2** *Ladestation für Elektroautos in London*

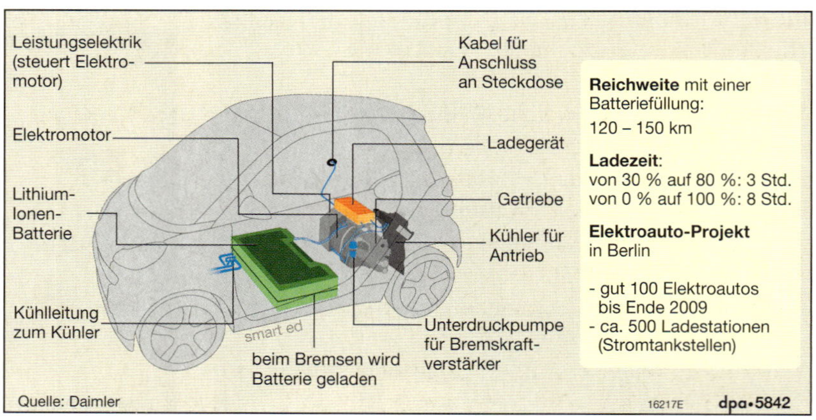


**M5** *Neues Elektroauto für Berlin*

**M6** *Frachtschiff mit Zugdrachensystem*

Das Zugdrachensystem, das Frachtschiffe mit Windenergie antreibt, hat erste Erfolge im Praxistest erreicht.
Eine durchschnittliche jährliche Treibstoffersparnis von 15 Prozent hat sich als realistisch erwiesen. Bei gutem Wind kann ein Zugdrachen eine Zugkraft von acht Tonnen erzeugen. Das entspricht der Leistung eines Flugzeug-Triebwerks. Dann steigt die Treibstoff-Ersparnis auf mehr als 50 Prozent.

**M7** *Zugdrachenantrieb für Schiffe übertrifft die Erwartungen (nach: www.welt.de, 04.07.2008)*

### Mobilität der Zukunft

Mit drei unterschiedlichen Maßnahmen versucht man, die negativen Auswirkungen des Massenverkehrs zu verringern.
In vielen Bereichen wird versucht, den Verkehr einzuschränken oder Verkehr sogar ganz zu vermeiden. Das ist umso wichtiger, weil der Personen- und der Güterverkehr bis zum Jahr 2025 weiter zunehmen wird.
Als zweite Maßnahme wird versucht, den Verkehr von der Straße auf andere Verkehrsmittel zu verlagern. Um zum Beispiel Pendlern die Möglichkeit zu geben, statt mit dem Auto mit öffentlichen Verkehrsmitteln zum Arbeitsplatz zu gelangen, wird das Netz des öffentlichen Nahverkehrs ständig erweitert. Bus- und Stadtbahnlinien werden ausgebaut und verlängert.
Als dritte Maßnahme soll der Verkehr verbessert werden. Hierzu werden zukunftsfähige Konzepte gesucht, die den Verkehr der Zukunft umweltschonend, energiesparend und mit möglichst geringem Flächenverbrauch ermöglichen.

1 Beschreibe, durch welche Maßnahmen die Probleme des Massenverkehrs bewältigt werden sollen.
2 Erläutere das Prinzip des Transportsystems „Cargo Cap" (M1, M3).
3 a) Berichte über die Einführung von Elektroautos (M2, M4, M5).
  b) Stelle Vor- und Nachteile eine Elektroautos in einer Tabelle zusammen (M2, M4, M5).
4 Erläutere, wie das Zugdrachensystem (M6, M7) funktioniert und welche Vorteile es bringt.
5 Nenne Vorteile des Wasserstoffantriebs für Eisenbahnen (M8).
6 Überlege, wie du zu Entlastung des Massenverkehrs beitragen könntest und berichte darüber.

Bei den Lemvigbahnen in Dänemark wird der Wasserstoffantrieb für Triebwagen getestet.
Mit der überschüssigen Windenergie aus Windkrafträdern wird Wasserstoff erzeugt, der dann für den Betrieb der Eisenbahn genutzt werden kann. Hierzu wurden die Triebwagen mit Brennstoffzellen ausgerüstet.

**M8** *Dänische Eisenbahn mit Wasserstoffantrieb*

## 1. Kreuzworträtsel

**1** Löse das Kreuzworträtsel in deinem Heft oder deiner Mappe. Das Lösungswort bezeichnet ein Transportsystem.

1. anderes Wort für Bewegung; 2. Transport von Mitteln und Gegenständen; 3. Straßennutzungsgebühr; 4. Verbindung zwischen dem Dortmund-Ems-Kanal und der Elbe; 5. Straßenbelag, der kaum Lärm verursacht; 6. Menschen, die früher vom Ufer aus Schiffe durch Flüsse und Kanäle zogen; 7. Treibstoff für die Brennstoffzelle; 8. Menschen, die zum Erreichen ihres Arbeitsplatzes Verkehrsmittel benutzen; 9. Verkehr mit individuellen Verkehrsmitteln; 10. Einheit zur Messung von Lautstärke.

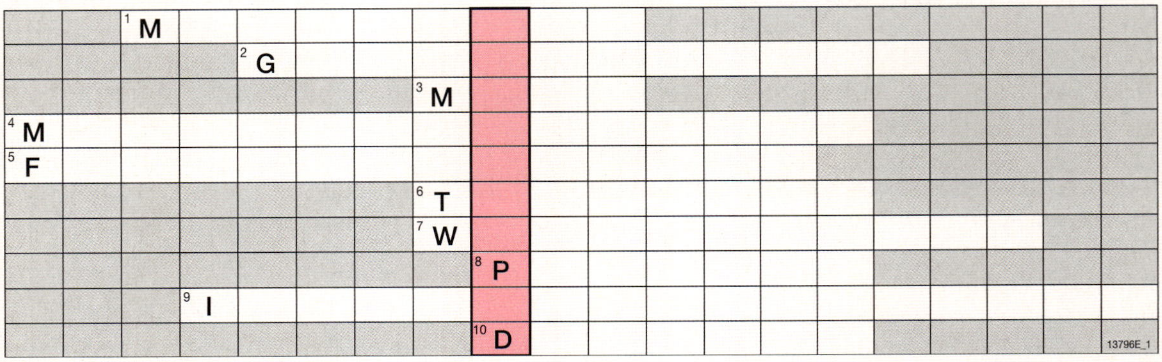


## 2. Personen- und Güterverkehr

**1** Beschreibe die Entwicklung des Personen- und Güterverkehrs in Deutschland.
**2** Nenne Ursachen für die Entwicklung.
**3** Erläutere die Folgen.

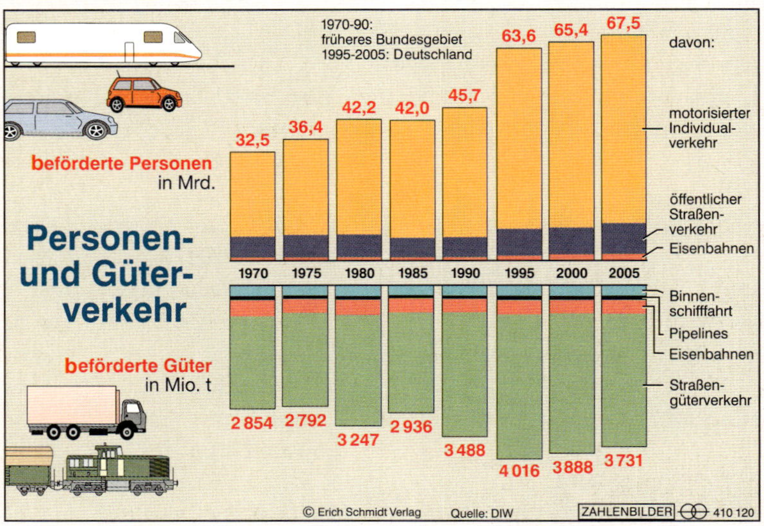


## 3. Verkehrsexperte gesucht

**1** Erläutere die Bedeutung der Automobilindustrie für die deutsche Wirtschaft.
**2** Nenne Vor- und Nachteile des Gütertransports per Binnenschiff.
**3** Berichte über Emissionen des Straßenverkehrs und deren Folgen.
**4** Erläutere das System der Lkw-Autobahn-Maut in Deutschland. Berichte über die Verwendung der Einnahmen.
**5** Nenne Maßnahmen, mit denen Verkehrslärm reduziert werden kann.
**6** Stelle alternative Verkehrssysteme vor, mit denen man versucht, die Probleme des Massenverkehrs zu lösen.

## 4. Binnenschiffer auf Reisen

Mit einer Länge von 325,7 km ist der Mittellandkanal die längste künstliche Wasserstraße in Deutschland. Der Kanal war auch unter den Namen Ems-Weser-Kanal oder Weser-Elbe-Kanal bekannt. Hierbei handelt es sich um alte oder regionale Bezeichnungen, die heute kaum noch verwendet werden.

**1** Die Grafik zeigt den Verlauf des Mittellandkanals.
a) Benenne die anderen Wasserstraßen a - f.
b) Nenne die Namen der Städte, die an den Wasserstraßen liegen.
c) Benenne die europäischen Länder, die durch den Mittellandkanal über Flüsse und Kanäle miteinander verbunden sind (Atlas).

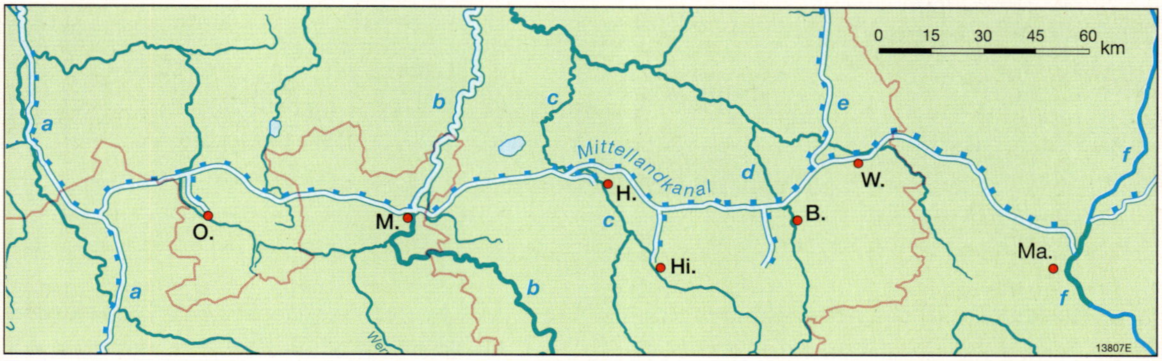


## 5. Karikatur interpretieren

**1** Interpretiere die Karikatur ausführlich. Gehe dabei in drei Schritten vor:
1. Schritt: Was wird gezeigt?
2. Schritt: Was ist der Anlass für die Karikatur?
3. Schritt: Worin besteht die Aussage der Karikatur?

**Grundbegriffe**

Binnenschifffahrt
Brennstoffzelle
Dezibel
Elektroauto
Emissionen
Feinstaub
Güterverkehr
Individualverkehr
Massenverkehr
Maut
Mobilität
Pendler
Umweltzone
Smog
Zugdrachenantrieb

**M1** *Überführungsfahrt auf der Ems*

Meter für Meter wird das riesige Kreuzfahrtschiff durch das schmale Werfttor auf die Ems gezogen. Mit dem Heck voran manövrieren Spezialisten vor den Augen Tausender Schaulustiger das schwimmende Luxushotel zentimetergenau aus der Meyer Werft. Die „Celebrity Solstice", der größte jemals in Deutschland gebaute Luxusliner, ist am Sonntag aus dem niedersächsischen Papenburg zur Emsüberführung in Richtung Nordsee gestartet.
Die Begeisterung der vielen Zuschauer an der Werft und den Ufern entlang des Flusses teilen jedoch nicht alle Menschen. Am Vortag demonstrierten im nahen Leer rund 200 Gegner gegen die Probleme am Fluss. Umweltschützer kritisieren, dass an der Ems längst keine Ausgewogenheit mehr zwischen Wirtschaftsinteressen und Umweltschutz herrscht. Die größte Schuld trage die Meyer Werft, die endlich an der Küste produzieren müsse. Vorwürfe, die Werftchef Bernhard Meyer zurückweist. Mitte der 1990er-Jahre seien Absprachen mit der damaligen Landesregierung über die Tiefe der Ems und die Möglichkeiten des Aufstauens des Flusses über das ganze Jahr getroffen worden. „Das war Basis unserer Investitionen", sagt der Chef des Unternehmens mit mehr als 2 500 Mitarbeitern. Forderungen nach einem Umzug aus dem Binnenland an die Küste erteilt er eine klare Absage. „Das geht wirtschaftlich gar nicht, nach Emden zu gehen."

**M2** *Rückwärts in die Weltmeere (nach: www.focus.de, 28.09.2008)*

Seit Inbetriebnahme des Emssperrwerks sind inklusive des neuesten insgesamt 14 Schiffe überführt worden. Sie legen die Strecke mit Unterstützung von Schleppern rückwärts zurück, weil sie sich so leichter manövrieren lassen. „Das Sperrwerk in Gandersum sorgt dabei für das nötige Wasser unter dem Kiel. Mit seiner Hilfe wird die Ems um etwa 1,75 Meter über den normalen Wasserstand aufgestaut", sagte Herma Heyken vom Niedersächsischen Landesbetrieb für Wasserwirtschaft, Küsten- und Naturschutz als Betreiber des Sperrwerks.

**M3** *Überführung in die Nordsee (nach: www.spiegel.de, 28.03.2008)*

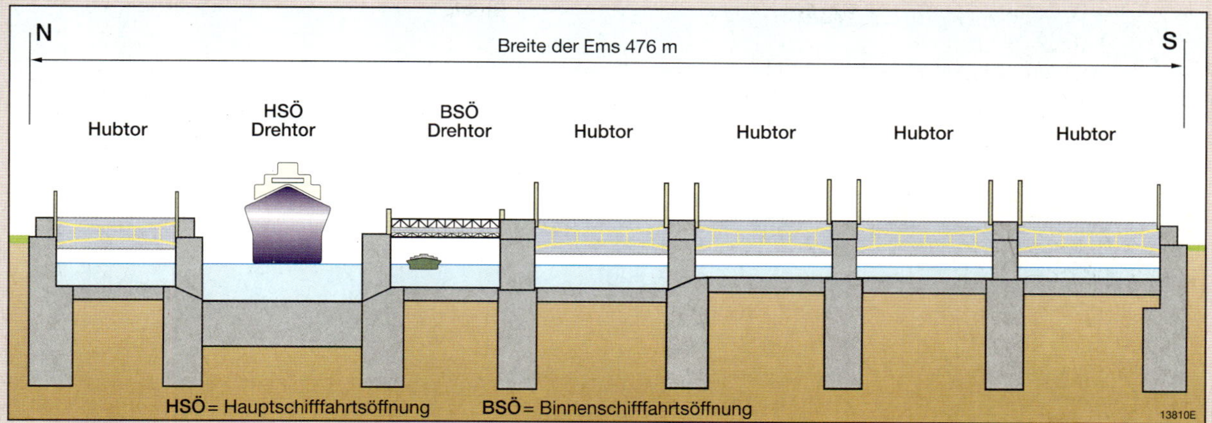


**M4** *Schnitt durch das Emssperrwerk*

Der Bau des Emssperrwerks ist nicht gerechtfertigt. Durch das Sperrwerk werden Salzwiesen zerstört, die für viele Vogelarten sehr wichtig sind. Die Salzwiesen sind Brut- und Rastgebiete seltener und geschützter Vogelarten. Können die Vögel nicht mehr brüten und auf dem Weg in den „Hohen Norden" Rast machen, so sterben sie. Einige sterben vielleicht sogar aus, denn viele andere Flächen in der Art wie beim Emssperrwerk gibt es nicht.
Allein bei den Nonnengänsen kommt es zu großen Problemen: rund 14 000 werden durch die Bauarbeiten am Emssperrwerk von ihren Rastplätzen, die sie von März bis Mai benötigen, vertrieben. Sie brauchen die Salzwiesen, die sie mit Nahrung für den langen Flug nach Sibirien versorgen. Dadurch fehlen den Nonnengänsen wichtige Fettreserven für den Flug. Sie können ihn nur geschwächt antreten. Deswegen werden ihn viele nicht überleben.

**M5** *Emssperrwerk gefährdet Vogelwelt (nach: www.projekt-sperrwerk.de)*

„Eine gut ausgebaute Bundeswasserstraße Ems ist für die langfristige Sicherung der Arbeitsplätze zwischen Papenburg und Leer, insbesondere am Werftstandort Papenburg, unabdingbar. Deshalb ist es erforderlich, die Wasserstraße Ems als Verkehrsweg für die Überführung von Schiffen zu nutzen. Die Papenburger Meyer Werft ist mit rund 2 500 Mitarbeitern größter industrieller Arbeitgeber der Region", sagt Landrat Bröring.
Er betont, wie wichtig es ist, den Standort Papenburg durch eine Bundeswasserstraße Ems zu sichern. „Ein Verlust der Meyer Werft würde zu einer Verschärfung der Arbeitsmarktsituation in den Landkreisen Emsland und Leer, zu Kaufkraftverlusten, zur Abwanderung von Fachkräften führen", führt Bröring aus.

**M6** *Langfristige Sicherung der Arbeitsplätze (nach: Pressemeldung des Landkreises Emsland vom 09.07.2008)*

**Sperrwerke**
Bauwerke, die einen Fluss, der von Gezeiten beeinflusst wird, absperren können. Sie haben Öffnungen, die bei Bedarf verschließbar sind, um das dahinter liegende Land vor Überflutungen zu schützen.

**1** Erläutere
a) die Bedeutung der Ems als Wasserstraße,
b) die Funktion des Emssperrwerks.

**2** Erkläre und beschreibe, wie ein Luxusliner von der Meyer Werft nach Papenburg überführt wird.

**3** Nenne Folgen des Baus des Emssperrwerks
a) für Natur und Umwelt,
b) für die Meyer Werft,
c) für die Menschen in der Region.

**4** Beurteile die Nutzung der Ems zur Überführung von Luxuslinern. Gibt es aus deiner Sicht Alternativen für die Meyer Werft? (Internet)

# Tourismus

**M1** *Kreuzfahrtschiffe im Hafen von Nassau (Bahamas)*

Fantasy
FANTASY

# Urlaubsmöglichkeiten

**M1** *Was für Urlauber wichtig ist*

**M2** *Tourismusformen – wie und wohin man verreist*

**Tourismus**
Reiseverkehr zu Zwecken der Erholung und Bildung in Gebiete und Länder, die dafür landschaftlich sowie kulturell geeignet und mit entsprechenden Einrichtungen ausgestattet sind.

**Pauschalreise**
Pauschalreise ist eine Reise, bei der ein Reiseveranstalter alle Reiseleistungen (z. B. Flug, Unterkunft, Verpflegung) zu einem einheitlichen Gesamtpreis anbietet.

## Wohin in den nächsten Ferien?

Nach Weihnachten findet auch in diesem Jahr eine Familienkonferenz bei Wolters statt, Thema ist der Sommerurlaub. Zunächst sollen alle Familienmitglieder ihre Wünsche vortragen. „Ich möchte dieses Jahr unbedingt in die Alpen", sagt der 12-jährige Jan, der sein Weihnachtsgeschenk, ein Mountainbike, ausprobieren möchte. „In die Alpen fährt man im Winter zum Skilaufen", meint Annika, Jans 15-jährige Schwester. „Mallorca ist cool, Surfen und Sonnen am Strand."
Die Eltern schauen sich an, dann räuspert sich die Mutter und sagt: „Also, wir hatten eigentlich gedacht, dieses Jahr mal eine Städtereise zu machen." Annika verdreht die Augen und Jan stöhnt. Aber Frau Wolter fährt ungerührt fort: „Dresden soll sehr interessante Bauwerke haben." „Und danach können wir im Elbsandsteingebirge wandern", ergänzt Herr Wolter. Das Gespräch kreist immer wieder um die Frage: „Finden wir ein Ziel, das allen etwas bietet?" Schließlich einigt sich die Familie auf Ferien in den Bayerischen Alpen, weil die Anfahrt nicht so weit ist und jeder dort etwas findet, was ihm Spaß macht.

1 Beschreibe die verschiedenen Urlaubsmöglichkeiten.
2 Vergleiche die Wünsche der Familie Wolter mit denen deiner Familie.
3 Beschreibe nach M1, was für viele Menschen im Urlaub wichtig ist, und vergleiche mit deinen Vorstellungen.
4 Erläutere den Begriff Tourismus (M2, Info-Text).
5 Berichte über die Arbeit in einem Reisebüro (M3).
6 Nenne Einzelheiten, die man im Reisekatalog über das Hotel erfährt (M4).
7 Berechne mithilfe von M4 den Reisepreis für eine Familie (Ehepaar mit einem 6-jährigen Kind) für zwei Wochen (Reisezeit D). Die Familie bucht mit Halbpension.

**Im Reisebüro**

*„Frau Schäfer, Sie arbeiten in einem Reisebüro. Wozu braucht man Reisebüros?"*

„Reisebüros braucht man, wenn man eine gute fachmännische Beratung über Urlaubsziele und Hotels sucht. Wir bieten eine umfassende Betreuung vor, während und nach der Reise, falls Probleme auftraten. Reisebuchungen im Internet dagegen bedeuten: langes Durchsuchen vieler Quellen."

*„Welche Arbeiten erledigen Sie?"*

„Wir arbeiten Angebote aus und buchen Pauschalreisen, Flüge, Hotels, reservieren Mietwagen oder Ausflugspakete. Wir prüfen Reiseunterlagen, leiten sie an Kunden weiter und schreiben Rechnungen. Manchmal müssen wir leider Beschwerden weiterleiten."

*„Welche Fähigkeiten muss man für ihren Beruf mitbringen?"*

„Da man den ganzen Tag am PC arbeitet und den Schriftverkehr mit Veranstaltern und Kunden führt, gehören natürlich gute PC- und Deutschkenntnisse in Wort und Schrift dazu. Man sollte auch gewisse geographische Kenntnisse besitzen."

*„Welche Ausbildung mussten Sie machen?"*

„Die Voraussetzung ist ein guter Realschulabschluss. Der Beruf der Reiseverkehrskauffrau ist in die zwei Bereiche Tourismus und Bäder sowie Kuren geteilt. Die Ausbildung dauert drei Jahre."

**M3** *Interview mit einer Reiseverkehrskauffrau*

*Hotel:* Weitläufige Anlage, direkt an einer gröberen Sandbucht (im Wasser einige Felsen). Im Haupthaus: Rezeption, Aufenthalts- und Fernsehräume, Hauptrestaurant, Minimarkt und Sauna. Schöne Gartenanlage mit Amphitheater, zwei Pools (50% Süß-, 50% Meerwasser) und Poolbar. Eigenes Kinderbecken. Liegen und Sonnenschirme kostenlos. Strandbar und drei Snackbars.

*Essen und Trinken:* Halb-, Vollpension, All inclusive, mittags und abends Buffets, Lunchpaket möglich.

*Sport und Fitness gegen Gebühr:* vier Tennissandplätze, Mehrzwecksporthalle, Billard, Bogenschießen, Tischtennis, Fitnesscenter, Beachvolleyball, Basketball, Minisoccer, Boccia, Dart, Step-Aerobic, Wasserball, Surfen, Schnorcheln, Tretboote, Kanus, Fahrräder, Hallenbad, Golf: Driving Range.

*Speziell für Kinder:* Kinderclub für 4- bis 11-Jährige, Teenclub für 12- bis 17–Jährige, zeitlich vorgezogene Mahlzeit für Kinder möglich.

**Flugtage, Reisezeiten**

| | Juli | | | | August |
|---|---|---|---|---|---|
| Hannover | 4 | 11 | 18 | 25 | 1 |
| | C | E | D | D | D |

***Hotel Palma Beach*** ☆☆☆

| | | | | | C | | | D | | | E | |
|---|---|---|---|---|---|---|---|---|---|---|---|---|
| BD/WC/BK | Doppel | 2 | HP | ❶ | 588 | 852 | 1117 | 549 | 852 | 1117 | 931 | 1235 |
| BD/WC/BK | Doppel | 2 | VP | ❶ | 616 | 909 | 1201 | 619 | 914 | 1209 | 987 | 1319 |
| BD/WC/BK | Doppel | 2 | AL | ❶ | 646 | 949 | 1241 | 649 | 944 | 1249 | 1017 | 1349 |
| ❶ Ermäßigung für 1 Kind 2–11 Jahre im Zustellbett bei 2 Vollzahlern | | | | | **50%** | | | **50%** | | | **50%** | |

6056E_3

BD Bad
WC Toilette
BK Balkon

HP Halbpension (Frühstück und Mittag- oder Abendessen)
VP Vollpension (Frühstück, Mittag- und Abendessen)
AL All inclusive (Frühstück, Mittagessen und Abendessen mit internationalem Buffet; Erfrischungsgetränke, Wasser, Bier, nationale und internationale alkoholische sowie nicht-alkoholische Getränke; tagsüber Snacks.) All inclusive-Service: 8.00 bis 24.00 Uhr.

**M4** *Aus einem Reisekatalog für Pauschalreisen – Informationen zu einem Hotel und Preisangaben*

# Urlaub in den Alpen

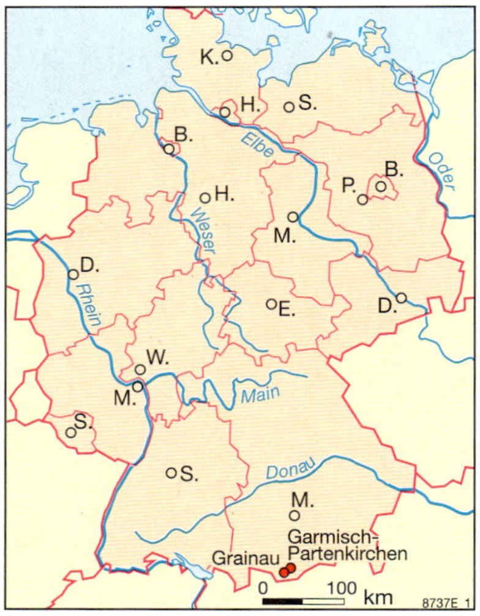


**M1** *Lage von Garmisch-Partenkirchen und Grainau*

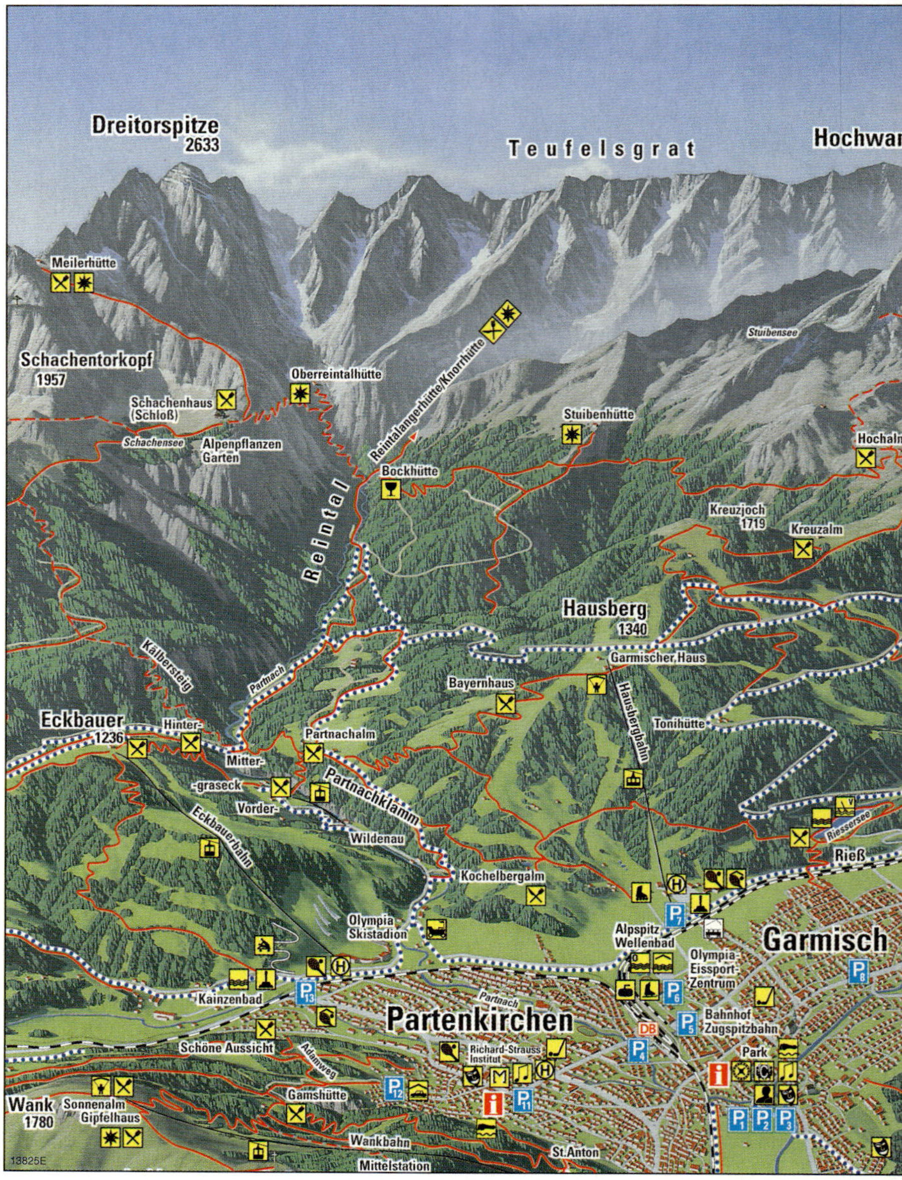


| Jahr | Gäste | Übernachtungen |
|---|---|---|
| 1954 | 163 000 | 800 000 |
| 1960 | 232 000 | 1 303 000 |
| 1964 | 227 000 | 1 408 000 |
| 1970 | 226 000 | 1 363 000 |
| 1974 | 210 000 | 1 253 000 |
| 1980 | 258 000 | 1 398 000 |
| 1984 | 260 000 | 1 304 000 |
| 1990 | 318 000 | 1 471 000 |
| 1994 | 270 000 | 1 415 000 |
| 2000 | 312 000 | 1 329 000 |
| 2004 | 286 000 | 1 279 000 |
| 2007 | 321 000 | 1 198 000 |

**M2** *Anzahl der Gäste und der Übernachtungen in Garmisch-Partenkirchen*

### Garmisch-Partenkirchen – im Sommer geöffnet

Peter Reiter, der Tourismus Direktor, berichtet: „Unser Ort hat 27 000 Einwohner. Die meisten haben mit Touristen zu tun, zum Beispiel als Kellner, Skilehrer oder Busfahrer. Zurzeit können wir in den Hotels, Gasthöfen, Pensionen und Ferienwohnungen jeden Tag etwa 10 000 Gäste aufnehmen. Um 1840 kamen die ersten Urlauber in unsere Region. Es reisten 167 Gäste zu acht Wirten; rund 4 000 Urlauber wohnten bereits im Jahr 1882 in 17 Gasthöfen. Heute kommen jedes Jahr allein im Sommer rund 200 000 Gäste zu uns. Das liegt in erster Linie an der wunderschönen Bergwelt der Bayerischen Alpen. Diese Landschaft eignet sich ideal zum Wandern. Viele Bergseen um Garmisch-Partenkirchen und Grainau laden zum Schwimmen, Bootfahren oder Angeln ein.

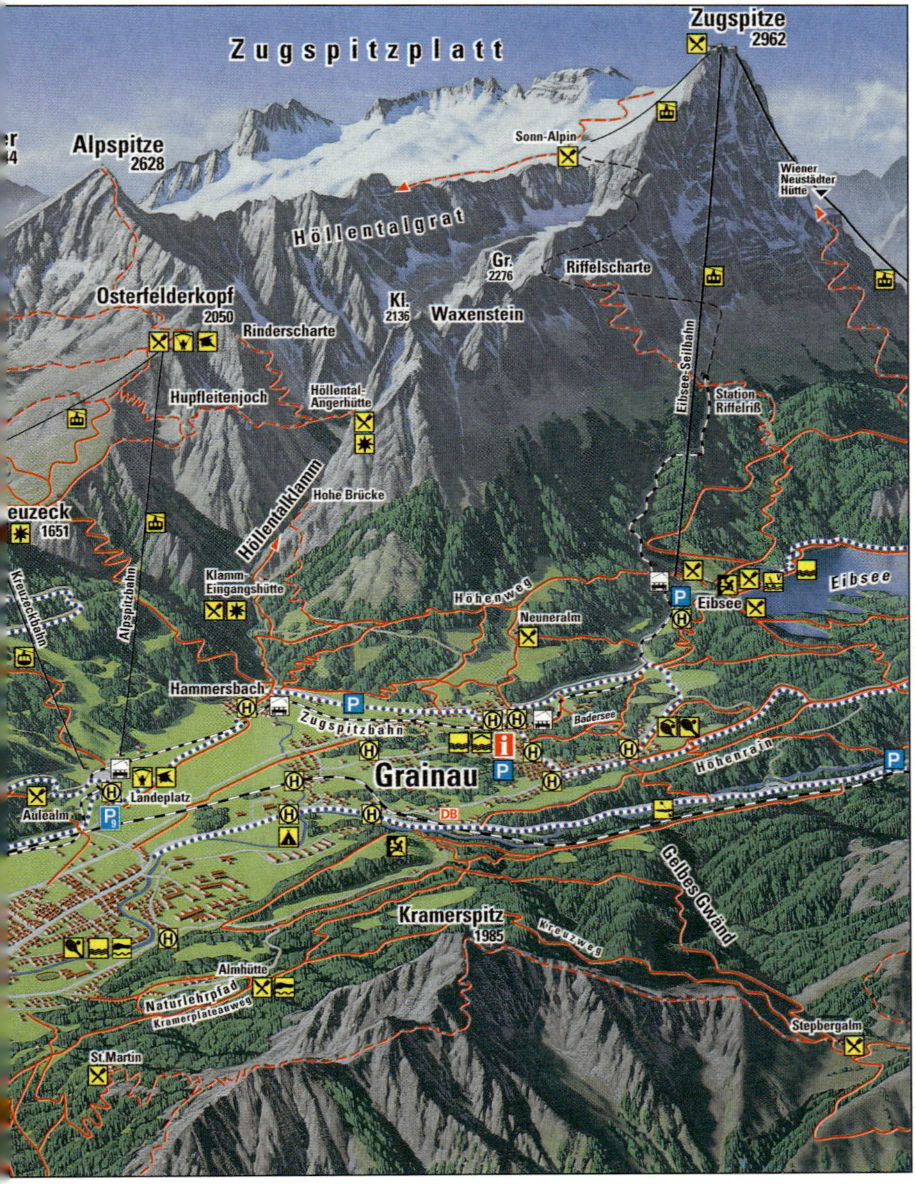

**M3** *Freizeitangebote in Garmisch-Partenkirchen und Grainau im Sommer (Ausschnitt aus einem Prospekt des Tourismus-Service Zugspitzland)*

Außerdem finden unsere Gäste Fremdenverkehrseinrichtungen vor, die sie meist dann nutzen, wenn das Wetter schlecht ist. Beliebt sind Besichtigungen von Museen sowie Fahrten in die Umgebung. Jede Woche fahren Busse zum Beispiel nach Innsbruck oder zum Kloster Ettal."

**1** Erstelle eine Liste mit sechs Fremdenverkehrseinrichtungen in Garmisch-Partenkirchen, vier in Grainau und zwei am Eibsee (M3).

**2** „Nicht jeder ist ein geübter Bergwanderer."
a) Suche fünf Ziele, bei denen man den Hin- und Rückweg mithilfe einer Kabinenbahn zurücklegen kann (M3).
b) Nenne die Höhenstufen, die man dabei durchquert (s. S. 40/M2).

**3** Zeichne ein Säulendiagramm für die Gästezahlen der Jahre 1960, 1970, 1980, 1990, 2000 und 2007 (M2; 100 000 Gäste ≙ 2 cm).

# Urlaub in den Alpen

**M1** *Ski alpin*

**M2** *Langlauf*

**M3** *Rodeln*

**M4** *Skischule für jüngste Skifans*

**Garmisch-Partenkirchen – im Winter geöffnet**

„In unserem schönen Ort Garmisch-Partenkirchen ist auch im Winter immer etwas los“, sagt Herr Reiter. „115 km Abfahrtspisten mit unterschiedlichen Schwierigkeitsgraden gibt es. Im Loisachtal werden 150 km Langlauf-Loipen gespurt. Auf rund 100 km Wanderwegen räumen wir ständig den Neuschnee. Wir arbeiten das ganze Jahr, damit die Wintersportler ideale Bedingungen vorfinden. Im Sommer beseitigen wir gefährliche Buckel auf den Pisten oder fällen im Weg stehende Bäume. Nach den ersten Schneefällen walzen wir den Schnee. Falls es zu wenig schneit, produzieren wir Kunstschnee mit Schneekanonen. Diese versprühen mithilfe von Druckluft kaltes Wasser. Die Tröpfchen gefrieren dann zu körnigem Schnee. Allerdings verbrauchen Schneeka-

**Legende**

- DB Bahnhof
- Berggasthof
- Bergwacht
- Bushaltestelle
- Camping
- Caravan-Park
- Curling
- Drachenfliegen
- Eislaufen
- Eisstockschießen
- Großkabinenbahn
- Hallenbad
- Hochseilgarten
- Kiosk mit Imbiss
- Kleinkabinenbahn
- Kongress-Haus
- Kunstausstellung
- Loipe
- Museum
- Paragliding
- Parkplatz
- Parkleitsystem
- Pferdeschlitten
- Rodelbahn
- Sesselbahn
- Skilift
- Skiabfahrt
- Skiabfahrt (schneesicher)
- Skischule
- Skiverleih
- Spielbank
- Tennishalle
- Tiefgarage
- Theater
- Tourenabfahrt
- Tourist-Information
- Walderlebnispfad
- Wildfütterung
- Winterwanderweg
- Winterwanderweg gespurt
- Zugspitzbahn Haltestelle

**M5** *Freizeitangebote in Garmisch-Partenkirchen und Grainau im Winter (Ausschnitt aus einem Prospekt des Tourismus-Service Zugspitzland)*

nonen sehr viel Strom und Wasser. Wir garantieren unseren Urlaubern, dass man das ganze Jahr über Ski laufen kann; im Sommer natürlich nur über 3000 m Höhe. Durch den Fremdenverkehr verdient die Bevölkerung viel mehr als früher. Aber der Tourismus hat auch die Infrastruktur verändert. Heute sind aus Bergdörfern Touristenzentren mit Hotels, Gaststätten und Fremdenverkehrseinrichtungen entstanden."

**1** „Winterurlaub ist sehr attraktiv", behaupten die Reiseveranstalter. Liste a) die Wintersportarten, b) andere Urlaubsaktivitäten auf (M5).

**2** a) Beschreibe die Arbeiten, die den Wintersport möglich machen. b) Ermittle die Anzahl der Skilifte und Abfahrtspisten in M5.

**3** Beschreibe die Veränderungen, die sich durch den Tourismus im Ort Garmisch-Partenkirchen ergeben haben.

**Infrastruktur**
Dazu gehören Anlagen des Verkehrs (z. B. Bahnhöfe), der Energieversorgung (z. B. Hochspannungsleitungen), der Entsorgung (z. B. Mülldeponien), der Ausbildung (z. B. Schulen), des Gesundheitswesens (z. B. Krankenhäuser) und öffentliche Einrichtungen (z. B. Rathäuser, Sportplätze).

# Urlaub in den Alpen

**M1** *Alpenblumen (von oben: Enzian, Hahnenfuß, Silberdistel)*

## Mit der Zahnradbahn auf die Zugspitze

Um 8.30 Uhr steht der Zug der Bayerischen Zugspitzbahn zur Abfahrt bereit. Auf der rund 18 km langen Strecke überwindet er etwa 1 900 m Höhenunterschied. Im Tal führt die Strecke durch Wiesen und Laubwälder mit Ahorn, Buchen und Kastanien. Mit zunehmender Höhe geht der Anteil der Laubbäume zurück. An ihre Stelle treten Nadelbäume: Tannen, Kiefern, Lärchen und vor allem Fichten. Am Eibsee vorbei fährt die Zahnradbahn steil bergan. Nach und nach werden die Bäume kleiner, die Wälder lichter. Hier gedeihen Latschen und Alpenrosen. Die Latschen werden mit der Höhe von Bergwiesen, den Matten, abgelöst. Sie sind bedeckt mit Gräsern und Kräutern. In allen Farben leuchten Wiesenblumen. Hoch über den Tälern ragen die Felsen des Zugspitzmassivs. Hier gedeihen keine größeren Pflanzen mehr, nur noch Moose und das seltene Edelweiß. Während des größten Teils des Jahres liegt in dieser Höhe Schnee auf den kahlen Felsen.

**1** Im April, wenn in Garmisch-Partenkirchen die Bäume grün werden, liegt auf der Zugspitze Schnee. Erkläre.

**2** Mit zunehmender Höhe verändern sich Temperatur, Niederschlag und Pflanzenwelt der Alpen. Beschreibe (M2).

**3** Nadelwaldgrenze, Schneegrenze, Baumgrenze, Laubwaldgrenze. Ermittle mithilfe von M2 die jeweilige Höhe.

**4** Zeichne ein Profil der Zahnradbahn-Strecke Grainau – Zugspitze: oben Entfernungen (in km); unten Höhe ü. M. (in m):

| bei km | 7,5 | 8,4 | 9,8 | 10,7 | 13,4 | 14,1 | 16,2 | 17,1 | 18,6 |
|---|---|---|---|---|---|---|---|---|---|
| Höhe (m) | 750 | 793 | 916 | 1 008 | 1 479 | 1 640 | 2 210 | 2 316 | 2 649 |

**5** Zeichne mithilfe einer Wanderkarte das Profil eines Wanderweges zu einem Aussichtspunkt in der Nähe deines Wohnortes.

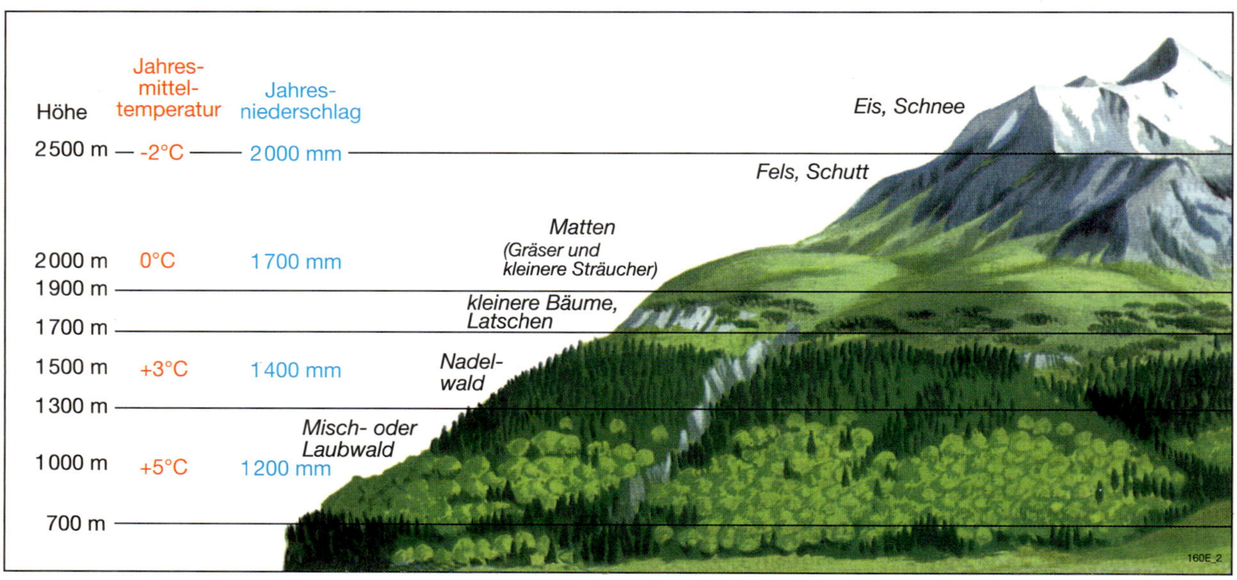


**M2** *Höhenstufen der Vegetation in den Alpen*

# Profile zeichnen

Ein Profil ist die zeichnerische Darstellung von Höhenunterschieden einer Landschaft.

**So gehst du vor:**

**1. Schritt: Zeichnen der Achsen**
Nimm ein Blatt Millimeterpapier und zeichne eine senkrechte Achse für die Höhe der Landschaft ein. Wähle dazu den passenden Maßstab, zum Beispiel 1 cm für 100 m Höhenunterschied.
Zeichne eine waagerechte Achse für die Entfernung (in M4 von A nach B). Sie muss dem Maßstab der Karte entsprechen. In unserem Beispiel sind es ungefähr 2,5 cm für 500 m (siehe Maßstabsleiste in M4).
**2. Schritt: Zeichnen der Schnittpunkte**
Schiebe das Millimeterpapier direkt an die Strecke auf der Höhenschichtenkarte (M4). In M4 ist es die Strecke der Kabinen-Seilbahn (A – B).
Suche nun die Schnittpunkte der Seilbahnstrecke mit den Höhenlinien auf der Höhenlinienkarte (M4).
Trage diese Punkte sowie die Endpunkte A und B senkrecht darunter in der jeweiligen Höhe auf dem Millimeterpapier ein (M4).
**3. Schritt: Zeichnen der Profillinie**
Verbinde danach die einzelnen Punkte mit einer Linie zum Profil.

**M3** *Kabinen-Seilbahn auf den Wank*

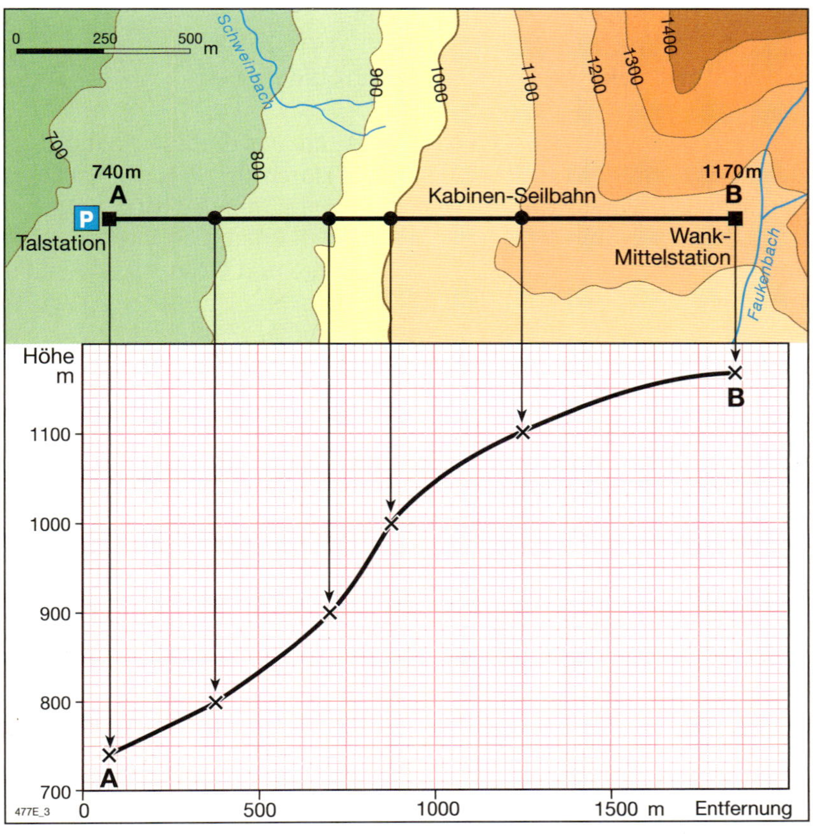


**i Höhenlinien**
Höhenlinien verbinden auf einer Karte alle Punkte in gleicher Höhe über dem Meeresspiegel.
Mithilfe von Höhenlinien werden die Oberflächenformen (Berge und Täler) einer Landschaft dargestellt. Je enger die Höhenlinien nebeneinanderliegen, desto steiler ist das Gelände.

**M4** *Höhenschichten entsprechend der Höhenlinien (oben) und Profil auf Millimeterpapier (unten)*

# Gefährdung der Alpen

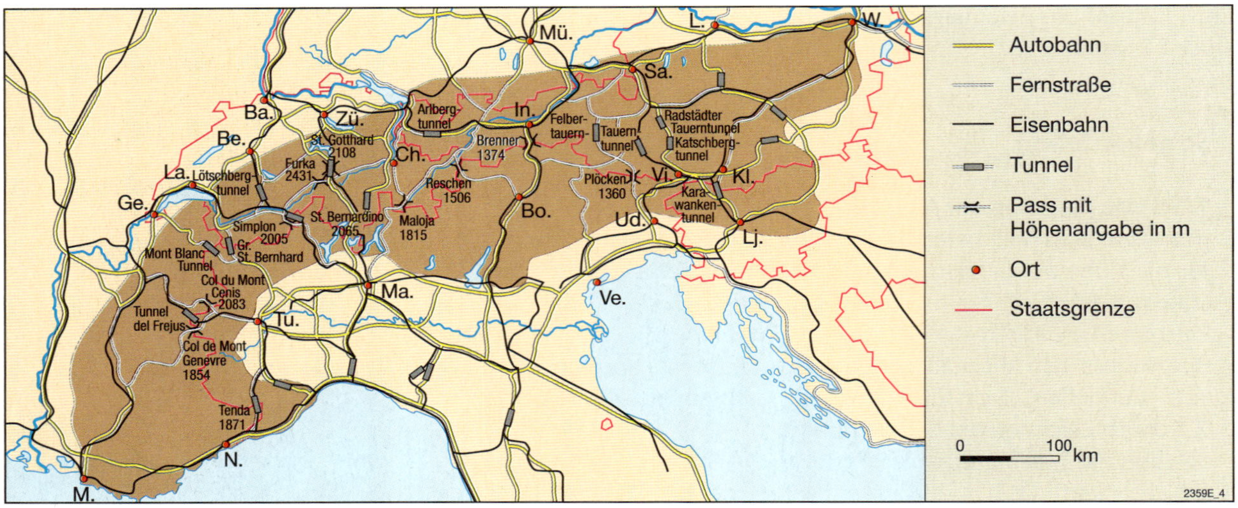


**M1** *Wichtige Verkehrsverbindungen in den Alpen*

**M2** *Ein „durchlöcherter" Berg*

**M3** *Val d'Isère (Frankreich)*

Die Alpenregion ist mit etwa 5 Millionen Ferienbetten, rund 5 Millionen Übernachtungen und ca. 120 Millionen Feriengästen eine der größten Tourismusregionen der Erde.
Im Einzugsgebiet der Alpen leben bis 50 Millionen Menschen, die von der Möglichkeit eines Tagesausflugs in die Alpen Gebrauch machen.

**M4** *Tourismus in den Alpen (2007)*

### In den Alpen – viel Verkehr und viele Probleme

In den sieben Alpenstaaten winden sich Straßen und Eisenbahnen in einer Gesamtlänge von rund 405 000 km durch die Täler. Sie schlängeln sich über Pässe, führen über Brücken und durch Tunnel.
Die Bahnen, Busse und Pkws bringen die Touristen an ihre Urlaubsziele und befördern die Einheimischen. Züge und Lkws versorgen die Bevölkerung sowie die Gäste mit allen notwendigen Gütern. Gleichzeitig muss der anfallende Müll entsorgt werden.
Vor allem während der Ferienzeiten durchqueren viele Urlauber mit ihrem Auto im Transit die Alpen, zum Beispiel auf dem Weg an die Mittelmeerküste Kroatiens, Italiens und Griechenlands. Auf den Autobahnen transportieren schwere Sattelschlepper Güter nach Italien sowie Südosteuropa und umgekehrt. Häufig fahren sie leer zurück. Fast die Hälfte dieses Gütertransports erfolgt über den Brenner. Die Brennerautobahn wird jeden Tag von etwa 30 000 Fahrzeugen befahren.
Abgase und Lärm belasten Menschen, Tiere und Pflanzen der Alpen. Die Bäume der Bergwälder erkranken und sterben ab. Das bedeutet zum Beispiel erhöhte Gefährdung durch Lawinen und Muren. Auf diese Weise wurden schon ganze Täler verschüttet.
Inzwischen wurden Maßnahmen zum Schutz der Alpen eingeleitet: Die Alpenländer haben eine „Arbeitsgemeinschaft Alpen (ARGE Alp)" gebildet. Die Mitglieder der „ARGE Alp" haben zum Beispiel vorgeschlagen, den Güterverkehr soweit wie möglich auf die Bahn zu

**M5** *„Huckepack"-Verkehr im Gütertransport*

**M7** *Verkehrsstau auf der Brennerautobahn*

verlegen und die Bestimmungen über den Landschaftsschutz zu verschärfen. Aber es fällt den Regierungen der sieben Alpenländern sehr schwer, sich auf gemeinsame Beschlüsse zu einigen.

**M8** *Protest von Alpenbewohnern*

**1** Begründe, warum so viele Fahrzeuge durch die Alpentäler fahren.

**2** Nenne fünf Tunnel oder Pässe, die zwei Großstädte miteinander verbinden (M1, Atlas).

| Stadt | Tunnel | Pass |
|---|---|---|
| | | |

**3** Entwickelt ein Flugblatt, in dem Bewohner der Alpen durchreisende Touristen auf ihre Probleme aufmerksam machen.

**4** Schreibe einen Bericht, was passiert, wenn der Bergwald stirbt (M6).

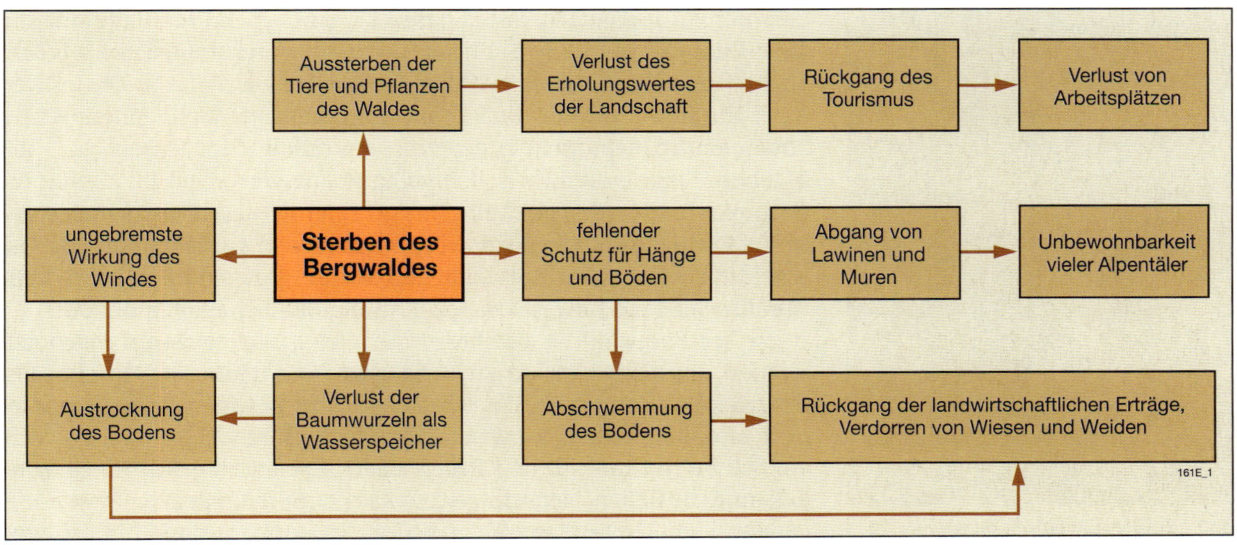


**M6** *Der Bergwald stirbt – Auswirkungen*

# Gefährdung der Alpen

**M1** *Im Sommer Alpenweide – im Winter Skipiste*

**M2** *Ohne Wald keinen Halt – Vorsicht Steinschlag!*

## Sorgen um die Natur

„Pistenpflege wird betrieben, um das Skilaufen so bequem wie möglich zu machen und die Saison zu verlängern", berichtet ein Umweltschützer. „Das bedeutet zum Beispiel, dass Raupenfahrzeuge die Schneemassen fast jeden Tag walzen und glätten. Und das führt dazu, dass der zusammengepresste Schnee länger liegt. Im Frühjahr können viele Pflanzen die harte Schneedecke nicht durchstoßen. Sie sterben ab. Auf manchen Wiesen werden deshalb inzwischen ein Drittel weniger Blumen-, Kräuter- und Gräserarten gezählt. Viele andere Arten haben häufig nicht mehr genug Zeit, um richtig zu wachsen.
Manche Hänge sind inzwischen völlig pflanzenlos, weil sie zusätzlich noch planiert worden sind, um Buckel zu entfernen. Die Schmelzwässer im Frühjahr und die Regenwässer spülen den ungeschützten Boden weg. Im schlimmsten Fall entstehen Muren. Das sind Schlamm- und Geröllströme, die talwärts rutschen und große Schäden anrichten.
Auch der Bergwald ist gefährdet. An vielen Stellen ist er abgeholzt worden, um die Skipisten zu verlängern. Die Bäume haben aber als Bannwald die Aufgabe, das Entstehen von Lawinen zu verhindern oder sie aufzuhalten. Inzwischen sind die Bannwälder löcherig wie ein Schweizer Käse. In den Bayerischen Alpen sind etwa 700 Gebiete bekannt, in denen Neuschnee auf kahlen Berghängen in Bewegung geraten kann. Mit orkanartigem Luftstrom donnern dann die Schnee- und Eismassen zu Tal. Diese Lawinen fordern jedes Jahr Todesopfer."

**M3** *Lawinenabgang*

> **Lawinen**
> Lawinen sind Schneemassen, die an Gebirgshängen abstürzen. Sie entstehen vor allem nach starkem Schneefall oder plötzlich einsetzendem Tauwetter, wenn die obere Schneeschicht zerschnitten (z. B. durch Skifahrer) oder erschüttert wird (z. B. durch Schall).

1 „Alles für den Skifahrer." Nenne die Folgen der Pistenpflege
   a) für die Menschen (Text, M1, M2, M4, M6),
   b) für die Pflanzen (Text, M1, M2).
2 Seltene Tierarten wie Gämsen, Steinböcke und Murmeltiere bekommen Probleme durch die Veränderung ihres Lebensraumes. Berichte.
3 „Der weiße Tod fordert jedes Jahr Opfer." Informiere dich im Lexikon bzw. im Internet genauer über Entstehung und Folgen von Lawinen. Erläutere.

**M5** *Schutzmaßnahme vor Lawinen*

**M4** *Folgen eines Lawinenabgangs*

**M6** *Suche nach Verschütteten*

# Deutschland – Tourismus

**M1** *Fremdenverkehrsgebiete und Städte mit Eventtourismus in Deutschland (Auswahl)*

**Fairen Urlaub erkennt man zum Beispiel an:**
- einem angemessenen Preis;
- der Wahl eines Reiseziels, in dem Umweltschutz praktiziert wird;
- einer umweltschonenden An- und Abreise;
- der Wahl einer Unterkunft:
  - deren Mitarbeiter gerecht entlohnt und deren Arbeitsrechte beachtet werden,
  - die im landestypischen Stil gebaut worden ist,
  - in der regionale Produkte in der Küche verwendet werden,
  - in der auf umweltgerechten Einsatz von Reinigungs- und Waschmitteln geachtet wird,
  - in der unnötiger Abfall vermieden wird;
- dem Verhalten der Urlauber, die Sitten und Gebräuche sowie die Regeln des Naturschutzes beachten;
- dem Kauf von lokaler Handwerkskunst anstatt andere Souvenirs zu kaufen, z. B. gefährdete Tier- sowie Pflanzenarten, Fossilien oder Antiquitäten.

**M2** *„Forumandersreisen – garantiert ein nachhaltiges Erlebnis"*

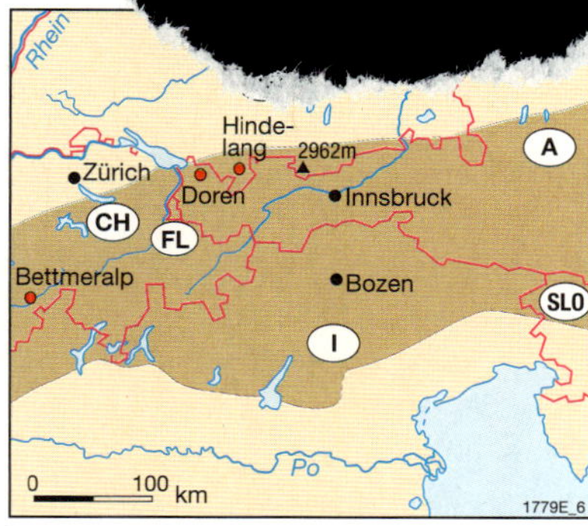


**M3** *Lage von Hindelang, Bettmeralp und Doren*

### Fair reisen – sanfter Tourismus

Murmelnde Bäche, bunte Wiesen, frische Luft und blauer Himmel – so wünschen sich die meisten Touristen einen Sommerurlaub nicht nur in den Alpen. Naturschützer weisen immer wieder darauf hin, dass die Schönheit der Landschaft nur dann erhalten werden kann, wenn man den sanften oder nachhaltigen Tourismus fördert. Unter diesem Begriff versteht man vor allem, dass der Fremdenverkehr möglichst umweltfreundlich ist, das heißt, dass die Natur wenig belastet wird. Die Urlauber sollen aber auch so viel Einnahmen erbringen, dass die Bevölkerung in den Tourismusregionen davon leben kann. Deshalb wurden Projekte und Reiseangebote entwickelt, die die Forderungen des sanften Tourismus ganz oder teilweise erfüllen.

**1** Fast überall versucht man, Tourismus umweltschonend zu gestalten.
   a) Nenne zwei Beispiele, die einer oder mehreren Vorgaben von M2 entsprechen.
   b) Suche in Zeitungen und Zeitschriften zwei Urlaubsangebote und überprüfe sie in Hinblick auf fairen Urlaub (M2).
   c) Nenne die Forderung, die zu der Aussage von M4 passt.

**2** Deutschland ist ein Land, in dem es viele verschiedene Tourismusangebote gibt.
   a) Nenne die Namen der Seebäder an der Nordsee und an der Ostsee (M1, Atlas).
   b) In Deutschland gibt es viele Städte mit Eventtourismus (z. B. Besuch von Bundesligaspielen, Theateraufführungen, Konzerten und Museen). Notiere sie (M1, Atlas).
   c) Beschreibe die Lage von sechs Nationalparks (M1).
   d) Ermittle sechs Seebäder und sechs Wintersportorte (M1, Atlas). Ordne ihnen die Fremdenverkehrsgebiete zu, in denen sie liegen.

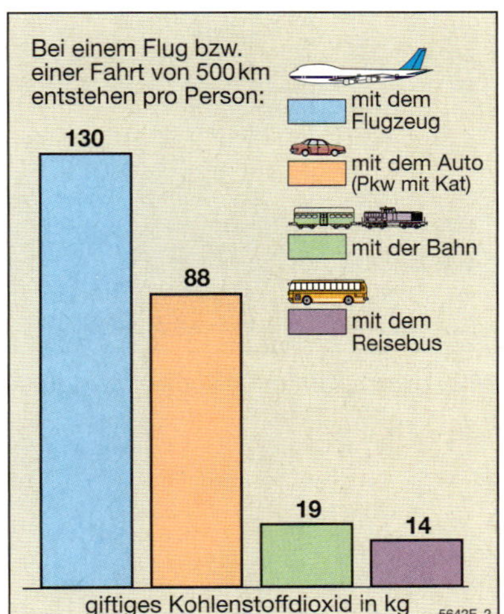


**M4** *Reisen und Umweltbelastung*

Unser [redacted] gelegener Campingplatz in einem von Wald umgebenen Talkessel an der Sonnenterrasse von Doren und am Ufer der Bregenzer Ache bietet einmalige Abenteuerferien.
Ein tolles Animationsprogramm, auf Wunsch individuell zugeschnitten, vom Ponyhof garantiert beste Unterhaltung während des ganzen Urlaubs. Reitbetrieb, Geländeritte, Ponyrennen, Minigolf, Beachvolleyball, Basketball, Tischtennis, Kinderspielplatz, Paddeln, Workshops, Seminare, Swimmingpool, Abendprogramm, Spanferkelgrillen, Angeln im Forellenteich, Fischen, Wandern, Indianerabend, ideal für Kinder und Jugendliche sowie Erwachsene. Ein alternatives „Regenprogramm", organisierte Ausflüge in Freizeitparks.
Eigene Biokläranlage, Mülltrennung, Bio-Weiden, Offenstallhaltung bei allen Tieren.
„Flatrate All inclusive" ab 7,90 Euro pro Tag, Reiten inbegriffen.

**M1** *Abenteuerurlaub auf einem Campingplatz*

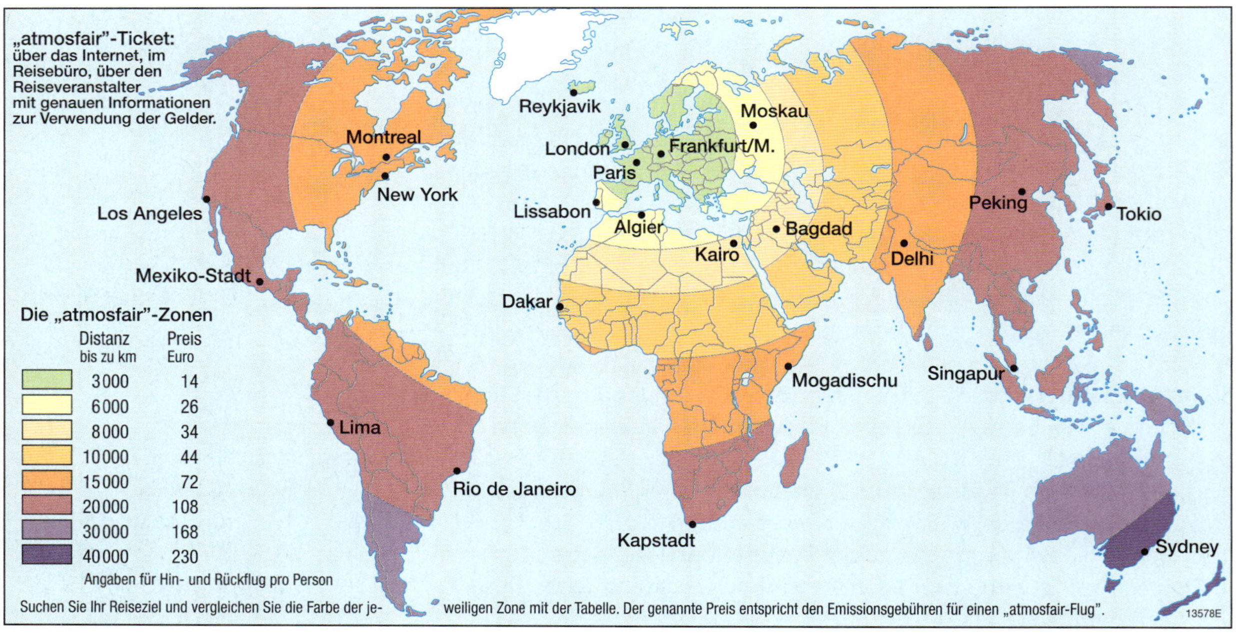


**M2** *„atmosfair" – nachdenken und klimabewusst reisen (www.atmosfair.de)*

1 Beschreibt und diskutiert die Karikatur M4.
2 Nenne zu jedem der Projekte des sanften Tourismus (M1, M3, M5, M6) die für einen „fairen Urlaub" typischen Merkmale (siehe S. 47/M2).
3 Erläutere die Ziele von „atmosfair" (M2).
4 Entwirf ein Plakat zum umweltfreundlichen Tourismus für einen Urlaubsort deiner Wahl oder deinen Heimatort.

Bettmeralp
...the better alp.

In der Schweiz haben sich neun Alpengemeinden zur „Gemeinschaft Autofreier Schweizer Touristenorte" (G.A.S.T.) zusammengeschlossen, darunter auch Bettmeralp.
Der Ort liegt 10 km nordöstlich der Stadt Brig. Dort können die Touristen, die jedes Jahr hierher kommen, die Bergwelt in aller Ruhe genießen. Im Ort darf niemand, weder Touristen noch Einheimische, mit einem Auto fahren, das mit Kraftstoff angetrieben wird (Ausnahme: Rettungsfahrzeuge, Feuerwehr, Müllabfuhr).
Die Gäste von Bettmeralp, wenn notwendig auch ihr Reisegepäck, werden mit Elektrofahrzeugen oder Pferdegespannen, im Winter auch mit Schlitten, transportiert.

**M3** *„Erholung für die Alpenluft"*

**M4** *„Öko-Seilbahn"*

**Wie wär's mal mit einem Urlaub im Winter, bei dem man zum Beispiel:**
- rodelt oder mit einem Pferdeschlitten fährt,
- einen Schneemann oder eine Schneefrau baut,
- einen Iglu wie die Inuit baut,
- eine Wanderung durch die verschneite Landschaft macht,
- Tierspuren im Schnee sucht und sie bestimmt,
- mit Schlittschuhen im Freien läuft,
- Eishockey spielt und danach eine Siegesfeier veranstaltet,
- eine Schneeballschlacht macht und anschließend heißen Tee in der Hütte auf der Kachelofenbank trinkt.

**M6** *Anregungen für einen Winterurlaub*

bad hindelang allgäu

„Ebbas Bsünders" ist ein Verein der Bauern von Bad Hindelang im Allgäu.
Die Bauern haben sich verpflichtet, ihr Land schonend zu bewirtschaften. Sie halten zum Beispiel nur eine Kuh pro Hektar, weil zu viele Tiere die Weiden zertrampeln, und setzen keinen im Handel erhältlichen Dünger ein. Dies bedeutet, dass sie auf einer Wiese etwa ein Drittel weniger Heu ernten, das sie als Viehfutter verwenden.
Um ihr Vieh zu versorgen, müssen sie eine größere Fläche bewirtschaften. Jetzt mähen sie auch Wiesen an Steilhängen, auf denen früher Büsche standen und ungepflegt aussahen.
Die Bauern vermarkten ihre Produkte (z.B. Milch, Butter, Käse, Fleisch) direkt in Bad Hindelang in zwei Läden und in einer Metzgerei.
Auf den Speisekarten der Hotels, Restaurants und Gaststätten werden die Erzeugnisse der Bauern von Bad Hindelang als „Ebbas Bsünders" („Etwas Besonderes") angeboten.

**M5** *Ein Projekt in Bad Hindelang (Allgäu)*

# Massentourismus auf Mallorca

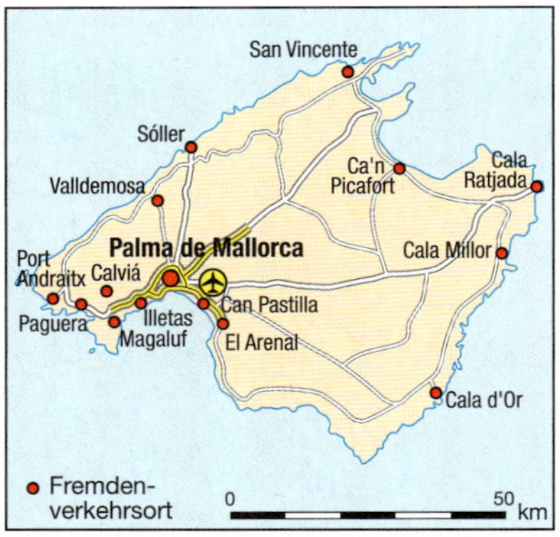


**M1** *Mallorca – größte Insel der Balearen*

## Urlaub an der Bucht von Palma de Mallorca

Millionen von Urlaubern besuchen jährlich die spanische Insel Mallorca. Um diesen Massentourismus bewältigen zu können, baute man etwa 1300 Hotels mit rund 350000 Betten. Vom frühen Morgen bis zum späten Abend starten und landen Flugzeuge aus ganz Europa auf dem Flugplatz San Joan nahe Palma de Mallorca, der Hauptstadt der Insel. Scharen von Reiseleiterinnen und Reiseleitern führen die Urlauber zu den vielen Bussen, die vor dem Flughafen warten. Diese bringen die Gäste direkt in ihre Hotels.

Die Hotels und Appartementanlagen liegen überwiegend an der Küste an vielen Buchten der Insel. Aus Fischerdörfern wurden Feriensiedlungen. Um die Badestrände gruppieren sich Hotels und Appartementanlagen. In den Hafenbecken liegen Motor- und Segeljachten sowie Ausflugsschiffe. Tennis- und Golfplätze sind vorhanden. Restaurants, Bars und Diskotheken erwarten die Urlauber. In den Supermärkten gibt es alles, was die Gäste auch in ihrer Heimat kaufen können.

Entlang der Bucht von Palma de Mallorca ist eine kilometerlange „Hotelstadt" entstanden. Von Illetas bis El Arenal dasselbe Bild: ein schmaler, im Sommer völlig überfüllter Strand, dahinter Hotels. In Strandnähe sind sie meist sechsstöckig. Die schmalen Straßen zum Strand sind gesäumt von Supermärkten, Kneipen, Restaurants und Autovermietungen. Alle Angebote sind in Deutsch oder Englisch zu lesen oder in Bildern dargestellt, damit die Gäste keine Sprachschwierigkeiten haben.

1 Beschreibe die Lage der Balearen im Mittelmeer. Nenne die Inseln (Atlas).
2 Nenne drei Einrichtungen des Massentourismus.
3 Erläutere die Entwicklung des Tourismus (M2) und zeichne ein Säulendiagramm (500000 Urlauber ≙ 1 cm).

| Jahr | Anzahl der Urlauber |
|---|---|
| 1950 | 100000 |
| 1960 | 400000 |
| 1970 | 2200000 |
| 1980 | 4400000 |
| 1990 | 5200000 |
| 2000 | 7900000 |
| 2005 | 11600000 |

**M2** *Entwicklung des Tourismus auf den Balearen*

**M3** *Strand von El Arenal auf Mallorca*

Die Tage des Wasserfalls von Sóller sind gezählt. Das bisher ins Meer stürzende Wasser soll künftig umgeleitet werden und den „Durst der Bevölkerung löschen". Bis zu 30 000 m³ bestes Trinkwasser gehen pro Tag verloren, wenn die Quelle viel Wasser führt. Das Aufkommen ist abhängig von den Regenfällen, aber selbst in Trockenzeiten versiegt die Quelle nicht völlig. Insgesamt verspricht man sich 20 000 m³ Trinkwasser pro Jahr.
Über ein Auffangsystem, eine neun Kilometer lange Unterwasserpipeline mit einem Durchmesser von einem Meter, führt dann eine Pipeline über eine Strecke von 36 km nach Palma de Mallorca. Die Kosten betragen für dieses Projekt rund 56 Millionen Euro.
(nach: Mallorca Magazin)

**M4** *Nutzung des Wasserfalls von Sóller*

**M6** *Wasserfall von Sóller*

### Probleme mit Wasser und Müll

Neben dem Wohlstand für viele Mallorquiner hat der Massentourismus auch Probleme für die Insulaner gebracht. Das größte ist die Wasserversorgung der Bevölkerung und der Gäste. Rund 30 Millionen Kubikmeter Wasser werden jährlich benötigt. Die Wasservorräte auf der Insel reichen kaum aus. Eine Möglichkeit ist, dem Trinkwasser entsalztes und gereinigtes Meerwasser zuzusetzen. Seit 1999 ist eine Meerwasserentsalzungsanlage in Betrieb.
Auch die Entsorgung ist schwierig: Die vielen Gäste verursachen Berge von Müll, die in einer zentralen Müllverbrennungsanlage bei Palma de Mallorca entsorgt werden. Für viel Geld lassen die Gemeinden ihre Strände reinigen und setzen etwa 40 Boote ein, die den Müll aus dem Meer fischen. Die Strände und die Küstengewässer werden ständig gesäubert. In 70 Kläranlagen werden die Abwässer gereinigt. Die Klärwasser leitet man überwiegend über lange Rohre ins Meer, sodass die Strände nicht belastet sind.

**4** Erläutere Probleme auf Mallorca, die der Massentourismus verursacht.
**5** Beschreibe, wie eine Meerwasserentsalzungsanlage funktioniert (M5).

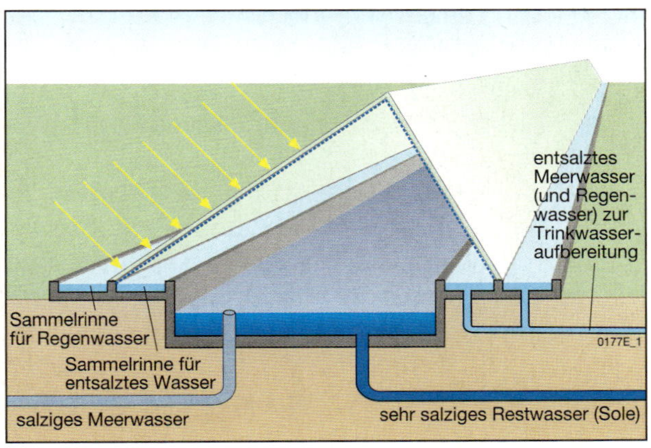


**M5** *Meerwasserentsalzungsanlage in Bild und Schema*

# Massentourismus auf Mallorca

„Es waren die Deutschen, die den Massentourismus nach Mallorca brachten. Das Wirtschaftswunder machte es möglich. 1956 starteten die ersten Ferienflieger, wenige Jahre später war die Insel das Lieblingsreiseziel der Deutschen. ... Der sechs Kilometer lange Strandabschnitt zwischen Can Pastilla und El Arenal war einst das Aushängeschild Mallorcas. In den 1980er-Jahren verkam er zur Bier- und Schinkenstraße und erlangte als Ballermann einen zweifelhaften Ruf. ... Bald klagten die Anwohner über Lärmbelästigung, Touristen bemängelten mieses Essen, schlechten Service und heruntergekommene Hotels."

**M1** *Mallorca um 1960 (aus: „DIE ZEIT" vom 05.06.2008)*

**Veränderungen und Pläne**

Inzwischen haben die Mallorquiner erkannt, dass sich die Einrichtungen des Massentourismus nicht noch weiter auf der Insel ausbreiten dürfen. Sie zerstören die Landschaft und schrecken auch Touristen ab. Seit 1988 muss jeder Neubau mindestens 100 m vom Meer entfernt errichtet werden. Alle Hotels, die älter als fünf Jahre sind, müssen renoviert werden, um den Gästen mehr Qualität zu bieten. Diese Verordnung hat gleichzeitig zur Folge, dass Billigquartiere nicht mehr renoviert und aufgegeben werden. Neubauten von Hotels und Appartements werden nur noch genehmigt, wenn es sich um Vier- oder Fünf-Sterne-Anlagen handelt.

Das 34 Jahre alte Hotel „Playa de Palma Nova" direkt am Strand von Calviá auf Mallorca – vor und nach der Sprengung im April 1995.

„Palma – Die Regierung in Madrid hat vor kurzem beschlossen, auf Mallorca alle Hotels, die älter als 35 Jahre sind und in erster Reihe am Strand stehen, abzureißen.

Zum ersten Hotelabriss Anfang April in dem am Strand gelegenen Ortsteil von Calviá kam der spanische Minister für Tourismus extra auf die Insel: ‚Wir wollen mit diesem Abriss alter Hotels Mallorca ein neues Image geben, weg vom Billig- und hin zum gehobenen Tourismus. Die frei werdenden Grundstücke werden nicht wieder bebaut, sondern in Parks, Grünzonen und Strandpromenaden umgewandelt. Die Strände werden verbreitert, überall sollen Palmen gepflanzt werden. Das geht nicht von heute auf morgen.'"

**M2** *Beginn der Hotelentrümpelung auf Mallorca (aus: „Welt am Sonntag" vom 28.05.1995)*

**M3** *Entwürfe für die Neugestaltung der Playa de Palma*

**1** Beschreibe die Entwicklung des Massentourismus auf Mallorca.
**2** Begründe den Abriss von Hotels (M2).
**3** Erläutere die Planungen für die Playa de Palma (M3, M4).

Zum Jahresende 2007 haben niederländische Architekten und Stadtplaner das Projekt „Umgestaltung und Modernisierung der Playa de Palma" vorgestellt: Weiter vom Strand entfernt soll ein Boulevard den Kfz-Verkehr aufnehmen. Hier sollen Parkhäuser errichtet werden. Zwischen dem Flughafen und Cap de Enderrocat soll eine Straßenbahn verkehren. Für Radfahrer ist eine Verbindung des Radweges an der Playa zum Radwegenetz im Osten der Insel geplant. Kernstück des Vorhabens ist die Umwandlung der am dichtesten bebauten Zonen der Playa. Sie sollen entkernt und aufgelockert werden. Dort werden alte Hotels abgerissen. In extra vorgesehenen Zonen werden neue gebaut. Es handelt sich um Hotels mit insgesamt rund 6 000 Betten. Zwischen der Flughafenautobahn und der zweiten Linie der Bebauung soll auf etwa einer Million Quadratmetern ein Grüngürtel entstehen. Dort werden auch Sportanlagen gebaut. Sie sollen dazu beitragen, dass in der Nebensaison mehr Urlauber kommen.
Die Gesamtkosten werden auf mehrere Milliarden Euro geschätzt, die Bauzeit auf zehn bis fünfzehn Jahre.

**M4** *Vorschläge aus dem Ideenwettbewerb zur Sanierung der Playa de Palma (nach: Mallorca Magazin, 2008)*

Ein Zusammenschluss von Hoteliers auf der spanischen Ferieninsel Mallorca hat Krawall- und Sauf-Touristen den Kampf angesagt.
In Palmanova und Magaluf sollen Gäste, die wegen ihres Betragens aus einer Herberge ausquartiert wurden, künftig keine andere Unterkunft erhalten. Einige Hoteliers plädieren dafür, ein Register der auffällig gewordenen Gäste einzuführen. Andere forderten gar, Randalierer nach Hause zu schicken.

**M5** *Mallorca will Sauf-Touristen verbannen (aus: „Nordwest Zeitung" vom 11.08.2008)*

# Texte auswerten

Texte werden in Büchern, Zeitungen und Zeitschriften veröffentlicht. Sie informieren oder unterhalten die Leser.

**So gehst du vor:**

**1. Schritt: Lesen und Gliedern**
Lies den Text durch. Schlage im Lexikon unbekannte Wörter nach. Gliedere den Text in Abschnitte. Notiere für jeden Abschnitt eine Überschrift. Beachte Verfasser, Ort und Datum.
**2. Schritt: Mithilfe von Schlüsselwörtern zusammenfassen**
Schreibe die Begriffe („Schlüsselwörter") heraus, die dir besonders wichtig erscheinen. Fasse mithilfe der „Schlüsselwörter" Abschnitt für Abschnitt zusammen. So erhältst du eine Inhaltsangabe des gesamten Textes.
**3. Schritt: Erklären**
Beschreibe die Absicht des Verfassers. Will er informieren, eine Meinung äußern oder zu etwas auffordern?

**1. Absatz:**
unbekanntes Wort:
*Pauschalreise: Reise, bei der man alles bucht, zum Beispiel Flug, Hotel und Verpflegung.*

**2. Absatz:**
Zwischenüberschrift:
*In El Arenal*

**3. Absatz:**
Schlüsselwörter:
*Zweitwohnungen, Ferienhäuser, schlechte Strände*

**4. Absatz:**
Inhaltsangabe:
*Die Zimmer der Hotels auf Mallorca sind einfach, aber immer mit Bad und häufig mit Klimaanlage. In den Speisesälen werden durch Selbstbedienung Kosten gespart.*

Jährlich können 1,8 Millionen Deutsche nicht irren: Sie fliegen „auf" Mallorca und machen Spaniens Königsinsel so zur ungekrönten Königin der Pauschalreise. Auf dem nur 50 mal 70 km großen Land gibt es 350 000 Hotelbetten, so viel wie in Tunesien und der Türkei zusammen. Das Geheimnis des Erfolgs ist die Vielseitigkeit. Irgendeiner der über 30 grundverschiedenen Ferienorte passt immer.
In den Straßenschluchten von El Arenal ist es laut: Schunkelkneipen wechseln mit Bars; am Strand holen die Discoschwärmer von gestern ihren Schlaf nach. Viele liegen auf einer Decke oder einfach im Sand: Liegestuhl und Sonnenschirm kosten nämlich wie überall auf der Insel zwischen zehn und zwölf Mark täglich extra, nur am Hotelpool liegt man gratis.
Etwas gesetzter geht es westlich von Palma zu. Vom einstigen Villenvorort Illetas bis Port d'Andratx überwuchern Zweitwohnungen und Ferienhäuser die Hänge, die Autos tragen Nummernschilder aus Düsseldorf und Herne. Im „deutschen" Paguera geht man ins „Haus der Schnitzel" oder bestellt eine Sahnetorte mit Tchibo-Kaffee im „Café Francine". Das Problem dieser Küste sind die schlechten Strände; der Sand muss jährlich neu aufgeschüttet werden.
Die Hotels sind einfach; doch das macht nichts. Zimmer mit Bad hat auf Mallorca selbst das einfachste Hotel. Der Unterschied zwischen drei und vier Sternen liegt gewöhnlich in der Klimaanlage und dem Telefon auf dem Zimmer. Beim Tischservice gibt es ohnehin keinen Unterschied mehr; an den gut gefüllten Buffets bedient sich der Gast selbst. Das senkt die Personalkosten.

**M1** *„Für jeden ist etwas dabei – Der Erfolg von Mallorca kommt nicht von ungefähr" (aus: Dewezet, 06/95)*

**1** Bearbeite den gesamten Zeitungsartikel wie in den Schritten 1 bis 3 angegeben.

**M2** *Übungskarte Europa*

athen – bir – burg – ce – de – der – ebro – est – eu – fia – gal – garn – ge – ge – ham – ir – is –lan – land – land – land – land – lo – nea – nen – nie – os – ost – pa – pel – por – ro – russ – see– so – tu – un –ural – ven

1. Kontinent westlich von Asien
2. Staat nordwestlich Rumäniens
3. großer Staat in Osteuropa
4. Meer nördlich von Polen
5. Staat in Südeuropa mit der Hauptstadt Lissabon
6. Hauptstadt Griechenlands
7. Fluss im Norden Spaniens
8. Inselstaat in Nordeuropa
9. Hauptstadt Bulgariens
10. Teil des französischen Zentralmassivs
11. Millionenstadt an der Elbe
12. Staat mit Hauptstadt Tallinn
13. Höhenzug, der Europa und Asien trennt
14. Stadt am Tyrrhenischen Meer
15. Staat westlich von Großbritannien
16. Hauptstadt von Norwegen
17. Staat, der an Deutschland und Belgien grenzt

**M3** *Silbenrätsel*

**2** Bearbeite die Übungskarte M2.

**3** a) Löse das Silbenrätsel (M3), indem du die Silben abschreibst und die Lösungen untereinander auflistest (Atlas).

b) Die Anfangsbuchstaben in der Reihenfolge 1 bis 17 ergeben den Namen eines europäischen Bündnisses.

# Eine Städtereise

M1 *Das Kronentor im Dresdener Zwinger*

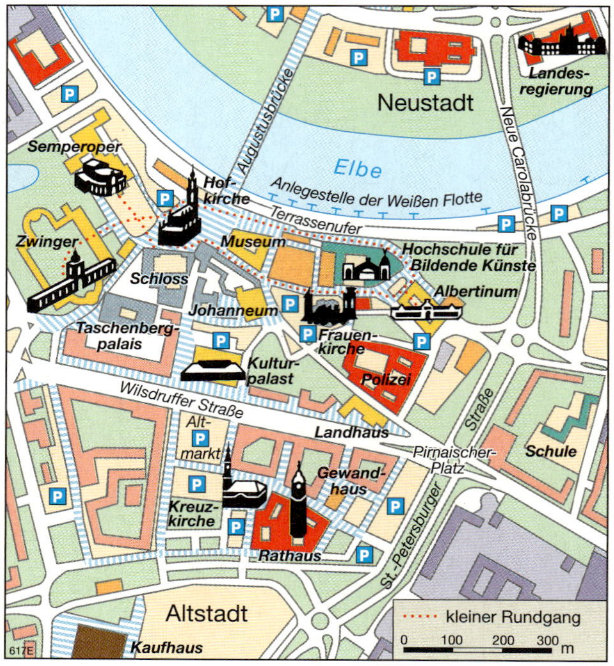


M3 *Stadtkern von Dresden*

## Stadtrundgang durch Dresden

Eine Stadtführerin erläutert: „Wir stehen hier vor dem Kronentor des Zwingers. Der Zwinger zählt zu den schönsten Barockbauten Deutschlands und ist das Wahrzeichen Dresdens. Von 1710 bis 1732 ließ August der Starke, Kurfürst von Sachsen, die Anlage errichten. Sie besteht aus sechs Pavillons, die durch lange Galerien verbunden sind. Durch drei Portale gelangt man in den Zwingerhof. Das sächsische Herrscherhaus veranstaltete im Zwinger große Feste. Heute beherbergt er Sammlungen, zum Beispiel von naturwissenschaftlichen Geräten und Porzellan. Im Hof finden Konzerte statt.

Auch unser Opernhaus wurde 30 Jahre nach seiner Zerstörung im Zweiten Weltkrieg im ursprünglichen Stil wieder aufgebaut. Berühmte Komponisten, wie Richard Wagner oder Richard Strauss, ließen hier ihre Opern zum ersten Mal aufführen. Die Semperoper wird so nach ihrem Erbauer, dem Architekten Gottfried Semper, genannt.

Im Museum Albertinum ist das Grüne Gewölbe besonders sehenswert. In ihm sind Schmuckstücke und Goldschmiedearbeiten aus der Zeit vom 15. bis zum 18. Jahrhundert ausgestellt: kostbares Porzellan, Elfenbeinschnitzereien und brillantenbesetzte Teile des sächsischen Kronschatzes. Außerdem befindet sich hier die Gemäldegalerie ‚Neue Meister'. In ihr hängen zum Beispiel Gemälde von Caspar David Friedrich, Carl Spitzweg und Emil Nolde.

Wir gehen jetzt zum Terrassenufer, den Brühlschen Terrassen. Von dort haben wir einen sehr schönen Ausblick über die Elblandschaft. Ursprünglich war das Terrassenufer ein Teil der Stadtbefestigung, aber Graf Brühl, sächsischer Leitender Minister, ließ die Terrasse 1740 zu einer Gartenanlage umbauen.

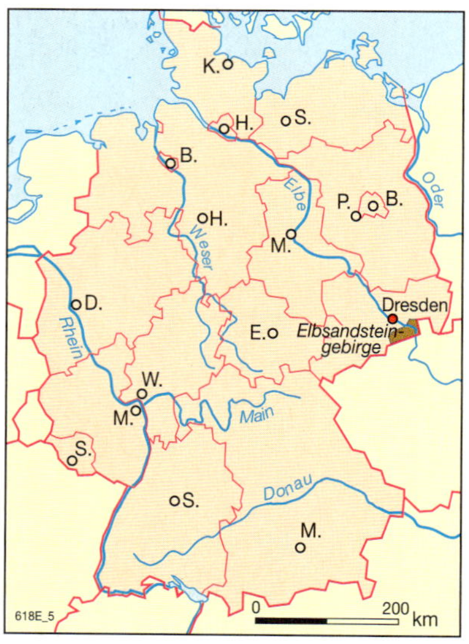


M2 *Lage von Dresden und dem Elbsandsteingebirge*

**M4** *Historischer Stadtkern von Dresden*

Sollten Sie noch Zeit in Dresden haben, empfehle ich Ihnen: einen Besuch der wieder aufgebauten Frauenkirche, eine Fahrt mit der ‚Weißen Flotte' und einen Spaziergang zur Bastei im Elbsandsteingebirge."

**1** Suche im Atlas einen Reiseweg von deinem Wohnort nach Dresden. Notiere die Städte, die an der Strecke liegen.
**2** Beschreibe die Lage der im Text erwähnten Sehenswürdigkeiten im Stadtkern Dresdens (M3).
**3** Schreibe kurze Informationen aus Lexika, Internet und Geschichtsbüchern zu
a) August dem Starken,
b) der Zerstörung Dresdens im Zweiten Weltkrieg.

**M6** *Anlegestelle der „Weißen Flotte"*

**M5** *Dresden im Jahr 1911*

# Bilder auswerten

Bilder sind ein sehr anschauliches Mittel zur Darstellung. Dadurch bekommen wir auch in der Geographie eine bessere Vorstellung zum Beispiel von Landschaften und Bauwerken.

**So gehst du vor:**

**1. Schritt: Orientierung**
Beantworte zunächst folgende Fragen: Was stellt das Bild dar? Wo liegt der Ort oder die Landschaft?
**2. Schritt: Beschreibung**
Beschreibe die Einzelheiten, die du im Bild erkennst: Menschen und ihre Tätigkeiten, Verkehrswege, Wälder, Felder, Flüsse, Gebäude usw. Bei der Beschreibung solltest du eine bestimmte Reihenfolge einhalten, zum Beispiel Vorder-, Mittel-, Hintergrund oder Ort, Fluss, Berg.
**3. Schritt: Zeichnung**
Fertige eine Skizze an, in die du wichtige Bildinhalte einträgst. Lege dazu Transparentpapier oder Folie über das Bild und zeichne.
**4. Schritt: Erklärung**
Stelle Zusammenhänge zwischen den entdeckten Einzelheiten her, zum Beispiel zwischen der Siedlung und dem Fluss, den Feldern und den bewaldeten Hängen oder dem Tal und den Verkehrswegen.

1 Suche den Abschnitt der Elbe, der in M1 abgebildet ist (Atlas). Bestimme, in welcher Himmelsrichtung der Dampfer elbaufwärts fährt.

**M1** *Blick vom Königstein zum Lilienstein in der Nähe von Dresden*

# Atlanten benutzen

Im Atlas findet man verschiedene Karten. Es gibt physische und thematische Karten.
Physische Karten (M2) zeigen, wo es Berge, Täler oder Ebenen in einer Landschaft gibt. Farbstufen von Grün über Gelb bis Braun stehen für bestimmte Landhöhen. Einzelne Zahlen, so auch die Zahl 305 an der Bastei, geben die Höhe des Punktes über dem Meeresspiegel (ü. M.) an. Mit der Maßstabsleiste lassen sich Entfernungen in der Karte messen. Dadurch erhält man eine Vorstellung von der Ausdehnung einer Landschaft oder der Entfernung zwischen zwei Orten.
Thematische Karten (M3) stellen ein ganz bestimmtes Thema dar. Das kann die Wirtschaft eines Raumes sein (M3), die Temperaturen eines Gebietes, die Verteilung der Bevölkerung oder der Fremdenverkehr.

**Legende**
Meist befindet sich am Kartenrand die Legende, die Zeichenerklärung. Dort ist die Bedeutung der Farben, Signaturen (Einzelzeichen) und Ziffern erklärt.

**So gehst du vor:**

**1. Schritt: Eine bestimmte Karte finden**
Schlage entweder im Inhaltsverzeichnis oder im Register des Atlas nach. Tipp: Das Inhaltsverzeichnis steht vorn im Atlas. Die Karten sind nach Regionen geordnet.
Im Register sind alle Namen alphabetisch geordnet. Hinter jedem Namen stehen die Seite der Karte und das Planquadrat, in dem der Ort liegt. Zum Beispiel: „Dresden 19, J2" bedeutet, dass man Dresden auf Seite 19 im Planquadrat J2 findet.
**2. Schritt: Arbeiten mit der Karte**
Welches Thema hat die Karte? Welches Gebiet wird dargestellt? Beachte Legende und Maßstab. Beschreibe den Karteninhalt. Tipp: Benutze dabei „Hilfreiche Sätze beim Beantworten von Aufgaben" auf dem vorderen Innendeckel deines Schülerbuches.

2 Zähle auf, was in einer physischen Karte alles dargestellt ist (M2).
3 Beschreibe, wie in Karten die Landhöhen abgebildet werden (M2).
4 Nenne mindestens fünf verschiedene Beispiele für thematische Karten, die nicht im Text genannt sind (Atlas).

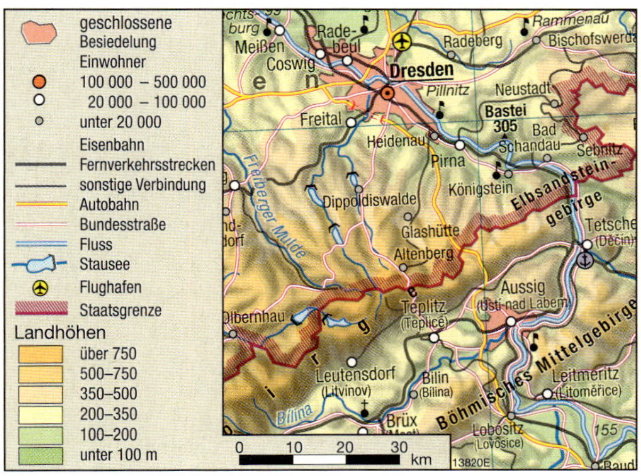

M2 *Physische Karte*

M3 *Thematische Karte (Wirtschaft; Legende Auswahl)*

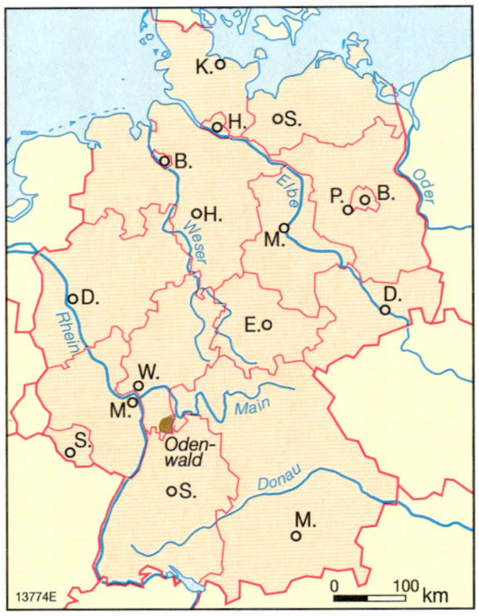


**M1** *Lage des Odenwaldes*

**M4** *Im Odenwald*

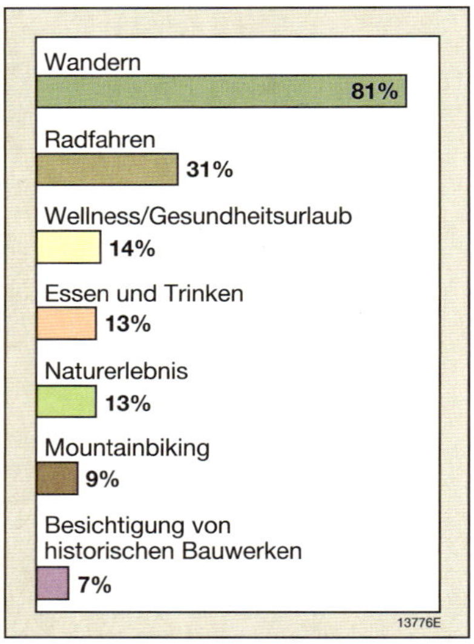


**M2** *Befragungsergebnis: „Was wollen Touristen im Odenwald unternehmen?"*

## Tourismus schafft Arbeitsplätze

Im Jahr 2006 wurden von der „Welttourismus Organisation" weltweit 842 Millionen Auslandsreisen gezählt. Diese Anzahl zeigt, dass im Tourismus viele Menschen beschäftigt sind. Allein in Deutschland arbeiten 2,8 Millionen Menschen in Betrieben, die im Tourismus tätig sind. Diese Firmen stellen etwa 104 000 Ausbildungsplätze zur Verfügung. Hotels und Pensionen, Reisebüros, Bus-, Bahn-, Fluggesellschaften und Gaststätten sind Unternehmen, die für Touristen arbeiten. Dazu gehören zum Beispiel auch Campingplätze, Hersteller von Souvenirs und Zulieferbetriebe für Einrichtungen des Tourismus.

So ist der Tourismus auch in Deutschland ein wichtiger Wirtschaftszweig, der Arbeitsplätze sichert. Deshalb wird immer wieder untersucht, ob und warum Touristen eine Region besuchen. Durch Befragungen versucht man herauszubekommen, welche Menschen kommen und was sie erwarten. Auf Grundlage der Ergebnisse der Untersuchungen kann man genau feststellen, ob die Einrichtungen am Urlaubsort und die Landschaft die Erwartungen der Urlauber erfüllen. Von besonderem Interesse ist dabei, welche Veränderungen zu einem noch besseren Angebot in den Urlaubsorten und Urlaubsregionen vorgenommen werden müssen.

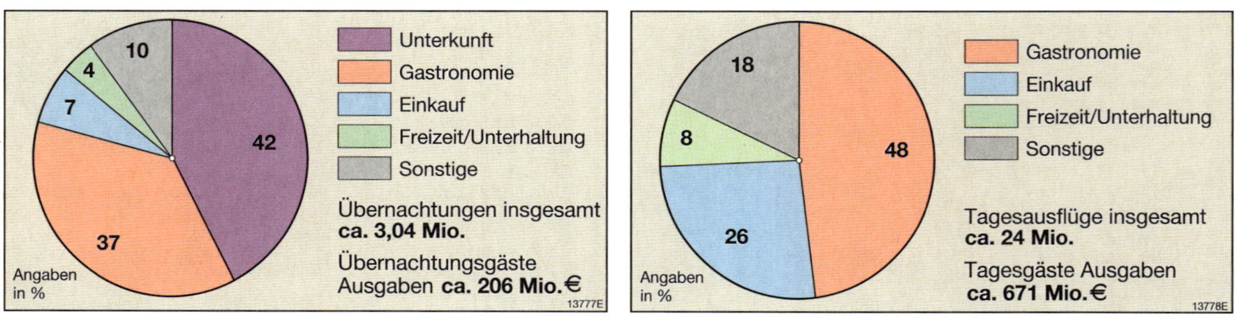


**M3** *Einnahmen aus dem Übernachtungs- (links) und Tagestourismus (rechts) in der Region Odenwald (2006)*

**M5** *Odenwald – Tagestourismus-Ziele: Rathaus Michelstadt, im Elfenbeinmuseum Erbach, Fürstliche Kirche Amorbach*

1 Nenne zehn Berufe, die in Einrichtungen des Fremdenverkehrs arbeiten (Text).
2 Erläutere, welche Vorstellungen der Gäste über den Odenwald bei einem Aufenthalt dort erfüllt werden sollten (M2).
3 Beschreibe, welche Personen im Odenwald am Tages- und am Übernachtungstourismus verdienen (M3).
4 Zähle Einrichtungen auf, die Wanderer und Radfahrer auf ihren Touren benötigen.
5 Beschreibe die Lage des Odenwaldes (M1).
6 Nenne zu jedem Befragungsergebnis (M2) eine vorhandene Einrichtung.
7 Informiere dich im Internet über die Besichtigungen auf einer Tagesfahrt durch den Odenwald und berichte darüber.

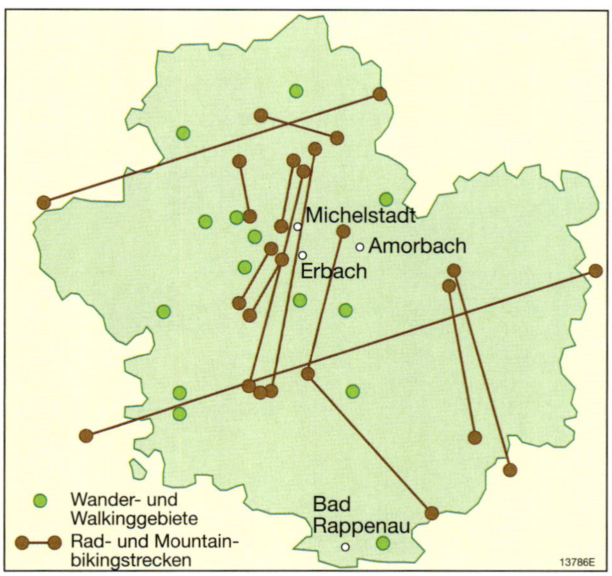


**M6** *Wanderwege und Radstrecken im Odenwald*

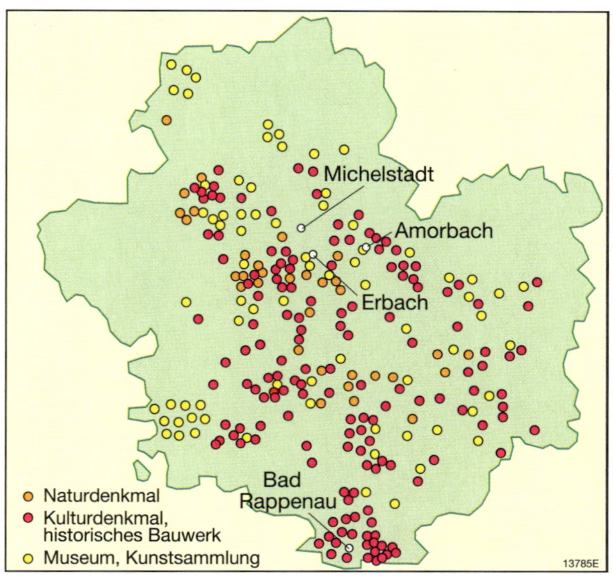


**M7** *Sehenswürdigkeiten im Odenwald*

# Fremdenverkehrs- und Urlaubsplanung

Ihr wollt eine Reise machen? Eine gute Idee, denn ihr werdet viel Neues kennen lernen. Aber die Reise beginnt nicht erst mit der Abfahrt. Sie fängt mit der Vorbereitung an.
Bildet Gruppen und formuliert eure Vorstellungen und Wünsche zu der geplanten Reise. Einigt euch auf die Art der Reise (siehe auch S. 34).
Danach bearbeitet gemeinsam die Fragen 1 bis 6 zur Reiseplanung. Dazu benötigt ihr Informationen, die ihr vorher einholen müsst. Teilt diese Aufgabe unter euch auf.
Dann könnt ihr die Fragebögen bearbeiten.

## Reiseplanung

**1. Reiseteilnehmer?**

**Allein oder zu zweit:**
*Freund, Freundin, Bruder, Schwester;*
**in der Gruppe:**
*Sportverein, Jugendgruppe, Klasse;*
**mit der ganzen Familie.**
**Es fahren mit: ...**

13779E

**2. Reiseziele?**

**Landschaften:**
*am Meer, im Hochgebirge, im Mittelgebirge, in einer extremen Landschaft (Wüste, Polargebiet);*
**Städte:**
*Großstadt, Dorf, außerhalb gelegener Ferienclub;*
**Länder/Kontinente:**
*Deutschland, Europa, auf einem anderen Kontinent;*
**an einem Ort oder eine Rundreise.**
**Wir fahren nach: ...**

13780E

**3. Reisezeit?**

**In der Hauptsaison unseres Zielortes**
*(das bedeutet z. B. Schneesicherheit für Wintersportler, aber auch viele Urlauber und höhere Preise);*
**in der Nebensaison unseres Zielortes**
*(das bedeutet z. B. Regen und kühles Wetter am Mittelmeer, aber auch niedrigere Preise und weniger Urlauber).*

**Wir fahren vom ... bis ...**

13781E

**4. Unterkunft und Verpflegung?**

**Wo wollen wir wohnen?**
*Im Hotel, im Appartement, im Ferienhaus, in einer Ferienwohnung oder auf dem Campingplatz (im Zelt, Wohnwagen oder Wohnmobil).*

**Wo liegt unsere Unterkunft?**
*Wie weit ist es zum Ortszentrum, zu Geschäften, zu Freizeiteinrichtungen, zu Haltestellen, zu Gaststätten?*
*Womit soll oder muss unsere Unterkunft ausgestattet sein?*

**Wie verpflegen wir uns?**
*Selbst kochen, mit Fastfood oder im Restaurant essen (Frühstück, Halb-, Vollpension oder All inclusive?).*

**Wir wohnen: ...**

13782E

- Leute fragen, die das Ziel kennen;
- sich im Reisebüro erkundigen und Kataloge, Prospekte sowie Unterkunftsverzeichnisse besorgen;
- Fremdenverkehrsamt (Tourist-Information) am Zielort anschreiben;
- touristische Fachzeitschriften (z.B. Merian, HB-Atlas) besorgen;
- Reiseseiten in Tageszeitungen sammeln;
- Geographiebücher und Reiseführer besorgen;
- Atlanten (Schul-, Autoatlas) benutzen;
- Staukalender beachten (Ferien in den Bundesländern!);
- Sendungen über Urlaubsziele sowie Hinweise zum Urlaub im Radio und Fernsehen verfolgen;
- im Internet recherchieren.

**M1** *Informationsmöglichkeiten*

**5. Umweltverträglichkeit?**

Was kann ich bei der Wahl des Verkehrsmittels beachten?

Was kann ich während des Urlaubs tun oder vermeiden, um die Umwelt nicht zu stark zu belasten?

Wie wird im Ort, im Hotel oder auf dem Campingplatz auf die Schonung der Umwelt geachtet?

**Drei gute Vorsätze für den nächsten Urlaub: ...**

13783E

- Wer gießt die Blumen?
- Wer versorgt die Haustiere?
- Wer achtet auf die Wohnung?
- Wo und wer bewahrt die Post auf?
- Bis wann muss die Zeitung abbestellt werden?
- Vor Abreise Müll entsorgen!
- Wer kümmert sich um den Garten?

**M2** *Was muss ich vor der Reise klären?*

**6. Reisekosten?**

**Eigene finanzielle Möglichkeiten** € ______

**Kosten für Hin- und Rückreise**

mit der Bahn € ______

mit dem Auto € ______

mit dem Bus € ______

mit dem Flugzeug € ______

mit dem Schiff € ______

mit dem Fahrrad € ______

**Kosten für die Unterkunft** € ______

**Kosten für Verpflegung** € ______

**Nebenkosten**
(z. B. Kurtaxe, Campinggebühren, Gebühren am Flughafen, Eintrittsgelder, Autobahngebühren, Parkgebühren, Skiliftgebühren) € ______

**Kosten für spezielle Ausrüstungen**
(z. B. Surfbrett, Sportbekleidung) € ______

**Gesamtkosten** € ______

13784E

**1** Plane mithilfe der Fragebögen
a) eine Klassenfahrt nach ...,
b) einen Sommerurlaub am Mittelmeer,
c) einen Winterurlaub in den Alpen,
d) einen Aufenthalt für Bekannte aus dem Ausland in deinem Wohnort oder in der Region, in der du wohnst.

**2** Gestalte eine Wandzeitung als Werbung für einen Urlaubsort. Besorge dazu Prospekte im örtlichen Reisebüro und der Tourist-Information am Urlaubsort. Sammle dafür auch Reiseseiten in Zeitungen und Zeitschriften.

- Reisepass, Personalausweis, Visum
- Versicherungen (z.B. Reiserücktrittskostenversicherung)
- Formular oder Chipkarte der gesetzlichen Krankenkasse für Behandlungskosten
- Abschluss einer privaten Auslandskrankenversicherung (gesetzliche Krankenkasse kommt für Behandlungskosten nur in geringem Umfang auf)
- Geld in Währung des Gastlandes (außerhalb der Euro-Länder)
- Fahrzeugpapiere
- Internationale grüne Versicherungskarte für Kfz
- Zoll- und Devisenbestimmungen des Gastlandes
- Schutzimpfungen und Impfausweis
- Navigationsgerät
- Wörterbuch, Wanderkarten, Stadtpläne
- entsprechende Kleidung
- Sportausrüstung
- Reiseapotheke

**M3** *Was darf ich nicht vergessen?*

## 1. Europareise

**1** Bearbeite die „Europareise“ mithilfe von Atlas, Internet und Lexikon:
  a) Nenne die Städte, in denen sich die Wahrzeichen befinden.
  b) Erläutere, worum es sich bei den Besonderheiten handelt. Nenne die jeweilige Region oder das Land, wo sie sich befinden.
  c) Beschreibe die Lage und Staatszugehörigkeit der Inseln.

**2** Lege mithilfe der Karte für sechs Staaten deiner Wahl folgende Tabelle an:

| Staat | Landschaft (Fremdenverkehrsgebiet) |
|---|---|
| | |

*Landschaften (Fremdenverkehrsgebiet):*
Masuren – Lappland – Bretagne – Schottland – Puszta – Algarve – Walachei – Toskana – Andalusien – Wachau – Elsass

*Besonderheiten:*
Huerta – Fjell – Loch Ness – Krim – Bosporus – Fjord – Skagerrak – Gracht – Haff – Brenner – Macchie – Riviera

*Wahrzeichen:*
Kreml – Eiffelturm – Alhambra – Prater – Fischerbastei – Männeken Pis – Hradschin – Kolosseum – Schiefer Turm – Akropolis

*Inseln:*
Shetland – Ibiza – Korsika – Usedom – Gotland – Kreta – Bornholm – Helgoland – Malta – Lofoten – Sardinien – Färöer

## 2. Was gehört zu welchem Reiseziel?

**1** Zu welchen der Reiseziele Garmisch-Partenkirchen, Mallorca und Dresden gehören die Angaben? Lege eine Tabelle an und ordne die Angaben richtig zu.

| | | | | | | |
|---|---|---|---|---|---|---|
| von Hannover entfernt | 300 km | D | 500 km | I | 1 500 km | N |
| Durchschnittstemperatur im Januar | -3 °C | E | -1 °C | F | 10 °C | N |
| Aktivitäten | Besichtigungen | I | Bergwandern, Skilaufen | E | Baden, Surfen | E |
| liegt ... | im Mittelmeer | N | in der Nähe der Zugspitze | E | an der Elbe | B |
| liegt ... | im Bundesland Bayern | E | im Bundesland Sachsen | U | vor der spanischen Küste | S |
| Höhe ü. M. | 106 m | E | 0 – 1 445 m | H | 720 m | C |
| Sehenswürdigkeiten | Kathedrale von Palma, Altstadt von Soler | A | Zwinger, Frauenkirche | C | Schneefernerhaus, Olympiastadion | M |
| Durchschnittstemperatur im Juli | 18 °C | N | 15 °C | H | 26 °C | E |

**2** Trage die Buchstaben Reihe für Reihe ein. Sie ergeben ein Lösungswort.

13773E

## 3. Erläutere die Absicht des Schriftstellers

„Das Gebirge machte böse Miene.
Das Gebirge wollte seine Ruh.
Und mit einer mittleren Lawine
deckte es die blöde Bande zu.
Dieser Vorgang ist ganz leicht erklärlich.
Der Natur riss einfach die Geduld.
And're Gründe gibt es hierfür schwerlich.
Den Verkehrsverein trifft keine Schuld."

(Erich Kästner: Maskenball im Hochgebirge)

## 4. Ein eigener Reiseprospekt

„Wenn jemand eine Reise tut,
So kann er was erzählen.
Drum nahm ich meinen Stock und Hut
Und tät das Reisen wählen."

(aus: Claudius, M.: URIANS Reise um die Welt.)

**1** Gestalte einen Reiseprospekt zum Beispiel über deine Ferienreise, deinen Ausflug mit der Klasse oder eine Fahrt mit deiner Klasse. Du kannst einen Teil deiner Arbeit zum Beispiel für ein Fotoalbum verwenden.

### Grundbegriffe

Bannwald
Fremdenverkehrseinrichtung
Gletscher
Hochgebirge
Höhenlinie
Infrastruktur
Kläranlage
Lawine
Massentourismus
Meerwasserentsalzungsanlage
Mure
Profil
sanfter Tourismus
Transit

## Zukunft der Alpen – viel Regen, wenig Schnee?

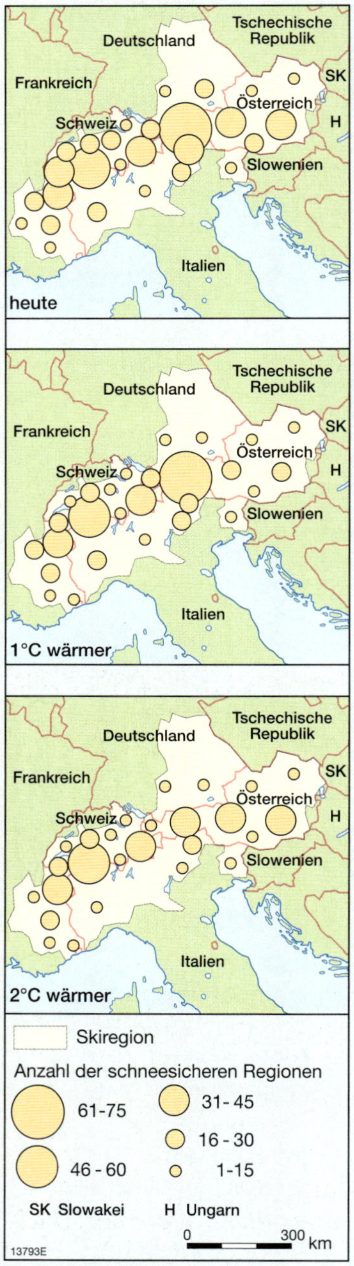


**M1** *Anzahl der schneesicheren Regionen (Gebiete ohne Einsatz von Schneekanonen) heute, bei einem Anstieg der Jahresdurchschnittstemperaturen um 1 °C und um 2 °C*

**M2** *Gletscher des Zugspitzplatt im Jahr 1890 (oben) und 2003 (unten)*

Mit bangen Blicken schauen die Skifahrer auf den Wetterbericht. Im Dezember 2006 hatten überdurchschnittlich hohe Temperaturen und Regen viele Alpenhänge in Schlammbahnen statt in weiße Pisten verwandelt. Zwar wurde es zu Beginn des neuen Jahres 2007 doch noch kälter, und die europäische Skisaison fiel nicht komplett ins Wasser, doch die Verwaltung der knapp auf 1 000 m Höhe liegenden französischen Gemeinde Abondance in den Alpen plädierte schon dafür, alle Anlagen rund um den Skitourismus aus Mangel an Schnee gar nicht mehr zu öffnen.

**M3** *Walken statt Wedeln (National Geographic, 2/2007)*

**1** a) Beschreibe M1 und nenne die Unterschiede.
b) Ermittle die Anzahl der schneesicheren Wintersportorte heute und bei einem Anstieg der Jahresdurchschnittstemperaturen um 1 °C und um 2 °C.

**2** a) Erläutere die Folgen für die Wintersportler.
b) Ermittle Wintersportorte in schneesicherer Höhenlage und ihre Lage auf der Erde mithilfe von Reiseangeboten.
c) Erkundige dich nach Preisen für eine Woche Wintersport dort.
d) Berechne mithilfe von M2 auf S. 48 den Preis („atmosfair"-Reisen) für die Umweltbelastung bei Flügen zu einem Ziel in den Rocky Mountains, den Anden und in Skandinavien.

**M4** *Folienabdeckung auf einem Gletscher*

**M6** *Schneekanone im Einsatz*

**M5** *Ski laufen in einer Halle*

**M7** *Biathlonrennen in der „Veltins"-Arena auf Schalke*

**3** Beschreibe die Folgen für die von Schneemangel betroffenen Gebiete.
a) Nenne Berufe, die mit Einkommenseinbußen rechnen müssen (siehe S. 38/39).
b) Diskutiert mögliche Gegenmaßnahmen anhand von M4 und M6.

**4** Beurteile die „Ersatzmöglichkeiten" für Wintersportler (M5, M7).

**M1** *Anbau von Reis auf Reisterrassen in China*

# Klima- und Vegetationszonen

**Wetter**

Aus dem Wetterbericht sind die fünf Wetterelemente bekannt: Wind, Bewölkung, Luftdruck, Niederschlag und Temperatur.
Das Zusammenwirken dieser fünf Wetterelemente zu einer bestimmten Zeit an einem bestimmten Ort auf der Erde heißt Wetter.

**Klima**

Meteorologen messen mehrmals täglich die fünf Wetterelemente.
Über einen Zeitraum von mindestens 30 Jahren errechnen sie daraus Durchschnittswerte. Diese langjährigen Mittelwerte geben Auskunft über das Klima eines Ortes oder Gebietes.

## Die Klimazonen

Auf der Erde gibt es nicht überall dasselbe Klima. Gebiete mit ähnlichem Klima werden zu einer Klimazone zusammengefasst. Man unterscheidet folgende Klimazonen:

- Polarzone: Die Temperaturen liegen ganzjährig unter dem Gefrierpunkt und die Niederschläge fallen als Schnee. Statt Jahreszeiten gibt es Polartag und Polarnacht.
- Subpolarzone: In dieser Übergangszone liegt die Jahresmitteltemperatur bei 0 °C.
- gemäßigte Zone: Die Jahresmitteltemperatur beträgt etwa 9 °C. Es fallen ganzjährig Niederschläge. In der gemäßigten Zone kommen die vier Jahreszeiten Frühling, Sommer, Herbst und Winter vor.
- subtropische Zone (Subtropen): In dieser Übergangszone beträgt die Jahresmitteltemperatur etwa 18 °C.
- tropische Zone (Tropen): Es ist ganzjährig heiß („ewiger Sommer“). Die Jahresmitteltemperatur liegt bei 25 °C. Die Niederschlagsmengen sind unterschiedlich hoch, in der Nähe des Äquators fallen hohe Niederschläge.

**1** Benenne die Breitengrade, die ungefähr die nördliche Polarzone, die südliche Polarzone und die tropische Zone begrenzen (M1, Atlas).

**2** Nenne die Klimazone, die in Europa nicht vorkommt (M1).

**3** Bestimme, auf welchen Kontinenten alle Klimazonen vorkommen (M1).

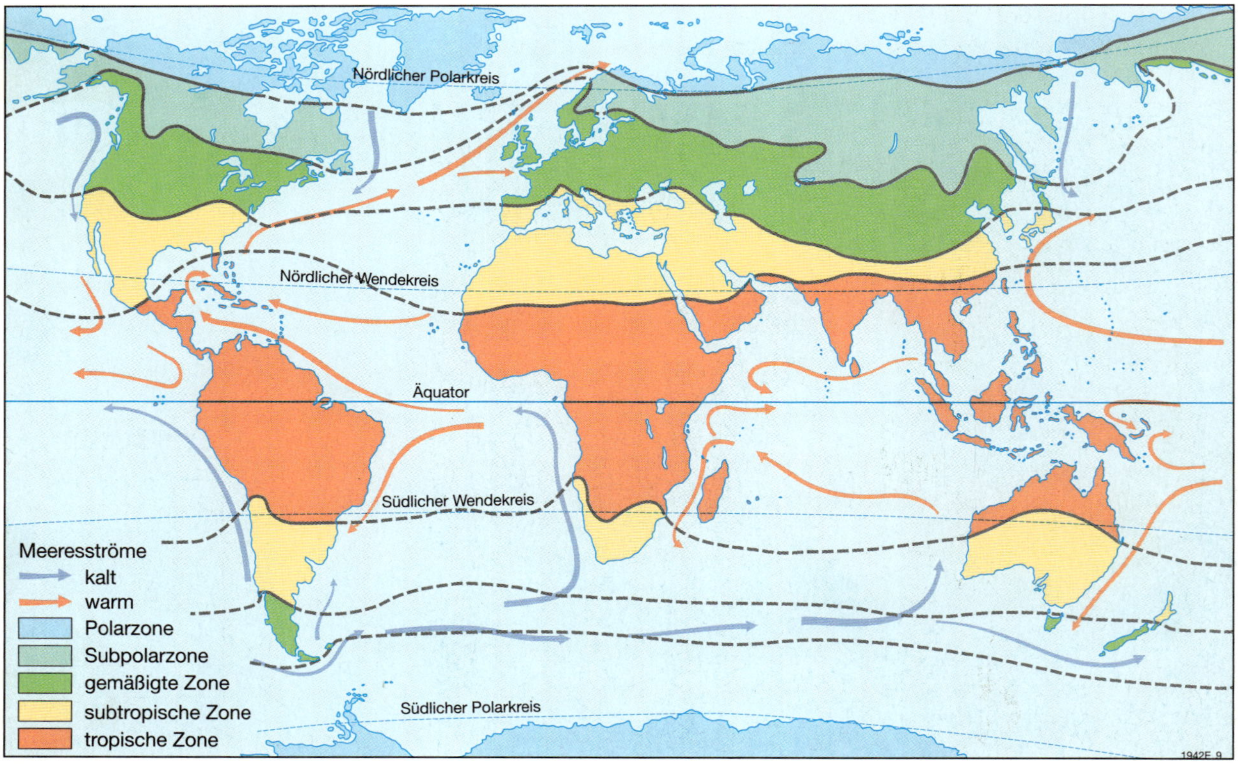


**M1** *Klimazonen der Erde*

## Die Entstehung der Klimazonen

Aufgrund der Kugelform der Erde ist die Erdoberfläche gekrümmt. Dadurch fallen die Sonnenstrahlen unterschiedlich steil auf die Erdoberfläche. Zwischen dem nördlichen und dem südlichen Wendekreis ist der Einfallswinkel der Strahlen sehr steil. Je weiter ein Gebiet vom Äquator entfernt liegt, desto flacher fallen die Sonnenstrahlen ein. Deshalb gelangt zum Beispiel am Äquator auf einen Quadratmeter Bodenfläche dreimal mehr Sonnenenergie als auf einen Quadratmeter an den Polen. In der Nähe des Nordpols und des Südpols ist es aus diesem Grund am kältesten, zwischen den Wendekreisen am wärmsten.

Die unterschiedliche Erwärmung der Erdoberfläche führt zu verschiedenen Klimazonen. Sie ziehen sich wie Gürtel um die Nordhalbkugel und um die Südhalbkugel. Die Ausdehnung der Klimazonen folgt jedoch nicht exakt den Breitengraden (Breitenkreisen). Die Temperaturen werden auch beeinflusst durch kalte und warme Meeresströmungen (z. B. Golfstrom), ferner durch die unterschiedliche Verteilung von Land- und Wassermassen auf der Erde sowie durch die Lage und Höhe von Gebirgen.

**4** Beschreibe den Einfallswinkel der Sonnenstrahlen auf die Oberfläche der Erde und die Folgen (Text, M2).
**5** Werte die Klimadiagramme (M3, M4) aus (siehe auch S. 73). Vergleiche sie.
**6** Erkläre, warum es in den Tropen im Jahresdurchschnitt wesentlich wärmer ist als in der Polarzone (Text, M2 – M4).
**7** Erläutere die Ausdehnung der Klimazonen auf der Erde.

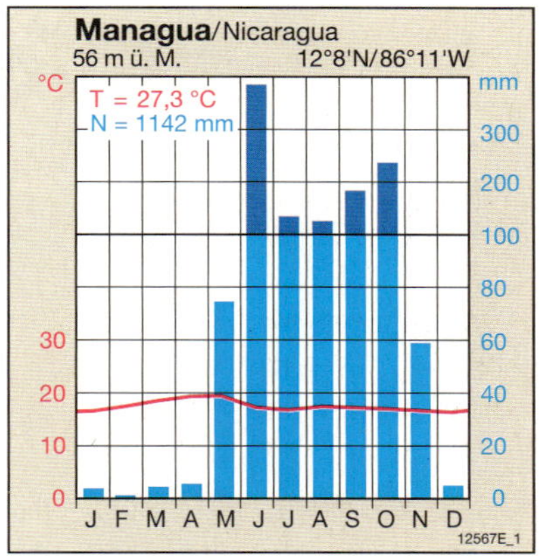


**M3** *Klimadiagramm Managua*

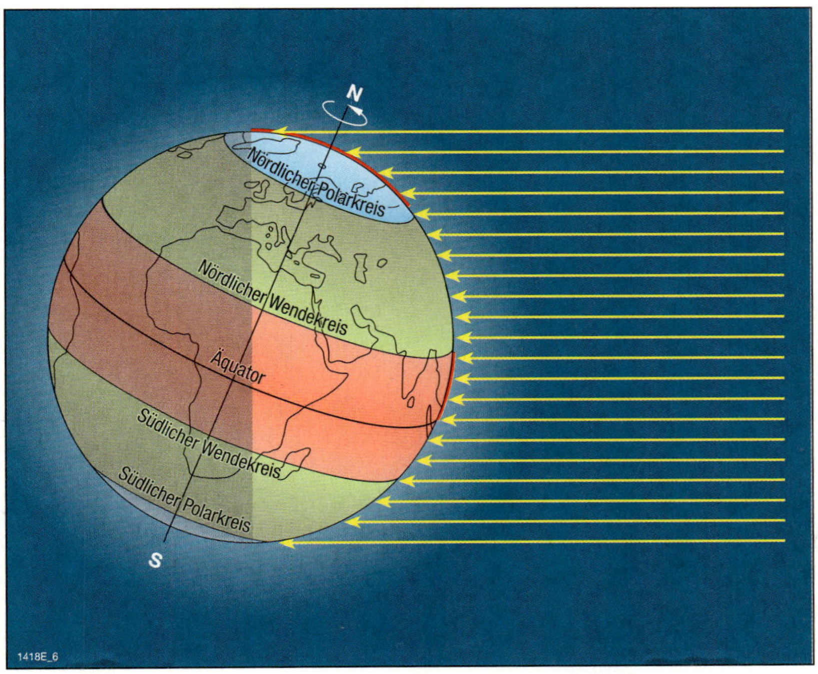


**M2** *Sonneneinstrahlung in verschiedenen geographischen Breiten*

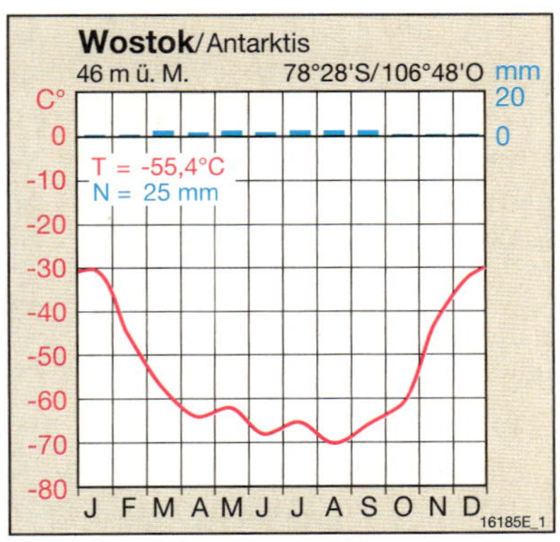


**M4** *Klimadiagramm Wostok*

# Klima- und Vegetationszonen

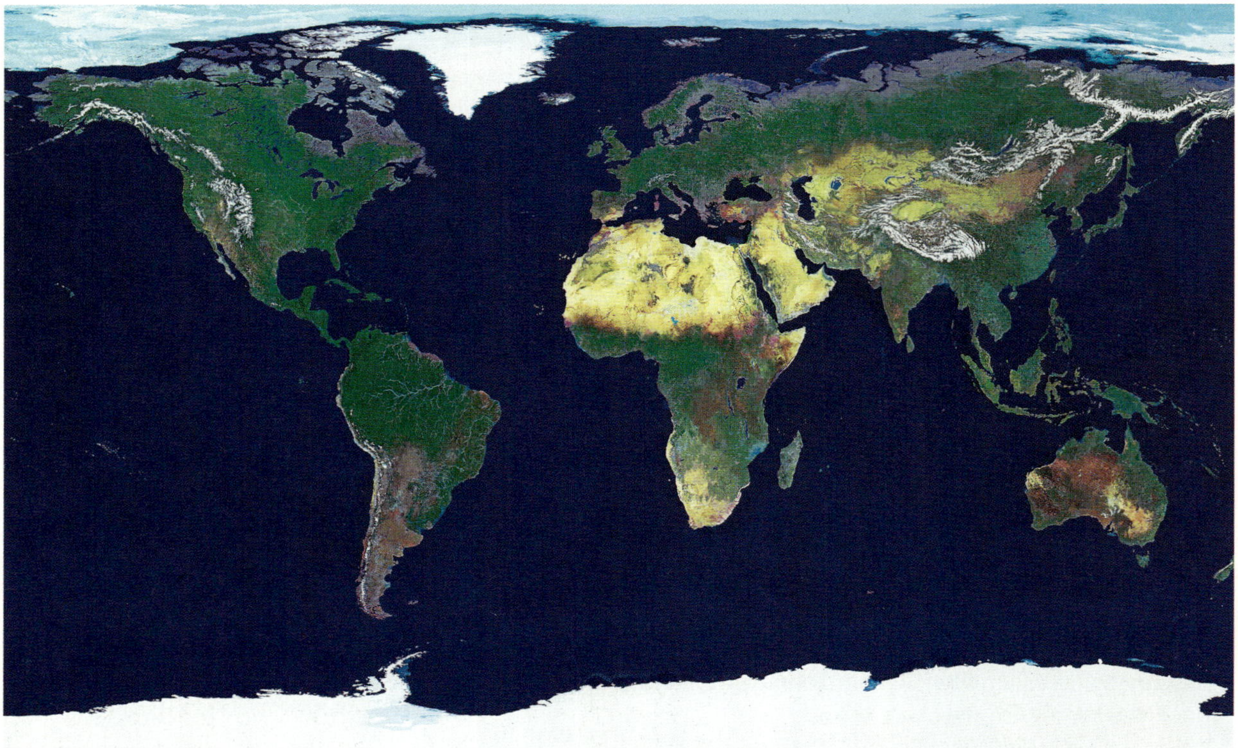

**M1** *Weltraumbild der Erde (zusammengesetzt aus mehreren Tausend Aufnahmen von Wettersatelliten)*

**Hartlaubgehölze**
Hartlaubgehölze behalten ganzjährig ihr Laub. Ihre Blätter sind klein und durch eine lederartige Oberfläche vor zu starker Verdunstung geschützt. Zu ihnen gehört auch der Ölbaum (Früchte: Oliven), eine typische Pflanze des Mittelmeerraumes.

**Winterregengebiete**
Winterregengebiete sind Regionen mit trockenen, heißen Sommern und milden, regnerischen Wintern. Der Mittelmeerraum ist ein großes Winterregengebiet der Erde.

## Zusammenhang zwischen Klima und Vegetation

Pflanzen benötigen Wärme und Feuchtigkeit für ihr Wachstum. Dabei gibt es große Unterschiede: So brauchen Eichen in einem Wald in Deutschland wesentlich mehr Feuchtigkeit und Wärme als Moose, die in einer Felsspalte auf Grönland wachsen. Die Pflanzen haben sich den Bedingungen in den verschiedenen Klimazonen angepasst.
Auf der Erde gibt es Gebiete mit gleicher oder ähnlicher Pflanzenbedeckung, man nennt sie Vegetationszonen. Sie ziehen sich wie Gürtel um die Erde, etwa passend zu den Klimazonen. Vom Nordpol zum Äquator gibt es folgende Vegetationszonen: polare Kältewüste, Tundra, nördlicher Nadelwald (Taiga), sommergrüner Laub- und Mischwald, Steppe, Hartlaubgehölze der Winterregengebiete, Halbwüste und Wüste, Dornstrauchsavanne, Trockensavanne, Feuchtsavanne und tropischer Regenwald (siehe S. 74/75).
In Hochgebirgen ist die Vegetation von der Höhenlage abhängig.

1 Das Satellitenbild (M1) zeigt große zusammenhängende Waldgebiete, Wüsten und polare Kältewüsten. Beschreibe ihre Lage (Atlas).
2 Werte das Klimadiagramm von Ouagadougou aus (M2).
3 a) Zeichne zu Agadez (Niger) und Brazzaville (Kongo) jeweils ein Klimadiagramm (www.klimadiagramme.de). Werte sie aus.
b) Vergleiche die Wachstumszeit in diesen beiden Orte und bewerte diese Informationen.

# Klimadiagramme auswerten

Ein Klimadiagramm ist die zeichnerische Darstellung der Hauptmerkmale des Klimas einer Station: Temperatur und Niederschlag. Aus dem Diagramm kann man Informationen über das Klima der Station und die Dauer der Wachstumszeiten von Pflanzen ablesen.

**So gehst du vor:**

**1. Schritt: Informationen zur Station gewinnen**
- Nenne den Namen und das Land der Station sowie ihre Höhe über dem Meer.
- Bestimme die Lage der Station mithilfe des Atlas.

**2. Schritt: Informationen zur Temperatur entnehmen**
- Nenne die Jahresmitteltemperatur der Station und ordne der Station eine der Klimazonen zu.
- Nenne die Temperaturen des wärmsten und kältesten Monats. Berechne den Unterschied.
- Beschreibe den Verlauf der Temperaturkurve (z. B. Anzahl der Monate unter 0 °C, gleichmäßige oder wechselnde Temperaturen).

**3. Schritt: Informationen zum Niederschlag entnehmen**
- Nenne den Jahresniederschlag der Station.
- Nenne den Niederschlag des regenreichsten und regenärmsten Monats. Berechne den Unterschied.
- Nenne die ariden bzw. humiden Monate.

**4. Schritt: Informationen bewerten**
- Beurteile, wann Wildpflanzen und Kulturpflanzen wachsen können.

**Humid – arid**

Als humid (feucht) bezeichnet man Monate oder Gebiete, in denen mehr Niederschlag fällt als verdunsten kann. Im Klimadiagramm ragen die Niederschlagssäulen über die Temperaturkurve hinaus.

Als arid (trocken) bezeichnet man Monate oder Gebiete, in denen die Verdunstung höher liegt als der Niederschlag. Im Klimadiagramm liegen die Niederschlagssäulen unter der Temperaturkurve.

**Wachstumszeit**

Wachstumszeit eines Ortes ist die humide Zeit mit 5 °C bzw. 10 °C Monatsmitteltemperatur. Wildpflanzen (z. B. Gräser) wachsen bei einer Monatsmitteltemperatur von nur 5 °C. Kulturpflanzen (z. B. Getreide) benötigen 10 °C.

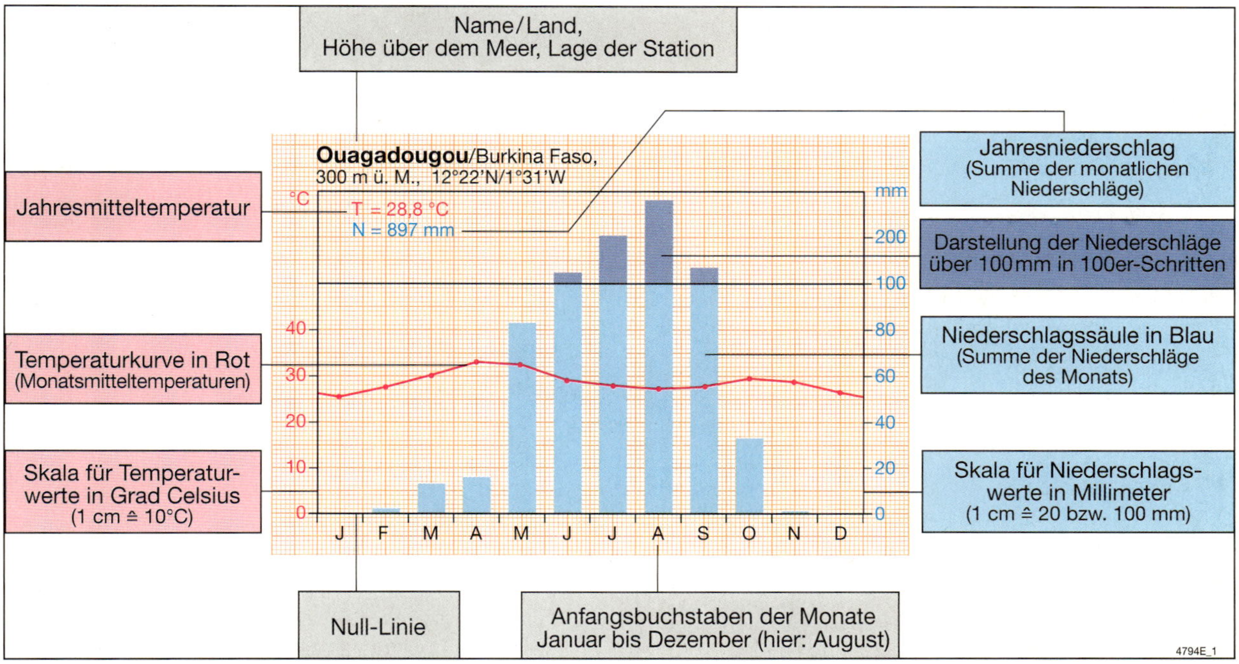


**M2** *Klimadiagramm von Ouagadougou*

# Klima- und Vegetationszonen

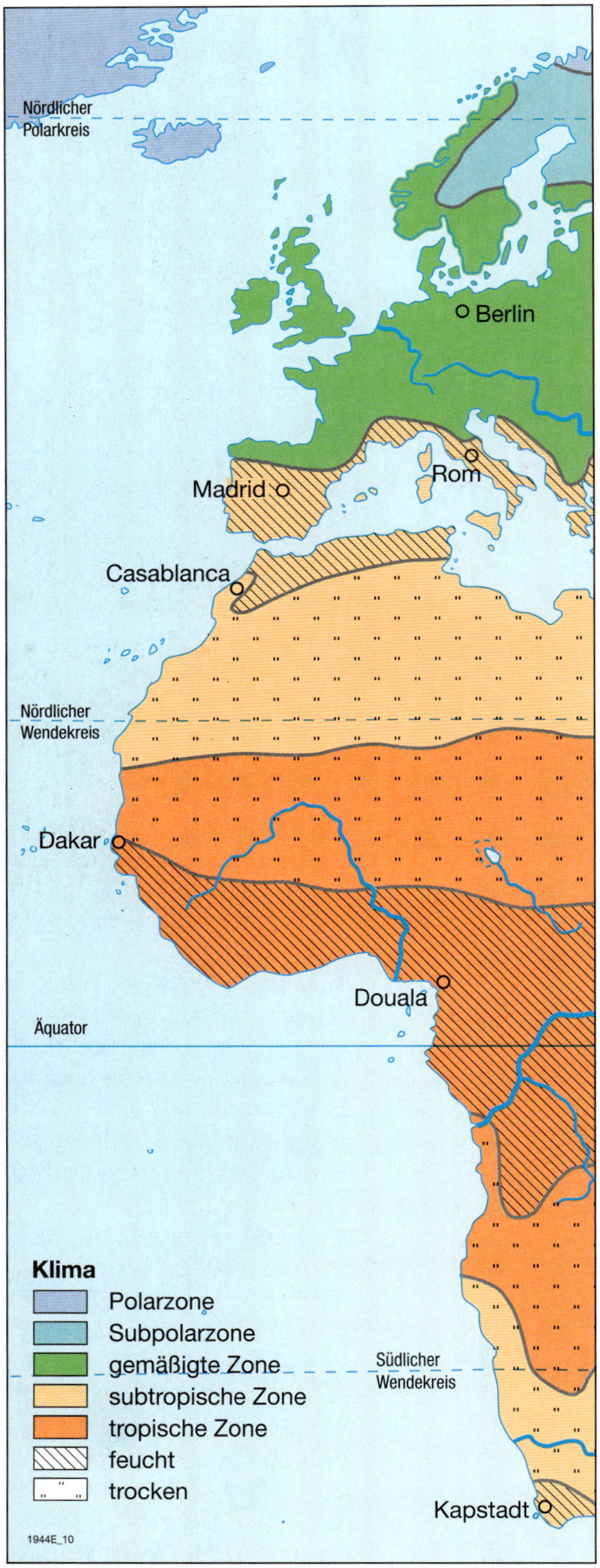


M1 *Klimazonen*

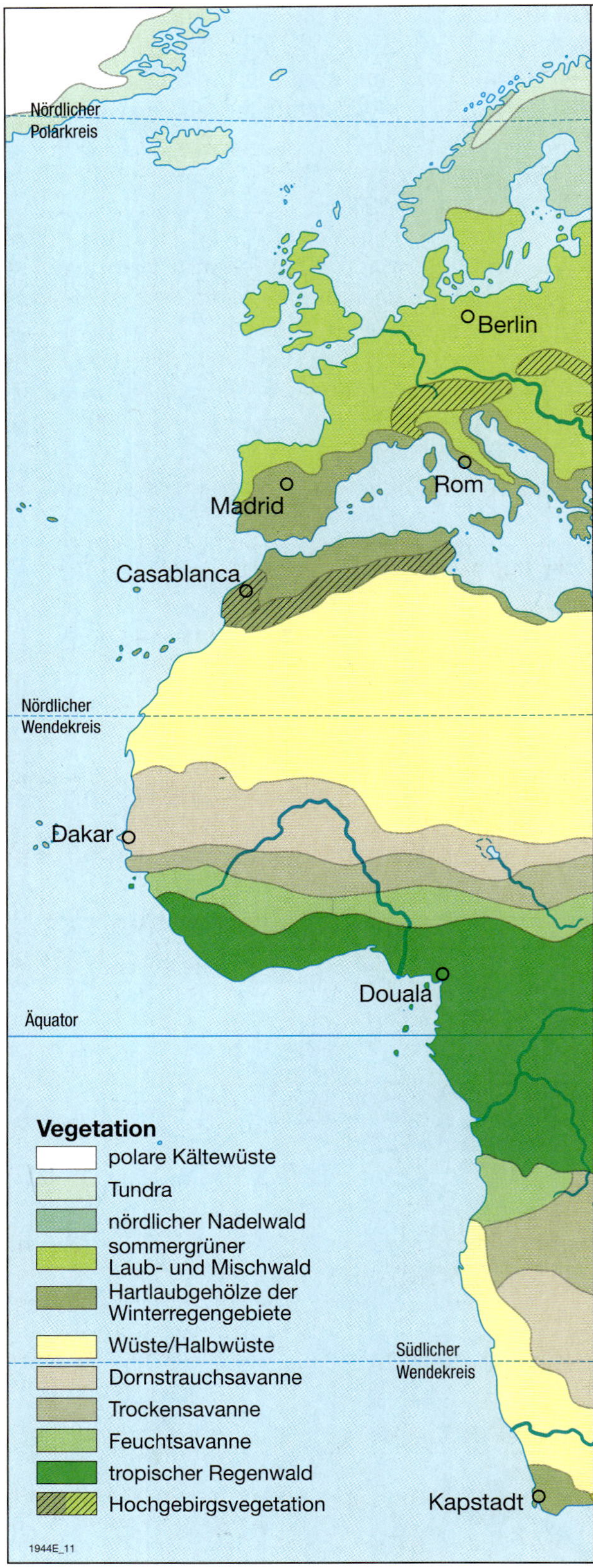


M2 *Vegetationszonen*

**M3** *Verschiedene Vegetationszonen*

1 Ordne die Vegetationszonen den fünf Klimazonen zu (M1, M2). Lege dazu eine Tabelle an: Klimazone – Vegetationszone – Pflanzendecke.

2 Informiere dich über die Pflanzen einer Vegetationszone (Lexikon, Internet).

3 Nenne die Klima- und Vegetationszonen, die ein Flugzeug auf der Strecke von Kapstadt nach Berlin überfliegt (M1, M2, Atlas).

4 Nenne die Klimazonen, die südlich von Kapstadt liegen (siehe S. 70/M1).

5 Bestimme, in welcher Klima- und Vegetationszone die folgenden Staaten liegen: Finnland, Polen, Italien, Libyen, Tschad, Angola (M1, M2, Atlas).

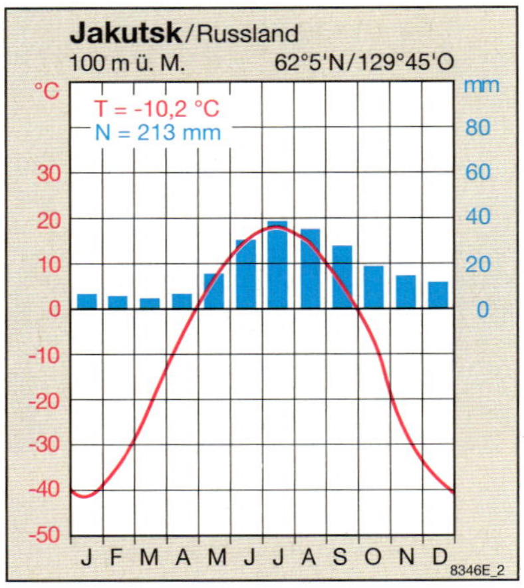


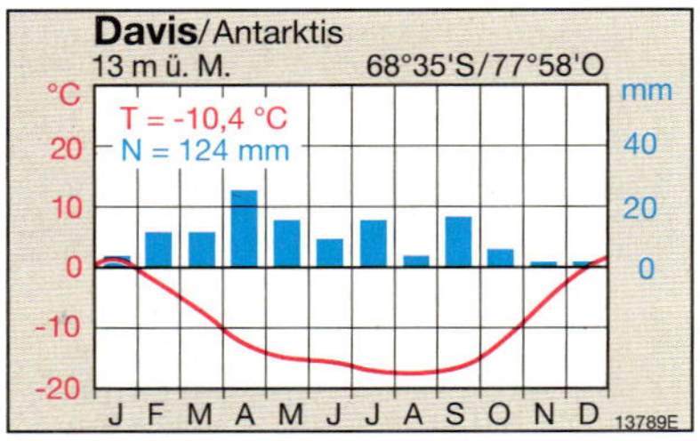


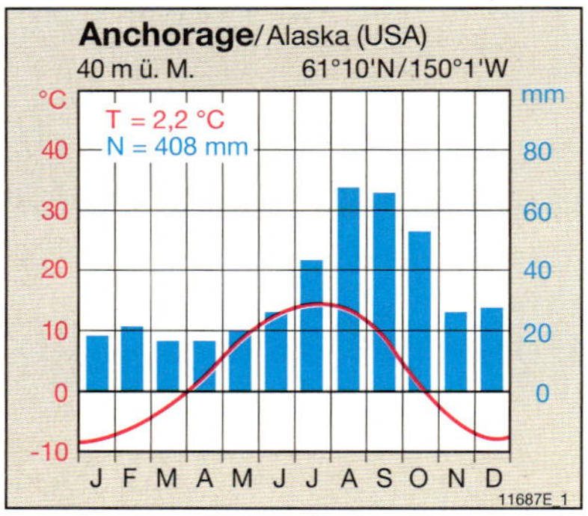


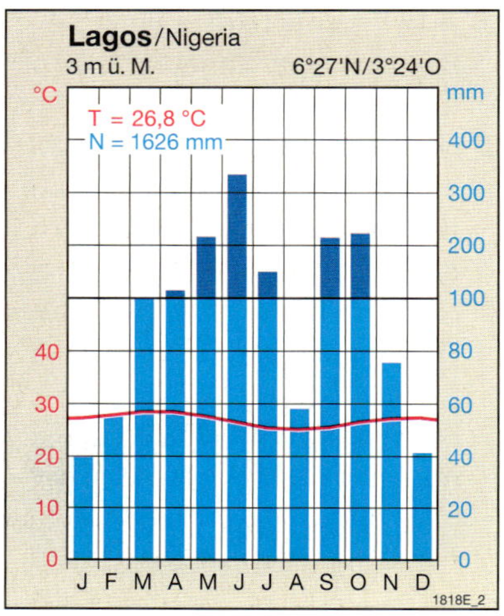


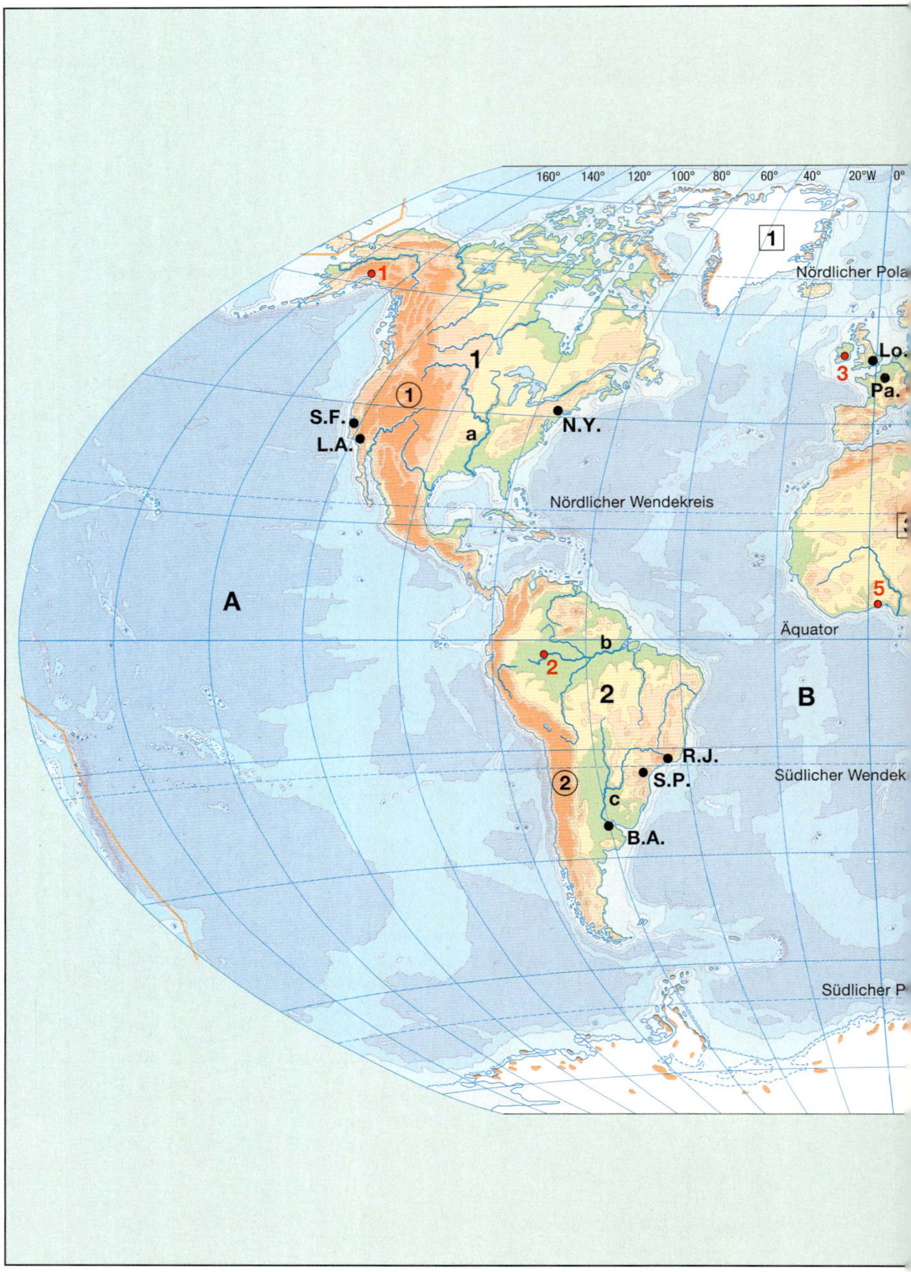


**M1** *Übungskarte Erde*

| | |
|---|---|
| ● L.A. | 16 Städte |
| a - l | Flüsse, See |
| A - C | Ozeane |
| 1 - 7 | Kontinente |
| 1 - 7 (Kästchen) | Inseln, Landschaften |
| ① - ④ | Gebirge |
| • 1 - 8 | Klimastationen |

Landhöhen und Meerestiefen (in m)

| Landhöhen | Meerestiefen |
|---|---|
| über 1500 | 0 - 200 |
| 1000 - 1500 | 200 - 2000 |
| 500 - 1000 | 2000 - 4000 |
| 200 - 500 | 4000 - 8000 |
| 0 - 200 | über 8000 |

7868Ea_8

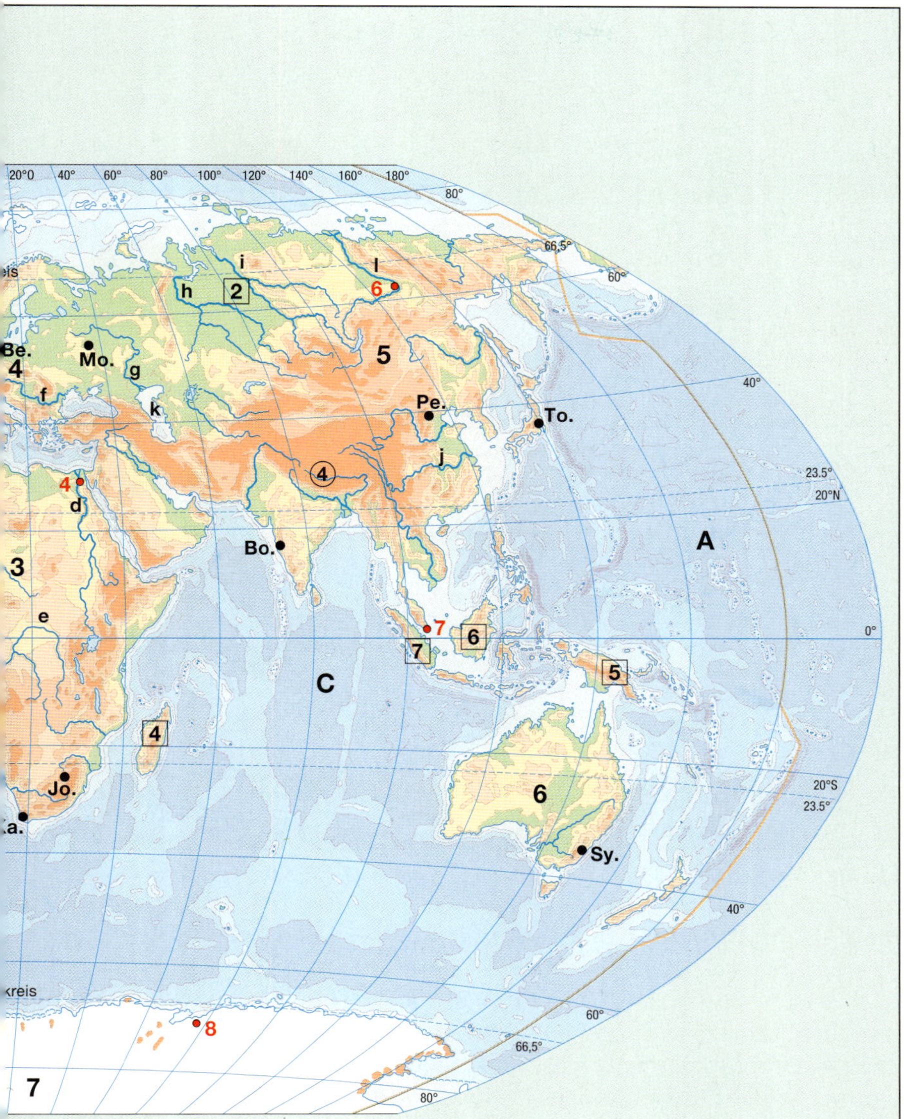


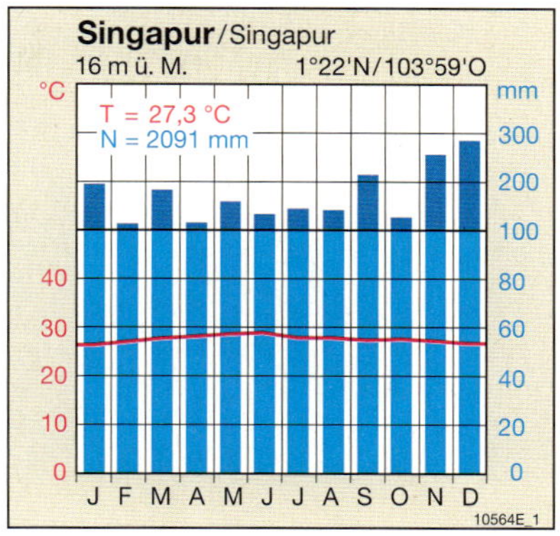


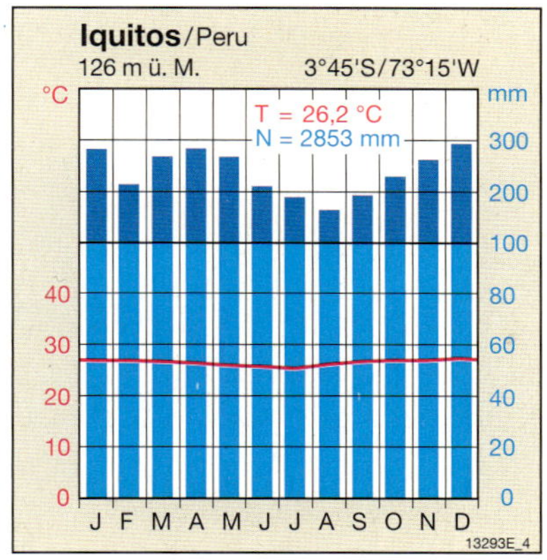


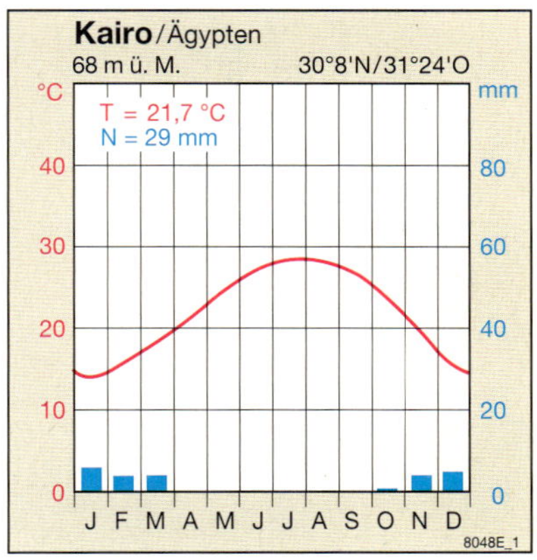


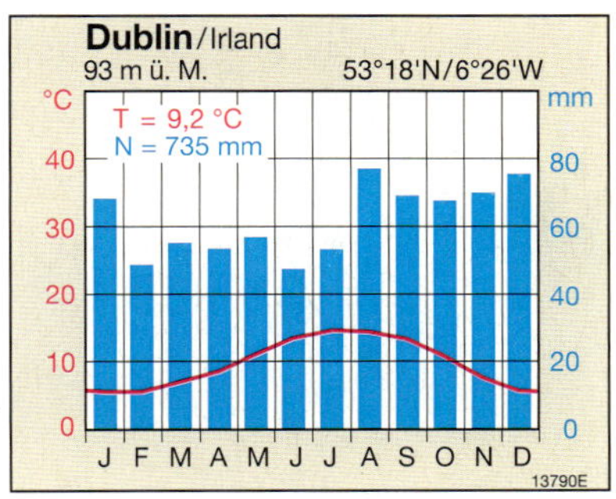


1 Bearbeite die Übungskarte Erde (M1).

2 Ermittle, welche Länder
a) vom nördlichen und vom südlichen Polarkreis,
b) vom nördlichen und vom südlichen Wendekreis,
c) vom Äquator
„durchschnitten" werden.

3 Die Klimastationen mit roten Ziffern gehören jeweils zu einem Klimadiagramm. Schreibe in dein Heft oder in deine Mappe hinter die Ziffer den Namen der jeweiligen Klimastation (Atlas).

# Landwirtschaft in der gemäßigten Zone – Mais

**M1** *Popcorn*

**M3** *Popcorn in Maistüten*

### Mais – Nahrungsmittel und Viehfutter

Mais wird weltweit angebaut. Er ist so widerstandsfähig, dass er in fast allen Klimazonen angebaut werden kann. Bei Wärme, Sonne und guter Wasserversorgung wächst Mais schneller als andere Getreidearten und bringt höhere Erträge. Weltweit wird mehr Mais geerntet als Reis oder Weizen.

In Deutschland wird der Mais zwei bis drei Meter hoch. Aus seinen Blüten entwickeln sich ein bis zwei Maiskolben mit jeweils 500 bis 1 000 Körnern.

In den Ländern Mittel- und Südamerikas, Afrikas und Asiens wird Mais überwiegend als Nahrungsmittel angebaut. In Europa und Nordamerika ist Mais vorwiegend ein wichtiges Nutztierfutter. Silomais dient als Futtergrundlage in der Milchviehhaltung und in Mastbetrieben. Bei der Silomaisernte wird die gesamte Maispflanze fein gehäckselt und später unter Sauerstoffabschluss haltbar gemacht (Silage). Futter von einem Hektar Mais ermöglicht die Produktion von 15 000 l Milch, 2 000 kg Rindfleisch oder 3 000 kg Schweinefleisch.

| Rang | Land | Menge (1 000 t) |
|---|---|---|
| 1 | USA | 282 260 |
| 2 | China | 135 000 |
| 3 | Brasilien | 34 860 |
| 4 | Mexiko | 20 500 |
| 5 | Argentinien | 19 500 |
| 6 | Indien | 14 500 |
| 7 | Frankreich | 13 710 |
| | *weltweit* | *710 300* |

**M2** *Maisproduzenten 2005*

**1** Stelle die Erträge der Maisproduzenten in einem Diagramm dar (M2). Errechne die prozentuale Verteilung.

**2** Erkläre, wie die Maispflanze genutzt wird (Text, M3).

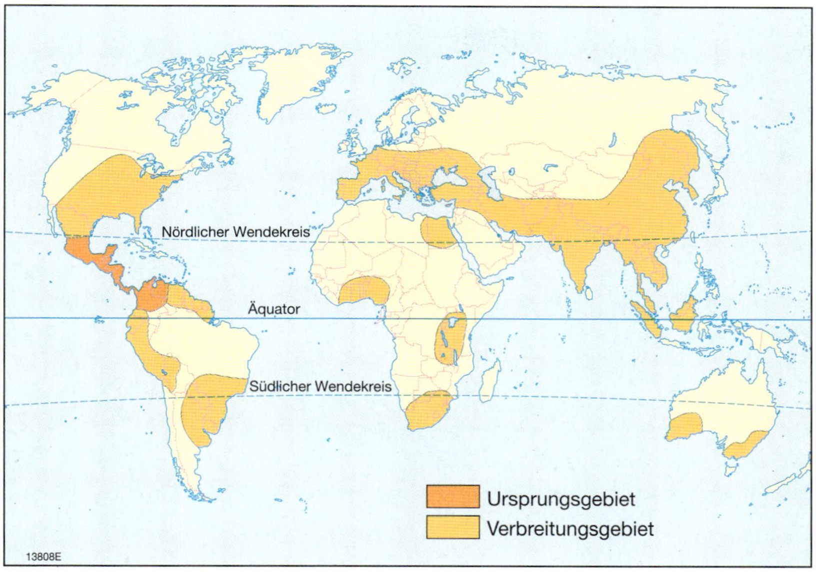


**M4** *Ursprungs- und Verbreitungsgebiete von Mais*

**M6** *Maispflanze*

**3** Benenne Ursprungsgebiete und heutige Verbreitungsgebiete für Maisanbau (M4).

**4** a) Informiere dich mithilfe des Internets oder eines Lexikons über Mais.
b) Präsentiere dein Ergebnis.

**5** Begründe, warum die Kulturpflanze Mais das weltweit ertragreichste Getreide ist.

**6** Nenne Nahrungsmittel aus Mais (M3, M8).

**7** Beschreibe die überwiegende Nutzung von Mais in Europa und in Nordamerika (Text, M8).

**8** Erkläre die große Bedeutung, die Mais als Viehfutter besitzt (Text, M5 – M7).

**M7** *Maiskolben*

**M5** *Silomaisernte*

65 % Futtermittel
12 % Biogaserzeugung
23 % Lebensmittelindustrie
Für:
- Körnermais (Konserven)
- Maisstärke (Maizena)
- Maiskeimöl
- Cornflakes
- Popcorn
- Erdnussflips
- Polenta (Maisgrieß)
- Maispapier (auch Zigarettenpapier)
- Tortillas (Maisfladen)

**M8** *Nutzung von Mais in Deutschland (2007)*

# Nachwachsende Rohstoffe

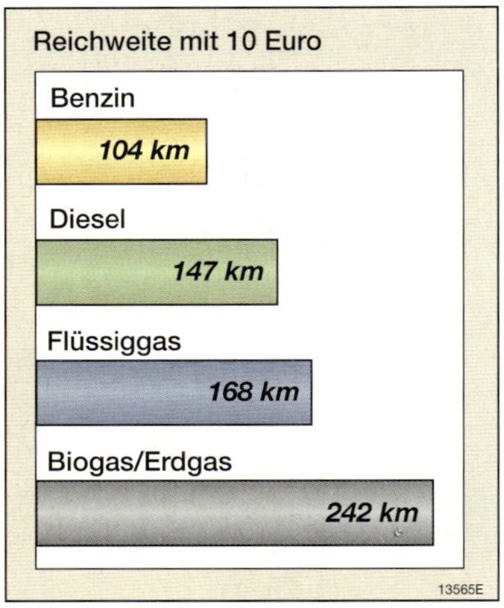


**M1** *Vergleich der Reichweite verschiedener Kraftstoffe nach Kosten*

Im niedersächsischen Jameln tanken Fahrzeuge mit Erdgasantrieb an Deutschlands erster Biogas-Tankstelle „Wendländer Biogas". Der Kraftstoff wird aus Rohstoffen von Bauern aus der Region gewonnen. Biogas war in Deutschland bislang als klimafreundlicher Energieträger zur Erzeugung von Wärme und Strom bekannt. Seit Juni 2006 fahren im Wendland auch Erdgas-Serienfahrzeuge mit Biogas als Kraftstoff.

In Zeiten, in denen der Klimawandel sowie steigende Erdöl- und Erdgaspreise in aller Munde sind, kommt der neue Treibstoff genau richtig. Fahrzeuge bewegen sich mit Biogas absolut klimaneutral, sind unabhängig von Erdöl- und Erdgasimporten und stärken die regionale Wirtschaft. Außerdem ist der Preis um die Hälfte niedriger als bei Benzin, da bis 2015 ein reduzierter Mineralölsteuersatz gilt.

**M3** *Biogas als Pkw-Kraftstoff (nach: nova-institut.de, 25.06.2007)*

## Rohstoffe vom Acker

Rohstoffe wie Steinkohle, Erdöl oder Erze sind nicht erneuerbar. Dagegen können Pflanzen immer wieder ausgesät werden und wachsen nach. Die Verwendungsmöglichkeiten pflanzlicher Rohstoffe sind vielfältig. Aus Pflanzen lässt sich Energie erzeugen und Kraftstoff für Verbrennungsmotoren produzieren.

Aus Raps werden hochwertige Schmierstoffe und Biodiesel hergestellt. Öl aus Sonnenblumenkernen dient zum Beispiel als Rohstoff für die Kosmetikindustrie. Aus den Fasern des Flachses lässt sich Leinen herstellen. Stärke aus Mais wird zu Füllmaterial in Verpackungen, zu Schaumstoffen und Einweggeschirr verarbeitet. Diese Stoffe sind kompostierbar. Das bedeutet, dass sie sich biologisch abbauen.

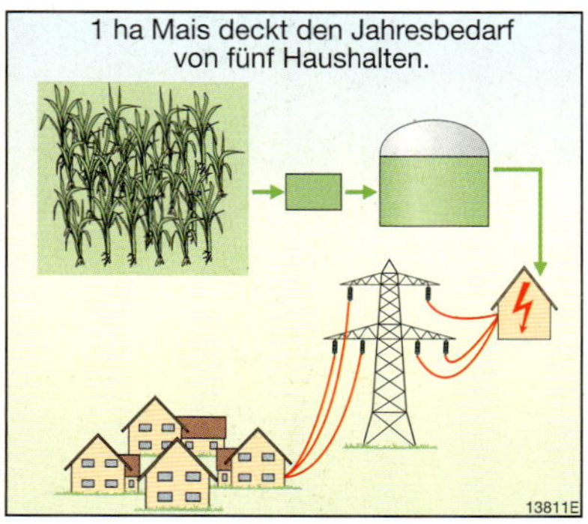


**M2** *Strom aus Biogas*

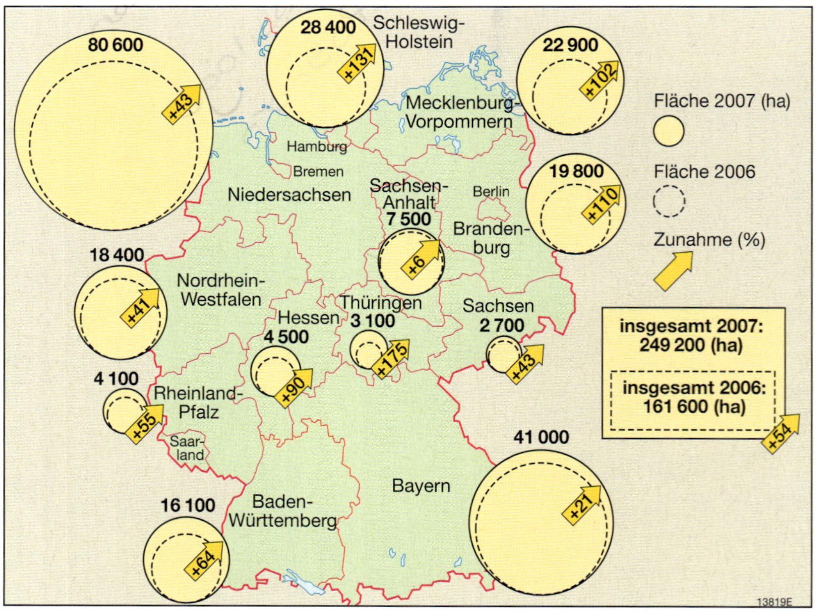


**M4** *Maisanbaufläche in Deutschland zur Biogasnutzung*

**M5** *Rapsfeld*

Silomais wird zunehmend zur Erzeugung von Wärme und Strom in Biogasanlagen verwendet. Neuerdings wird Biogas auch als Pkw-Kraftstoff genutzt.

**1** Nenne nachwachsende Rohstoffe (M4, M5 – M7).
**2** Erkläre die Vorteile nachwachsender Rohstoffe gegenüber nicht erneuerbaren Rohstoffen.
**3** Beschreibe die Bereiche, in denen nachwachsende Rohstoffe eingesetzt werden.
**4** Nenne Pflanzen, die Grundlage für Kraftstoffe sind.
**5** Erstelle einen Bericht: „Biogas für Pkws" (M1, M3 , M4).
**6** Präsentiere das Thema „Energie vom Acker" mithilfe von Internet und Fachliteratur.

**M6** *Flachsfeld*

**M7** *Sonnenblumenfeld*

# Agrobusiness in den Great Plains – Rindermast

M1 *Getreideernte in den Great Plains*

## Die Great Plains – fruchtbar aber trocken

Die Steppen der USA, Prärien genannt, waren ursprünglich Grasländer. Der Boden ist sehr fruchtbar und lässt sich leicht mit Maschinen bearbeiten. Deshalb haben die Farmer weite Grasflächen der Great Plains (Große Ebenen) in Ackerland umgewandelt. Hier wird in Monokultur überwiegend Weizen und Mais angebaut. Weil sich hier die besten Ackerbaugebiete der USA befinden, wird das Gebiet auch als „Kornkammer" des Landes bezeichnet.
Die Erträge hängen von der jährlichen Niederschlagsmenge ab. Diese schwankt von Jahr zu Jahr stark. In Teilen der Great Plains reichen die jährlichen Niederschläge für das Wachstum des Getreides nicht aus. Deshalb müssen viele Farmer insbesondere in den Gebieten nahe der Rocky Mountains ihre Felder bewässern. Neue Bewässerungstechniken ermöglichen damit auch den Anbau von Futterpflanzen für die Rindermast wie Mais.

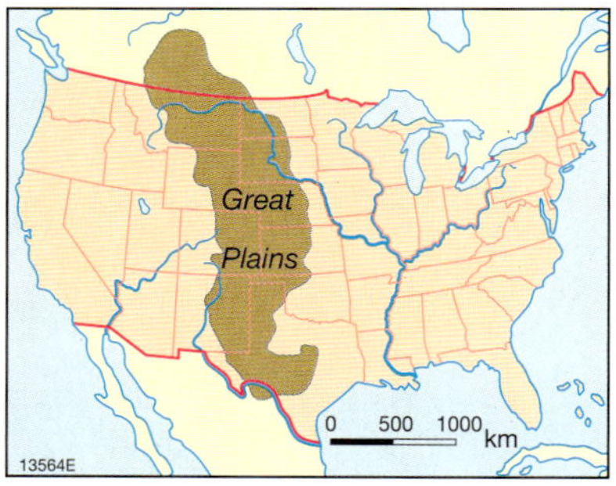


M2 *Lage der Great Plains in den USA*

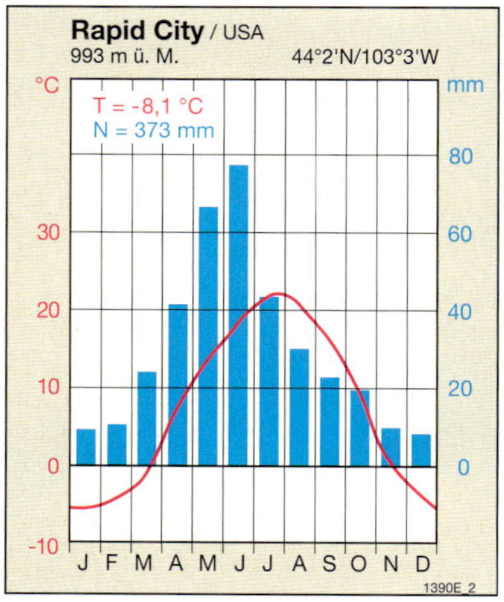


M3 *Klimadiagramm Rapid City*

M4 *Karussellbewässerung für den Anbau von Futtergetreide*

**M5** *Das Kuner Feedlot in Colorado*

## Feedlots – riesige Rindermastbetriebe

Früher grasten in den Prärien Nordamerikas riesige Rinderherden, die von Cowboys gehütet wurden. Die Anzahl der landwirtschaftlichen Betriebe, die Rindermast auf diese Weise betreiben, geht von Jahr zu Jahr zurück.
Heute wird die Rindfleischproduktion kostengünstiger und in größerem Umfang betrieben. In der Tiermast wird nichts dem Zufall überlassen. Zehn Kilogramm Mais müssen zu einem Kilogramm Rindfleisch „veredelt" werden.
In Freiluftgehegen, den sogenannten Feedlots, werden oft mehr als 200 000 Rinder pro Jahr gemästet. In genormten Mastbuchten, in denen bis zu 2 000 Rinder stehen, werden diese bis zur Schlachtreife gefüttert. Das Futter wird in automatischen Futtermühlen zubereitet und vorgewärmt, damit die Tiere möglichst wenig Energie beim Fressen verbrauchen. Die Bewegung der Tiere ist so reduziert, dass die Rinder nach 150 Tagen das optimale Schlachtgewicht von 600 Kilogramm erreicht haben. Dazu würden sie auf den Weiden der Prärie fast zwei Jahre brauchen.

1 Beschreibe die Lage der Great Plains in den USA (M2, Atlas).
2 Erkläre, warum die Great Plains zur „Kornkammer" der USA geworden sind.
3 Erläutere die Aussage von Farmern in den Great Plains: „No rain, no gain, much pain."
4 Beschreibe Probleme des Ackerbaus in den Great Plains (Text, M3) und ihre Lösung (Text, M4).
5 a) Beschreibe, wie sich die Rinderhaltung in den Great Plains verändert hat.
b) Nenne Gründe für diese Entwicklung.
6 Beschreibe die Wirtschaftsweise des Kuner Feedlots (Text, M5).
7 Nenne mithilfe des Atlas die US-amerikanischen Bundesstaaten, in den sich Feedlots befinden (M6).

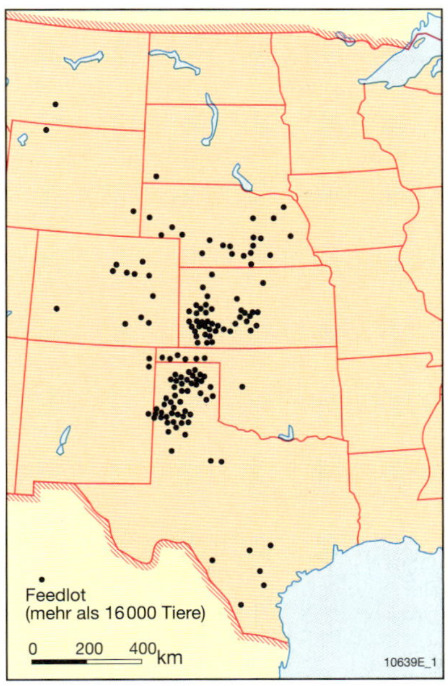


**M6** *Feedlots in den USA*

# Agrobusiness in den Great Plains – Rindermast

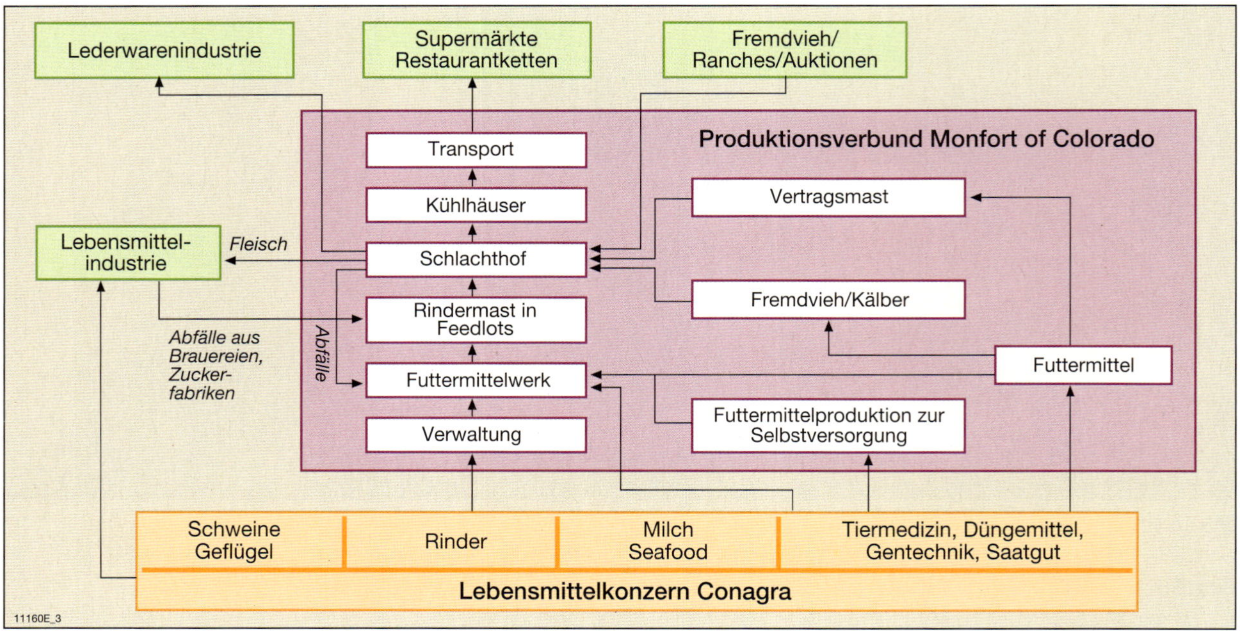


**M1** *Aufbau eines agroindustriellen Unternehmens*

**Agrobusiness**
Factory Farms, die Produkte von mehr als einer Million US-Dollar pro Jahr erzeugen, bezeichnet man als Unternehmen des Agrobusiness.

### Factory Farms – Landwirtschaft als Agrobusiness

Die riesigen Rindermastbetriebe der Great Plains werden wie Industriebetriebe geführt. Deshalb nennt man sie Factory Farms. Sie gehören fast immer Aktiengesellschaften, die das Geld für Maschinen und teure Produktionsanlagen von Anlegern erhalten haben.
Die Einrichtung von Factory Farms hat dazu geführt, dass die USA weltweit größter Agrarproduzent und Agrarexporteur sind.

**1** Nenne Merkmale einer Factory Farm (M1, M3).
**2** Beschreibe die Verflechtungen des Unternehmens Conagra (M1).
**3** Erkläre: „Agriculture is America`s biggest industry." (M2).

| Jahr | Gesamt-export | Landwirtschaft Export | Landwirtschaft Import |
|---|---|---|---|
| 1985 | 210 | 31 | 20 |
| 1990 | 366 | 40 | 23 |
| 1995 | 534 | 55 | 30 |
| 2000 | 702 | 51 | 39 |
| 2004 | 714 | 61 | 54 |

**M2** *USA – Handel mit Agrarprodukten (in Mrd. US-Dollar)*

Carl Montega arbeitet für die Monfort Company, größter Fleischproduzenten in der Gegend von Denver. Die Firma hat drei Feedlots, zwei große Schlachthäuser und ihren eigenen Fuhrpark.
„Wir kaufen unsere Kälber von Farmern in Colorado, Nebraska und Kansas. Die Tiere werden zwischen 100 und 150 Tagen gemästet – 85 000 Rinder gleichzeitig – insgesamt 200 000 pro Jahr. Die Fütterung ist voll mechanisiert: Monfort selbst betreibt keinen Anbau sondern kauft das Getreide von kleineren Farmen. Haben die Rinder ihr Zielgewicht erreicht, so werden sie in die konzerneigenen Schlachthöfe transportiert, wo täglich bis zu 2 500 Rinder geschlachtet und verarbeitet werden. Auf dem Feedlot ist es wie in einem Betrieb. Die Arbeiter müssen in Schichten arbeiten – acht Stunden pro Tag, fünf Tage pro Woche – und sie haben Urlaub, wie in der Fabrik."

**M3** *Rinderzucht bei Monfort (Colorado)*

# Nord- und Mittelamerika

**M4** *Übungskarte Nord- und Mittelamerika*

| | | |
|---|---|---|
| Everglades | Yucatán | Hollywood |
| Old Faithful | Prärie | San Andreas-Spalte |
| Grizzly | Jamaika | Hudsonbai |
| Tal des Todes | Bermuda-Inseln | Yellowstone-Nationalpark |
| Niagarafälle | Inuit | Hurrikan |
| Mount St. Helens | Labrador | Neufundland |
| Blizzard | Grand Canyon | |

**M5** *In Nord- und Mittelamerika*

4 Bearbeite die Übungskarte M4.

5 Nenne die Klimazonen, die sich über Nord- und Mittelamerika erstrecken (siehe Seite70/M1).

6 Ermittle, was sich hinter den Begriffen in M5 verbirgt und berichte. Informiere dich im Lexikon, im Atlas oder im Internet.

# Aus der Savanne – Cash Crops

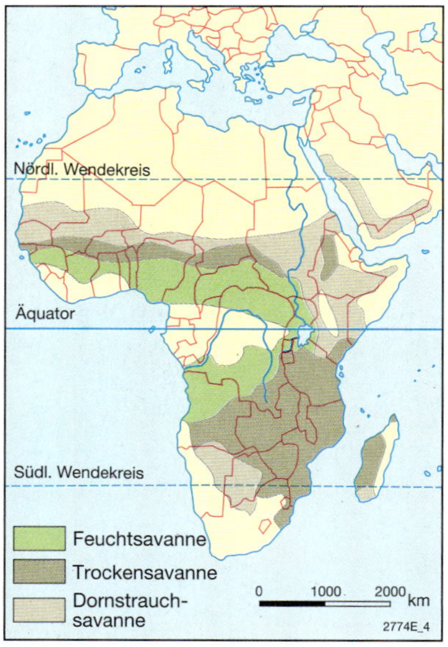


**M1** *Savannen in Afrika*

**M2** *Ackerbau im Senegal*

**Landwirtschaft in Senegal**

Genau wie in den meisten Ländern der Savannen Afrikas lebt auch im Senegal weit mehr als die Hälfte der Bevölkerung von Ackerbau und Viehzucht. Früher wurde auf den Feldern für den eigenen Bedarf Hirse und Maniok angebaut. Da der Boden nur wenig Nährstoffe hat, benötigte er immer wieder viel Zeit, um sich zu erholen. Die Bauern bestellen ihre Felder mit einfachen Mitteln, denn für Maschinen und Dünger fehlt ihnen das Geld. Um an Geld zu gelangen, haben viele Bauern im Senegal begonnen, sogenannte Cash Crops wie Erdnüsse anzubauen. Diese können sie auf dem Weltmarkt verkaufen und in andere Länder exportieren. Allerdings müssen im Gegenzug Nahrungsmittel wie Reis und Getreide importiert werden, da statt Nahrungsmitteln Früchte für den Export angebaut werden.

**Cash Crops**
Mit dem Begriff Cash Crops (engl.: Geld-Früchte) werden landwirtschaftliche Produkte bezeichnet, die für den Export angebaut werden. Cash Crops stehen im Gegensatz zu Produkten, welche der Selbstversorgung dienen. Diese Produkte bezeichnet man als Food Crops.
Typische Cash Crops sind Kaffee, Kakao, Bananen, Erdnüsse, Baumwolle und Palmöl.

Madiaina Bessane lebt mit seiner Familie im Dorf Diamaren. Es liegt in der Erdnussregion des Senegal. Die meisten Häuser sind einfache Hütten aus Lehm. Jeder der rund 300 Einwohner des Dorfes lebt vom Ackerbau. Für alle im Dorf ist die Erdnuss die Haupteinkommensquelle. Doch die Preise auf dem Weltmarkt sind in den letzten Jahren zurückgegangen.
„Jedes Jahr habe ich Erdnüsse geerntet. Aber in diesem Jahr habe ich keine Erdnüsse mehr zum Säen", erzählt der Familienvater. „Und ich habe kein Geld, mir Saatgut zu kaufen. Ich habe nichts zu essen. Meine Kinder haben nichts mehr zu essen. Und mein Pferd auch nicht."
Das Pferd bekommt das Stroh von der Erdnuss. Bessane hat noch ein paar Kilo Hirse. Die will er aussäen. Erdnusssamen hat er keinen mehr. Bessane musste alle Erdnüsse verkaufen, um Reis kaufen zu können.

**M3** *Bauer Bessane hat nichts zu essen (nach: „Die Tageszeitung", 2002)*

**M4** *Arbeiten auf einem Erdnussfeld in Senegal*

**M6** *Erdnuss*

1 Beschreibe die Landwirtschaft im Senegal (Text, M2 – M4).
2 Erläutere die Bedeutung von Cash Crops für die Bauern im Senegal.
3 „Der Anbau von Cash Crops ist ein Teufelskreis für die Erzeuger". Nimm Stellung zu dieser Aussage.
4 Beschreibe die Verbreitungsgebiete der Savannen in Afrika (M1).
5 Erläutere den Zusammenhang zwischen dem Niederschlag und den Savannentypen (M5).
6 a) Werte das Klimadiagramm von Kaolack aus (M7).
b) Benenne die Vegetationszone, in der Kaolack liegt (M5, M7).

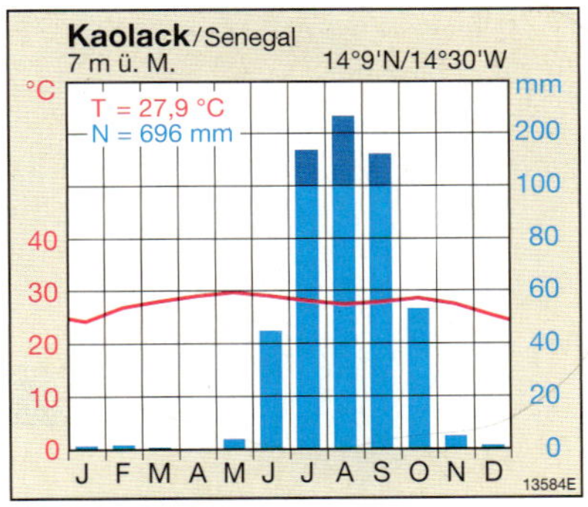


**M7** *Klimadiagramm Kaolack*

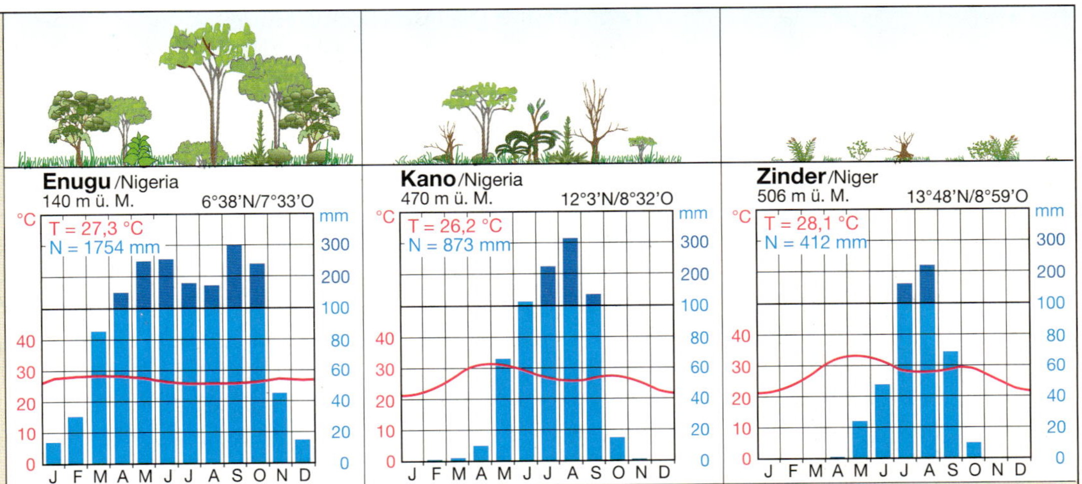


| | Feuchtsavanne | Trockensavanne | Dornstrauchsavanne |
|---|---|---|---|
| Klima | 3-6 Trockenmonate | 6-8 Trockenmonate | 8-10 Trockenmonate |
| Vegetation | Gräser (Höhe 2-3 m), Feuchtwälder (immergrüner oder Laubabwurf) | Gräser (Höhe bis 1,5 m) Trockenwälder (Laubabwurf) | büschelweise stehendes Kurzgras, Dornsträucher, Wasser speichernde Pflanzen |
| landwirtschafliche Nutzung | Ackerbau mit zwei Ernten im Jahr | Ackerbau mit einer Ernte im Jahr | Ackerbau nur mit Bewässerung |

13809E

**M5** *Savannentypen*

# In Südostasien und den USA – Reisanbau

**M1** *Reisanbau im Süden Chinas*

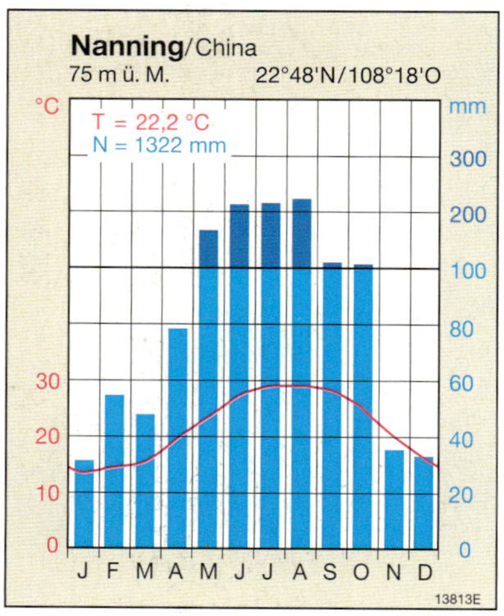


**M2** *Klimadiagramm Nanning*

Reis ist die älteste Kulturpflanze der Welt. Er wird seit Jahrtausenden angebaut und ist das Grundnahrungsmittel für die Hälfte der Menschheit. Von einer Mahlzeit ohne Reis sagen die Chinesen, sie ähnele einer „einäugigen Schönheit".
Fest steht, dass die Karriere der Reispflanze vor mindestens 7 000 Jahren in den fruchtbaren Tälern des Jangtse-Flusses in China begonnen hat. Schließlich verbreitete sich das Wissen über den Reisanbau in den Westen.
Heute sind die USA der weltweit größte Reisexporteur. Die wichtigsten Anbaugebiete mit über 90 Prozent der gesamten Weltproduktion liegen aber immer noch in Asien: Allein China produziert jährlich rund 145 Millionen Tonnen Reis.

**M3** *Reis – eine alte Kulturpflanze (nach: „esskultur" vom 31.12.2007)*

**1** Erkläre die Bedeutung der „Kulturpflanze Reis" (Info-Text, M3).
**2** Beschreibe die Reisbaulandschaft in China (M1).
**3** Erstelle einen Bericht über die Nutzung der Reispflanze.
**4** Nenne Staaten, in denen Reis angebaut wird (M4, Atlas). Ordne sie nach Regionen.
**5** In den Ebenen Chinas wird Reis angebaut. Nenne Bedingungen für den Reisanbau (Text, M2, M6).
**6** Beschreibe die jährlichen Arbeiten beim Reisanbau im Umsetzverfahren (M5, M6).

> **Verwendung der Reispflanze**
> Reiskörner: Nahrungsmittel, Reismehl, Reiswein, Bier, Schnaps, Stärke
> Reiskleie: Viehfutter
> Reisstärke: Tapetenkleister, Wäschestärke, Kosmetika
> Reisöl: Seife, Kerzen
> Reisstroh: Hüte, Matten, Schuhe, Papier, Besen, Einstreu

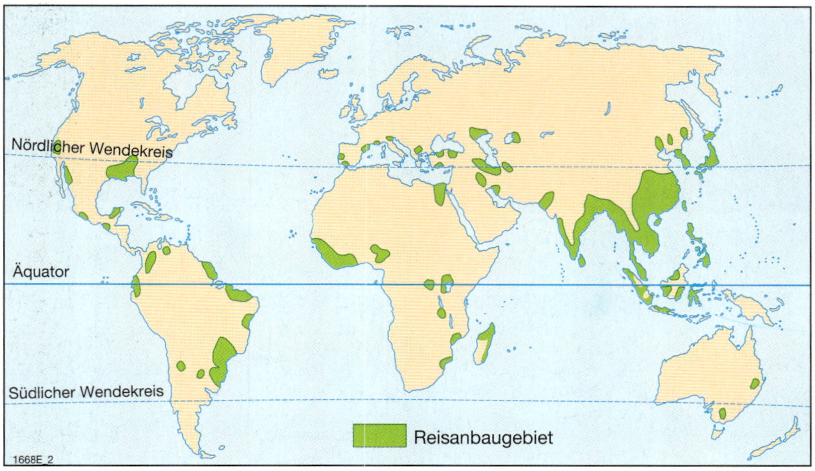


**M4** *Bedeutende Reisanbaugebiete der Erde*

## Reisanbau

In der Wachstumsphase benötigt Reis hohe Temperaturen über 30 °C und sehr viel Feuchtigkeit. Dort, wo nicht genügend Niederschläge fallen, müssen die Felder bewässert werden.
In den weiten Ebenen der Flusstäler wird dazu das Wasser der Flüsse verwendet. In Bewässerungsgräben wird es zu den Feldern geleitet.
In gebirgigen Gegenden werden an den Hängen Terrassen angelegt, die nach dem Einsetzen der Jungpflanzen bewässert werden. Für die Ernte von einem Kilogramm Nassreis werden 3 000 bis 5 000 l Wasser benötigt.

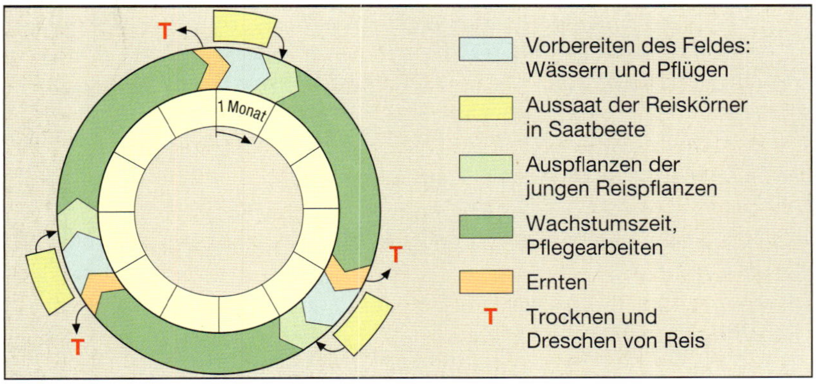


**M5** *Jährliche Arbeiten beim Reisanbau im Umsetzverfahren*

**M6** *Reisanbau im Umsetzverfahren: A Pflügen, B Keimlinge, C Pflanzen, D Setzlinge, E Ernte*

# In Südostasien und den USA – Reisanbau

**China**
Reis ist die wichtigste Feldfrucht. Die Zunahme staatlicher Investitionen, die Verwendung ertragreichen Pflanzengutes, die Erhöhung des Reispreises durch den Staat und die Erweiterung der Anbauflächen führten zu höheren Erträgen.
**Indien**
Indien baute Bewässerungssysteme aus. Um auch in trockeneren Gebieten Reis anzubauen (Südindien, Dekkan), gingen die Bauern zur Tank-Bewässerung über. Tanks sind Stauteiche in Talmulden, die mit Erdwällen und Deichen abgedichtet werden.
**Thailand**
Thailand ist wichtigster Reisexporteur. Der Reisverkauf ist Staatsmonopol. Die Regierung kauft Reis zu Festpreisen und lizenziert den Export. Die erzielten Exportabgaben finanzieren Bewässerungsprojekte und Versuche zur Verbesserung der Anbaumethoden, Düngung und Verhütung von Krankheiten.

**M1** *„Grüne Revolution" – Beispiele*

**M3** *Bau von Reisterrassen*

### Grüne Revolution – Veränderungen im Reisanbau

Die Bevölkerung in Asien wächst stark. Reis ist ihr Hauptnahrungsmittel. Deshalb muss die weltweite Reisproduktion von heute mit etwa 600 Mio. t auf 800 Mio. t im Jahre 2025 gesteigert werden. Die notwendigen Maßnahmen werden in den asiatischen Ländern als „Grüne Revolution" bezeichnet.
Eine Möglichkeit, die Erntemenge zu erhöhen, ist die Ausweitung der landwirtschaftlichen Nutzfläche. Man baut zum Beispiel Terrassen in steile Berghänge, bewässert trockene Gebiete oder rodet Wald und legt dort Felder an.
Die zweite Möglichkeit ist eine Intensivierung des Anbaus auf bislang genutzten Flächen. Dazu gehört der Einsatz von gezüchtetem Hochleistungssaatgut, von Dünger und von Schädlingsbekämpfungsmitteln, um die Erntemenge zu erhöhen. Neue Bewässerungstechniken und Pumpen ermöglichen eine bessere Verteilung des Wassers.

| Land | Anbaufläche (Mio. ha) | | Erzeugung (Mio. t) | | Hektarertrag (dt) | | Einwohner (Mio.) | |
|---|---|---|---|---|---|---|---|---|
| | 1960 | 2007 | 1960 | 2007 | 1960 | 2007 | 1960 | 2007 |
| China | 27,0 | 29,2 | 56,2 | 185,5 | 20,8 | 63,5 | 571 | 1 315 |
| Indien | 34,7 | 44,0 | 53,4 | 141,1 | 15,4 | 32,1 | 452 | 1 149 |
| Indonesien | 6,9 | 44,0 | 12,0 | 57,0 | 17,6 | 46,9 | 97 | 240 |
| Bangladesch | 8,5 | 12,2 | 14,4 | 43,5 | 18,5 | 38,8 | 53 | 147 |
| Vietnam | 4,7 | 11,2 | 8,9 | 35,6 | 19,0 | 48,7 | 34 | 86 |
| Thailand | 6,1 | 7,3 | 10,1 | 27,9 | 16,6 | 26,9 | 27 | 66 |
| Welt | 115,4 | 156,7 | 215,7 | 650,2 | 18,7 | 41,5 | 3 000 | 6 700 |

**M2** *Reisanbau und Einwohner in ausgewählten Ländern Asiens*

**M4** *Reisernte*

**M5** *Agrarflugzeug zur Reisaussaat*

### Reisanbau in Industrieländern

Der Reisanbau in den subtropischen Gebieten der USA ist gekennzeichnet durch den Einsatz modernster Technik. Maschinen, ausgerüstet mit Lasertechnik, planieren die riesigen Felder und berechnen millimetergenau deren Neigung, die für ein perfekt funktionierendes Bewässerungssystem notwendig ist. Mit Spezialmaschinen werden Dämme gebaut. Flugzeuge säen das Saatgut aus 8 – 10 m Höhe in die gefluteten Felder. Die Ernte wird meist mit mehreren mächtigen, gestaffelt fahrenden Mähdreschern eingefahren. Sie füllen die sie begleitenden Silo-Fahrzeuge. Die Reispflanze wird nicht mit dem Halm gemäht, sondern nur die Rispen abgeschnitten. In den Silos riesiger Trocknungsanlagen wird der Reis gelagert. Reismühlen reinigen und sortieren ihn. Heute sind die USA ein bedeutender Reisexporteur.

1. Erkläre Möglichkeiten, die Reisproduktion zu erhöhen (Text, M1).
2. Charakterisiere die Maßnahmen und deren Erfolge in den genannten Reisanbauländern (M1).
3. Beschreibe den Reisanbau in den USA (Text, M4, M5).
4. Erkläre, was unter „Goldenem Reis" verstanden wird (M6).

Im Reisforschungsinstitut auf den Philippinen werden seit Jahrzehnten neue Reissorten entwickelt – seit einigen Jahren mithilfe der Gentechnik. Das neue „Superkorn" soll mehr Ertrag bringen und Krankheiten vorbeugen.
Der 2002 entwickelte „Goldene Reis" verdankt seinen Namen seiner Farbe. Er enthält zwei Gene der Osterglocke, die dafür sorgen, dass der „Goldene Reis" Betakarotin produziert, eine Vorstufe zum Vitamin A. Damit wäre der neue Reis eine Wunderwaffe gegen Vitamin-A-Mangel, an dem jedes Jahr etwa zwei Millionen Kinder sterben. In Reis können auch Gene implantiert werden, die bewirken, dass er für Insekten giftig wird oder aus Luftstickstoff eigenen Dünger produziert. Forscher warnen: Der Genuss von gentechnisch veränderten Nahrungsmitteln sei noch nicht ausreichend erforscht, er könne schädlich sein.

**M6** *Gentechnisch behandelter Reis*

### 1. Klima- und Vegetationszonen

1 Ordne den Fotos a – d jeweils ein Klimadiagramm A – D zu.
2 Ordne die Fotos a – d den Vegetationszonen auf der Erde zu.
3 Stelle jeweils fest, ob es sich um eine Klimastation auf der Nord- oder auf der Südhalbkugel der Erde handelt.

### 2. Klimadiagramm

1 Zeichne zu den angegebenen Daten ein Klimadiagramm
2 Berechne die fehlenden Jahreswerte.
3 Werte das Diagramm aus.

| Monat | °C | mm |
|---|---|---|
| J | 9,2 | 19 |
| F | 9,9 | 20 |
| M | 14,3 | 38 |
| A | 19,7 | 97 |
| M | 23,1 | 146 |
| J | 25,9 | 186 |
| J | 28,0 | 138 |
| A | 29,1 | 126 |
| S | 24,4 | 149 |
| O | 19,4 | 110 |
| N | 14,8 | 49 |
| D | 10,2 | 21 |

Klimadaten der Station Chongqing/China, 261 m ü.M., 29°30'N/106°33'O

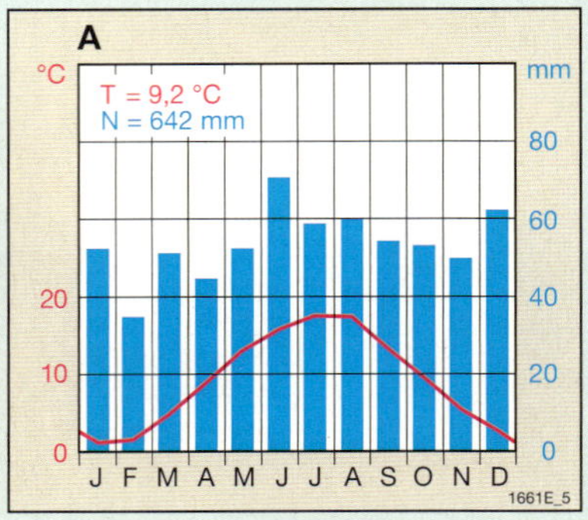

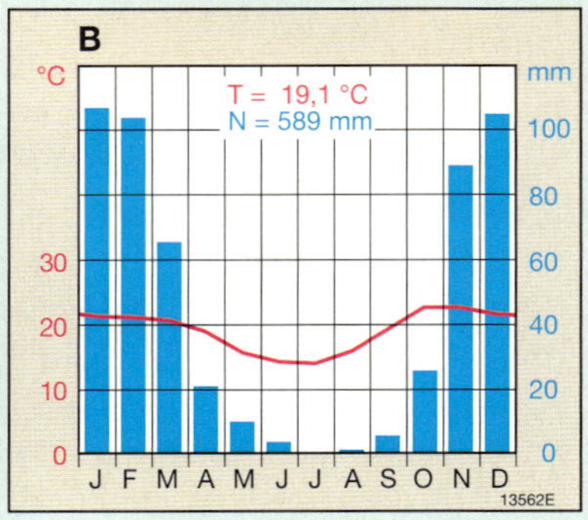

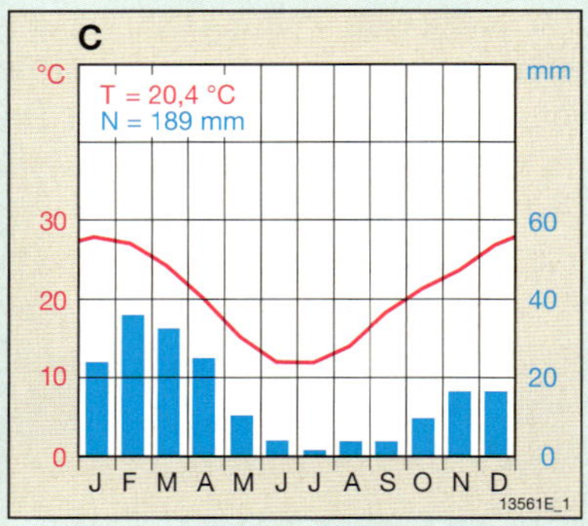

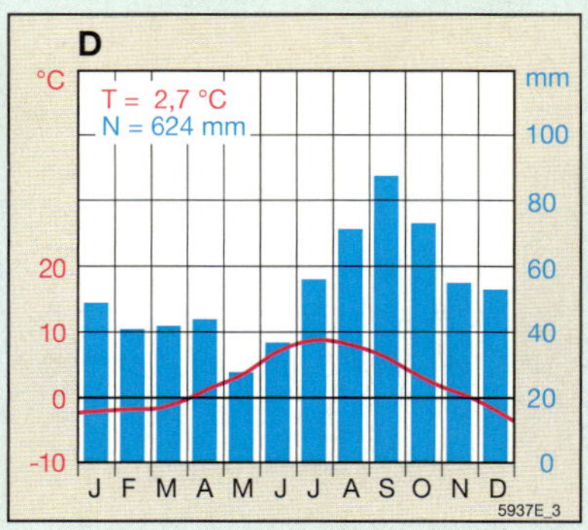

## 3. Savannen-Steckbrief

Übertrage die Steckbriefe in deine Mappe oder dein Heft und fülle sie aus.

**Trockensavanne** (10465E)

Durchschnittstemperatur: ______ °C
Jahresniederschläge: ______ mm
Regenzeit: ______ Monate
Nahrungsmittel: ______
Exportprodukte: ______

**Dornstrauchsavanne** (10463E)

Durchschnittstemperatur: ______ °C
Jahresniederschläge: ______ mm
Regenzeit: ______ Monate
Nahrungsmittel: ______
Exportprodukte: ______

**Feuchtsavanne** (10464E)

Durchschnittstemperatur: ______ °C
Jahresniederschläge: ______ mm
Regenzeit: ______ Monate
Nahrungsmittel: ______
Exportprodukte: ______

## 4. Vegetationspuzzle

**1** Benenne die abgebildeten Vegetationszonen.
**2** Nenne zu jeder Vegetationszone typische Anbauprodukte.

**Grundbegriffe**

Agrobusiness
Bewässerungsfeldbau
Cash Crops
Energiepflanze
Feedlot
Great Plains
Hartlaubgehölze
Klimadiagramm
Klimazone
Kulturpflanze
nachwachsende Rohstoffe
Regenfeldbau
Savanne
Silomais
Steppe
Umsetzverfahren
Vegetationszone
Winterregengebiete

**M1** *Brennendes Zuckerrohrfeld*

**M2** *Arbeiter bei der Zuckerrohrernte*

Saftig grünes Zuckerrohr, so weit das Auge reicht. Dunkelrot leuchtet die fruchtbare Erde der Feldwege. In einer Mulde dampfen die Kamine der Zuckerfabrik. Die Geschäfte laufen so gut, dass die Fabrik rund um die Uhr in Betrieb ist. Das liegt nicht nur an der weltweit steigenden Nachfrage nach Zucker als Süßstoff. Das Rohr von den Feldern rund um die Fabrik ist Grundlage für Bioethanol, dem Sprit vom Acker.
Bis 2013 will Brasilien seine Ethanolproduktion von derzeit fast 17 Milliarden Litern verdoppeln. Die Zuckerproduktion dürfte dann bei fast 40 Millionen Tonnen liegen. Davon würden zwei Drittel exportiert. Die Produktionskosten für einen Liter Bioethanol liegen in Brasilien zwischen 14 und 17 Cent. Inclusive der Transportkosten können brasilianische Produzenten einen Liter Bioethanol für rund 20 Cent bis nach Europa schicken, wo die Kosten dreimal so hoch sind.

**M3** *Landwirtschaft für Tank und Tisch (nach: www.taz.de, 08/2006)*

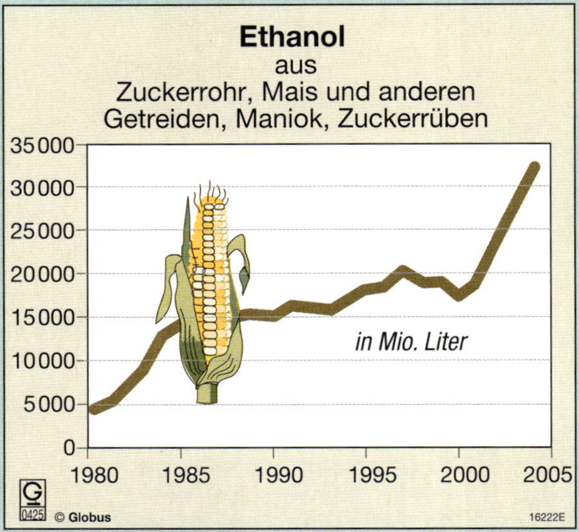


**M4** *Ethanolherstellung weltweit*

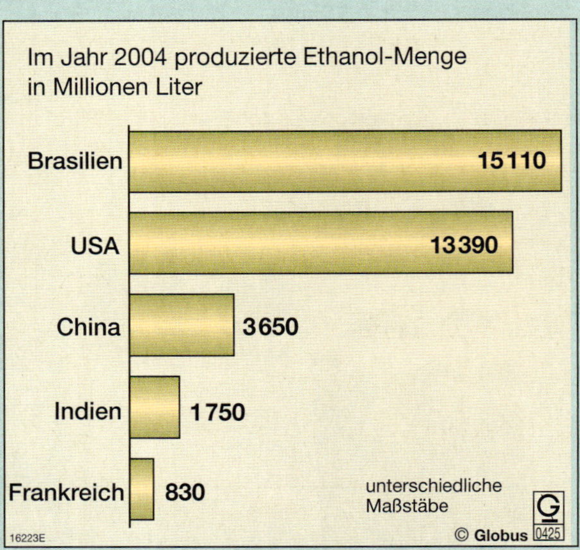


**M5** *Ethanolproduzenten*

Der brasilianische Theologe und Mönch Frei Betto hat die Produktion von Agro-Treibstoffen angesichts des Hungers in der Welt als unmenschlich und unverantwortlich bezeichnet. Er schrieb, der Boom bei den als Biosprit bezeichneten Produkten führe zu einem deutlichen Anstieg der Lebensmittelpreise. In Brasilien habe die Bevölkerung in diesem Jahr dreimal so viel für Nahrungsmittel ausgeben müssen wie im vergangenen Jahr. Die Großfarmer stürzten sich auf die Herstellung von Ethanol aus Zuckerrohr und ließen den Anbau traditioneller Agrarprodukte beiseite.

**M6** *Bio-Treibstoff ist Todessprit (nach: Frei Betto, 26.07.2007)*

Die Erfolgsgeschichte des Bioethanols hat einen bitteren Beigeschmack. Sie beschleunigt die Waldvernichtung und zerstört die Artenvielfalt. Die Rückstände von Pflanzengiften verseuchen das Grundwasser. Bevor die Zuckerrohrschneider die drei Meter hohen Stauden ernten, werden die Felder in Brand gesteckt, um die Blätter abzubrennen. Während der Ernteperiode nehmen Bronchialkrankheiten deutlich zu, vor allem bei Kindern und alten Menschen. Das Umweltministerium verbot solche Feuer, doch die Gesetze sind nicht streng genug. Fortschritte erzielten Gewerkschafter und Umweltschützer: „Die Kinderarbeit ist abgeschafft, es wird weniger abgebrannt, die Arbeiter werden nun mit Bussen statt mit Lkws auf die Felder gefahren." Aber die Arbeit ist härter geworden. 200 000 Wanderarbeiter ernten für einen Monatslohn von etwa 250 bis 300 Euro im Akkord. 12 Tonnen Zuckerrohr durchschnittlich pro Tag, doppelt soviel wie in den 1980er-Jahren.

**M7** *Läuft wie gezuckert (nach: www.taz.de, 08/2006)*

Das Biokraftstoffquotengesetz ist zum 01.01.2007 in Deutschland in Kraft getreten. Es verpflichtet die Mineralölwirtschaft, einen wachsenden Anteil von Biokraftstoffen Benzin und Diesel beizumischen. Bei Diesel zurzeit 4,4 % und bei Benzin 1,2 % (ab 2009 2,8 %, ab 2010 3,6 % und ab 2015 8,0 %).

**M8** *Bestimmungen aus dem deutschen Biokraftstoffquotengesetz*

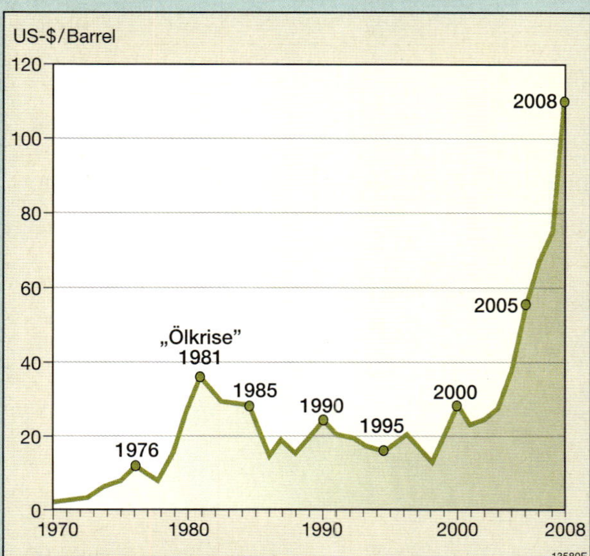


**M9** *Entwicklung des Rohölpreises 1970 – 2008*

**1** Erläutere mithilfe des Internets
a) den Anbau und die Verarbeitung von Rohrzucker,
b) die Begriffe Biosprit und Ethanol.

**2** a) Beschreibe die Entwicklung des Zuckerrohranbaus in Brasilien.
b) Begründe die Entwicklung.

**3** Nenne die Folgen der ständigen Ausweitung der Anbauflächen
a) für die Besitzer von Zuckerrohrplantagen,
b) für die Arbeiter und ihre Familien,
c) für die Wälder und für den Boden.

**4** Beurteile die Entwicklung der Verwendung von Zuckerrohr und anderen Feldfrüchten zur Ethanol-Herstellung (M3 – M9).

# Ökosystem tropischer Regenwald

**M1** *Reisernte im tropischen Regenwald Brasiliens*

# Naturraum tropischer Regenwald

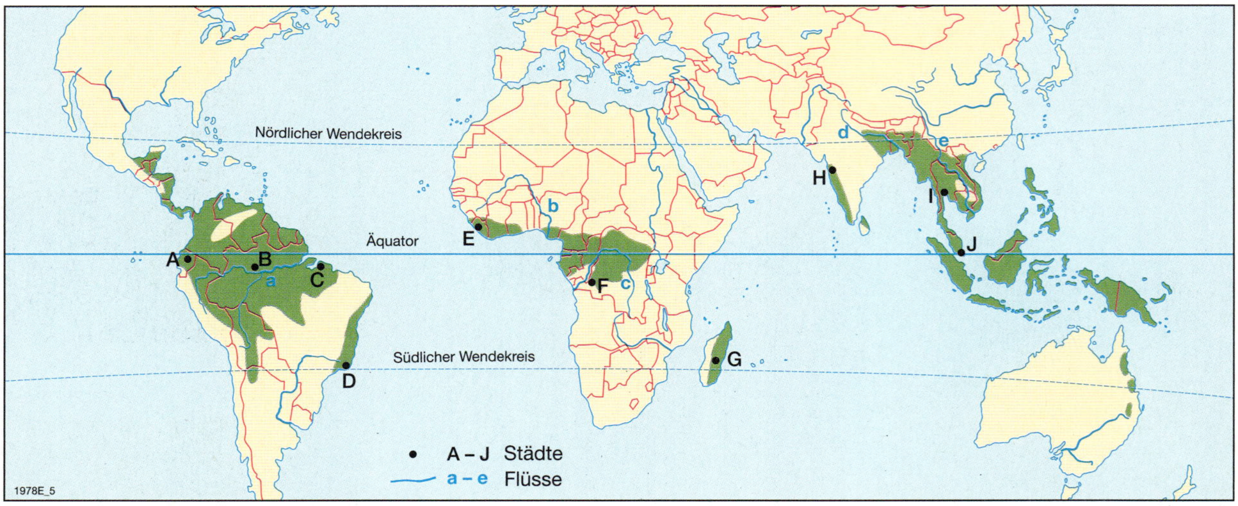


**M1** *Verbreitung der tropischen Regenwälder*

Vier Monate schliefen wir in Wäldern umgeben von Krokodilen, Boas und Jaguaren … nichts genießend als Reis, Ameisen, Manioc, Pisang, Orinocowasser und bisweilen Affen … In Guayana, wo man wegen der Mosquiten, die die Luft verfinstern, Kopf und Hände stets verdeckt halten muss, ist es fast unmöglich am Tageslicht zu schreiben; man kann die Feder nicht ruhig halten, so wütend schmerzt das Gift der Insekten. Alle unsere Arbeit muss daher bei Feuer, in einer indianischen Hütte, vorgenommen werden, wo kein Sonnenstrahl eindringt und in welcher man auf dem Bauche kriechen muss.

**M3** *Aus dem Reisetagebuch von Alexander von Humboldt (April 1800)*

### Flussfahrt ins Abenteuer

Am 5. Juni 1799 brachen Alexander von Humboldt und sein Gefährte Bonpland mit der Fregatte „Pizarro“ von Spanien nach Südamerika auf. Dort begann der Naturforscher Alexander von Humboldt seine Expedition in die Äquatorregionen Südamerikas. Fast ein Jahr später erreichte er den Orinoco.
Allein bei dieser Reise sammelten er und seine Begleiter über 60 000 verschiedene Pflanzen. Von diesen Pflanzen waren damals 6 300 noch unbekannt. Auch auf seinen weiteren Forschungsreisen betrieb Alexander von Humboldt Untersuchungen auf dem Gebiet der Naturwissenschaften.

**M2** *Auf Entdeckungsfahrt im Regenwald*

**1** a) Beschreibe die Verbreitung der tropischen Regenwälder auf der Erde.
b) Nenne 12 Staaten, die Anteil am tropischen Regenwald haben.

**2** Erkläre, warum die Südamerika-Expedition Alexander von Humboldts für die Wissenschaft so bedeutsam war.

**3** Informiere dich über die Forschungsreisen von David Livingstone. Berichte.

**M4** *Schatztruhe der Natur – tropischer Regenwald*

### Der tropische Regenwald – reich an Pflanzen und Rohstoffen

Tropische Regenwälder liefern eine Vielzahl von Gütern, die überall auf der Welt benötigt werden. Auch unser Leben wäre ohne diese Produkte kaum vorstellbar. Neben vielen Nahrungsmitteln sind es Gewürze wie Zimt, Pfeffer, Muskat, Ingwer oder Curry, die unsere Nahrungsmittel geschmacklich verbessern.

Aus dem Regenwald stammen auch Rohstoffe, die von den Industrieländern dringend benötigt werden. Dazu gehört beispielsweise der Kautschuk, der für die Herstellung von Gummiwaren für medizinische und hygienische Zwecke sowie für Fahrzeugreifen benötigt wird. Ein weiteres Beispiel ist das Öl von Kokos- und Ölpalmen. Hieraus wird zum Beispiel Margarine hergestellt. Tropische Edelhölzer sind in den Industrieländern sehr begehrt. Daher sind sie für einige Staaten des Regenwaldes ein wichtiges Exportgut.

Viele Pflanzen aus dem Regenwald haben eine heilende Wirkung. Aus ihren Wirkstoffen werden bei uns Arzneimittel gewonnen. So zum Beispiel das Chinin, aus dem ein Medikament gegen Malaria hergestellt wird.

**4** Der Regenwald wird als Schatztruhe der Natur bezeichnet. Erkläre.

**5** Nenne fünf Güter aus dem tropischen Regenwald, auf die du ungern verzichten würdest. Begründe deine Auswahl.

**6** Stelle mithilfe des Atlas fest, in welchen Ländern die Hauptanbaugebiete für folgende Produkte liegen: Kakao, Kautschuk, Bananen, Öl von Kokos- und Ölpalmen.

**7** Am Äquator, 128° ö. L., liegen die sogenannten Gewürzinseln. Ermittle den richtigen Namen der Inseln und nenne den Staat, in dem sie liegen (Atlas).

**8** Erstelle mithilfe deines Atlas eine Liste mit Hauptanbaufrüchten aus den Tropen.

**9** ↗ Informiere dich bei einem Gemüsehändler, welche Früchte er aus dem Regenwald anbietet.

**M5** *Papaya*

**M6** *Mango*

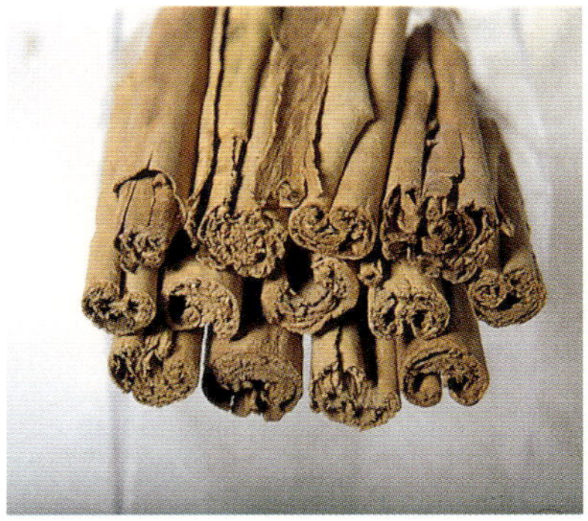

**M7** *Zimt*

**M8** *Avocado*

# Naturraum tropischer Regenwald

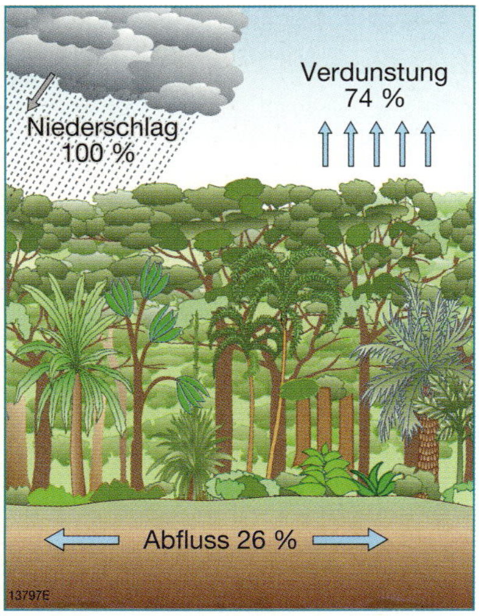


**M1** *Wasserkreislauf im Regenwald*

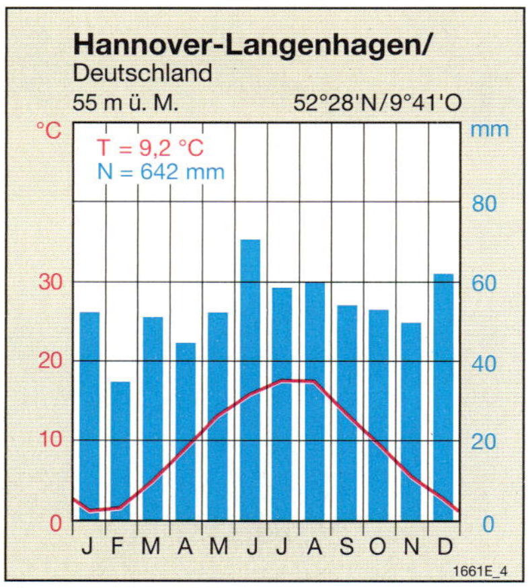


**M2** *Klimadiagramm Hannover*

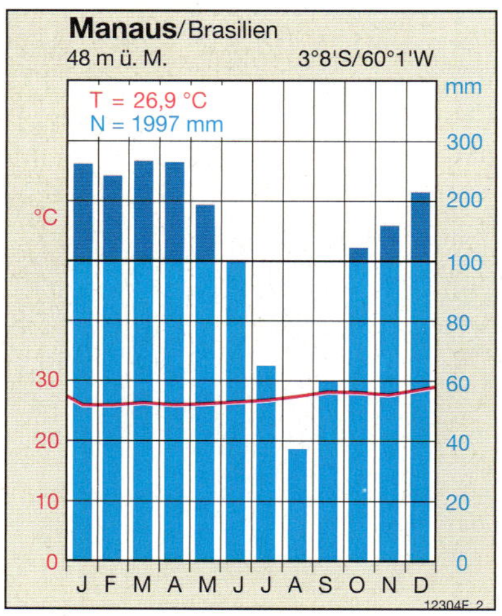


**M3** *Klimadiagramm Manaus*

## Klima ohne Jahreszeiten

Im Regenwald regnet es jeden Tag und häufig bis zu fünf Mal so viel wie bei uns. Auch die Temperaturen sind gleichmäßig hoch. Das Thermometer zeigt konstant Werte über 25 °C an. Das Klima im tropischen Regenwald ist feucht und warm.

Da die Sonnenstrahlung in den Tropen sehr intensiv ist, verdunstet das Wasser schnell. Häufig gelangt der Niederschlag gar nicht bis zum Boden, sondern verbleibt auf dem Blätterdach. Ein anderer Teil des Regenwassers gelangt in die Flüsse des Regenwaldes, der andere versickert im Boden. Die Pflanzen transportieren das Wasser dann wieder über den Stamm in die Blätter, wo es wegen der hohen Temperaturen schnell verdunstet.

Die ergiebigen täglichen Niederschläge können nur über Regenwäldern entstehen, da für die Bildung einer Gewitterwolke die Verdunstung einer Waldfläche von 5 000 km² nötig ist.

Das Wasser, welches verdunstet, steigt als Wasserdampf auf. Erreicht der Wasserdampf dann höhere Luftschichten, kühlt er ab, wird wieder zu Wasser und regnet ab. Der Wasserkreislauf ist geschlossen.

Das warme, feuchte Klima (Treibhausklima) ermöglicht ein ganzjähriges Pflanzenwachstum. Deshalb sind an einer Pflanze oft alte Blätter, junge Triebe, Blüten und Früchte gleichzeitig zu sehen.

**1** Beschreibe Temperatur und Niederschlag von Manaus und Hannover. Vergleiche (M2, M3).

**2** a) Erkläre den Wasserkreislauf im tropischen Regenwald.
b) Entwirf eine Kausalkette zum Wasserkreislauf im tropischen Regenwald (M1, siehe auch S. 112).

**3** Nenne typische Merkmale des Klimas in den Tropen.

**M4** *Nach einem Gewitter über dem tropischen Regenwald*

## Tageszeitenklima

Pedro Garcias aus Ecuador schreibt seinem deutschen Freund: „Jeden Morgen werde ich um 6 Uhr von meiner Mutter geweckt. Die Sonne geht gerade auf. Eben war es noch richtig dunkel und jetzt scheint die Sonne schon hell und warm. Wir frühstücken immer auf der kleinen Terrasse unserer Wohnung.
Über dem Regenwald hängen Nebelschwaden, die von der Sonne bald aufgelöst werden. Es sieht aus, als würde der Wald dampfen. Unterwegs auf dem Weg zur Schule wird es immer heißer. Unsere Schule hat nur kleine Fenster, damit wir unter den hohen Temperaturen nicht so sehr leiden. Insbesondere mittags ist jeder Schattenplatz kostbar. Die Luft flimmert über den Bäumen. In der Pause sitze ich mit meinen Freunden unter einem großen Mangobaum. Bald wird es richtig schwül.
Wenn der Unterricht zu Ende ist, haben sich riesige Wolkentürme über dem Regenwald gebildet. Wir rennen schnell nach Hause, denn bald geht ein gewaltiges Gewitter los. Es regnet fast immer zur gleichen Zeit. Wenn ich mich mit meinen Freunden verabrede, sagen wir immer: ‚Wir sehen uns nach dem Regen.' Oft sind die Wege und Plätze nach dem Gewitter überflutet.
Wenn das Wasser verschwunden ist, ist die Luft ganz klar. Wieder brennt die Sonne kurz vom Himmel. Schnell setzt die Dämmerung ein. Pünktlich um 18 Uhr wird es schon wieder dunkel."

**Tageszeitenklima**
Als Tageszeitenklima bezeichnet man das Klima, bei dem die Unterschiede bei Temperatur und Niederschlag während eines Tages größer sind als im Verlauf eines Jahres.

**4** Beschreibe den täglichen Verlauf des Wetters im tropischen Regenwald (Text, M5).

**5** Begründe, warum unser Klima als Jahreszeitenklima und das Klima im tropischen Regenwald als Tageszeitenklima bezeichnet wird.

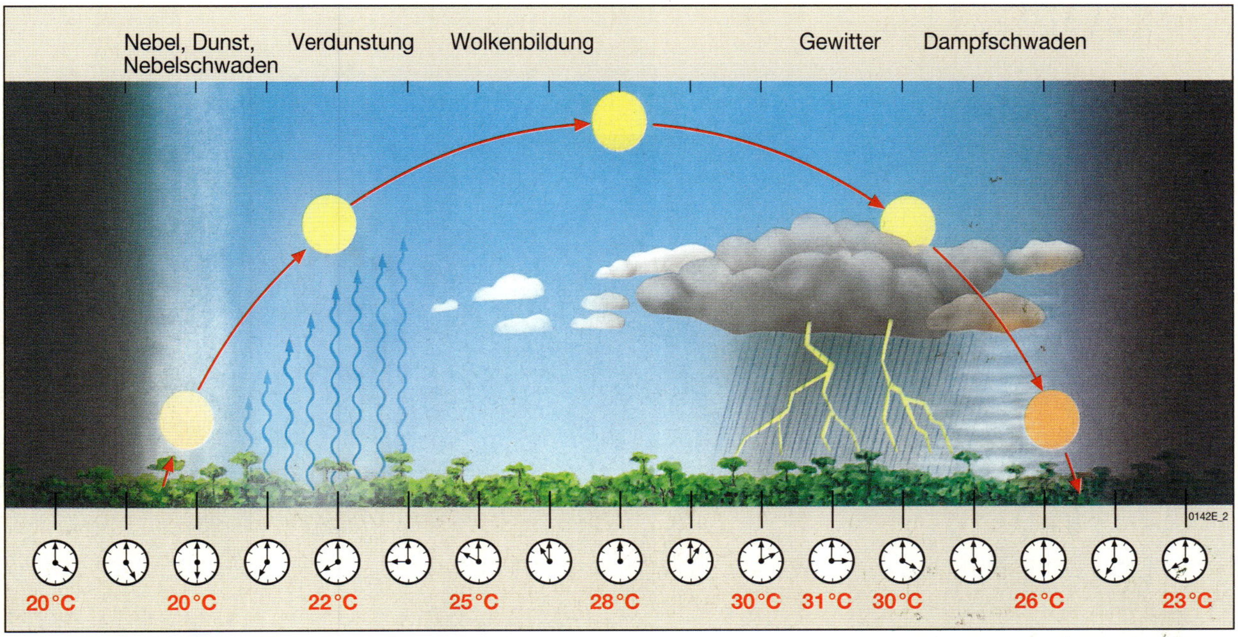


**M5** *Täglicher Ablauf des Wetters im tropischen Regenwald*

# Naturraum tropischer Regenwald

**M1** *Ara*

**M2** *Blattschneiderameisen*

**M3** *Greifschwanzlanzenotter*

Der tropische Regenwald birgt einen wahren Schatz für die Medizin: nämlich Heilpflanzen. Doch das Aufspüren der Pflanzen ist sehr schwierig. Forscher haben nun erstmals entdeckt, dass bunte Insekten ideale Wegweiser sind, da die Heilpflanzen die Insekten vor Fressfeinden schützen. Auffällig gefärbte Insekten liefern eindeutige Hinweise auf das Vorhandensein von Heilpflanzen. Diese schützenden Stoffe werden in der Humanmedizin als heilende Mittel eingesetzt.
Schon lange vermuteten Forscher, dass man Heilpflanzen mithilfe von Insekten aufspüren kann. Bisher hatten Forscher auf der Suche nach neuen Substanzen vor allem auf das Wissen einheimischer Völker zurückgegriffen.

**M4** *Farbige Insekten führen Forscher zu Heilpflanzen (nach: www.welt.de, 14.08.2008)*

**M5** *Orchideenblüten*

**M6** *Kolibri*

**M7** *Pfeilgiftfrosch*

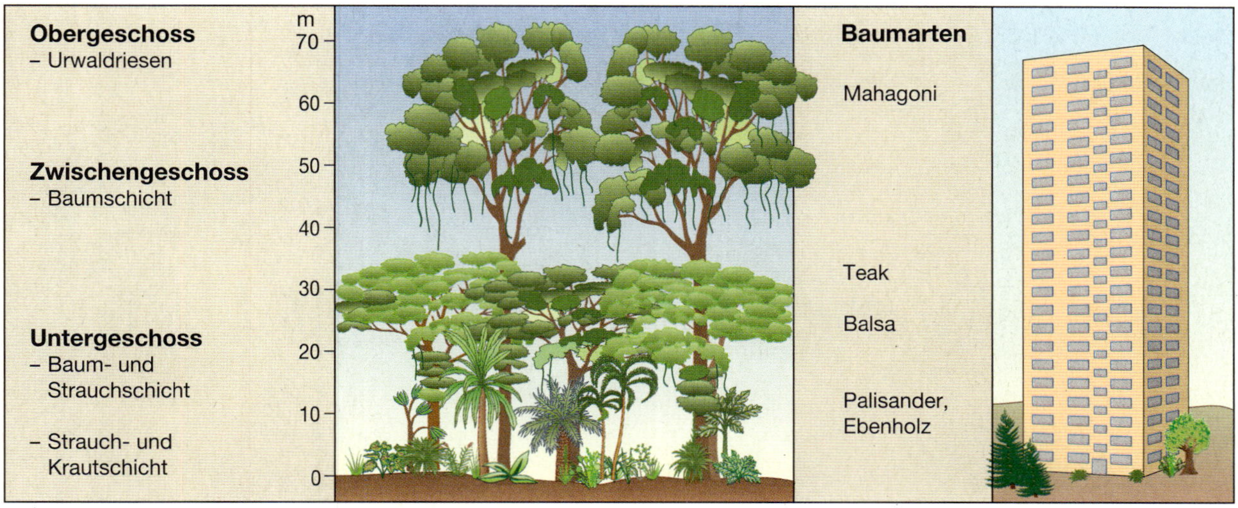


**M8** *Stockwerkbau im tropischen Regenwald*

## Artenreichtum und Stockwerkbau

An keinem anderen Ort der Erde gedeihen so viele unterschiedliche Pflanzenarten wie im tropischen Regenwald. Die ersten europäischen Forscher, die vor etwa 200 Jahren die Regenwälder erkundeten, sprachen von der „grünen Hölle", denn die Wälder erschienen lebensfeindlich und undurchdringbar. Nirgendwo auf der Erde gibt es so viele verschiedene Pflanzen und Tiere. Die größte Anzahl an Tierarten bilden die Insekten und Spinnentiere. Neben seltenen Säugetieren gibt es außerdem viele sehr giftige Reptilien wie Schlangen oder Pfeilgiftfrösche.
Durch das Blätterdach der hohen Bäume dringt etwa nur ein Prozent des Sonnenlichts bis zum Boden. Um dem Licht nahe zu sein, wachsen daher viele Pflanzen auf den Stämmen und Ästen der Bäume. Wissenschaftler haben auf einem einzigen Baum bis zu 72 unterschiedliche Pflanzenarten gezählt.
Der Aufbau des Waldes lässt sich mit einem mehrstöckigen Haus vergleichen. Der Grund für diesen Stockwerkbau sind die verschiedenen Lichtverhältnisse. Da durch die sehr dichten Pflanzen nur wenig Sonnenlicht bis zum Boden dringt, wachsen viele Pflanzen dem Licht entgegen.

1 Begründe, warum der Regenwald früher als „grüne Hölle" und heute als „grünes Paradies" bezeichnet wird.
2 Beschreibe den Stockwerkbau des tropischen Regenwaldes (M8).
3 Vergleiche den tropischen Regenwald mit unseren Wäldern und notiere Unterschiede (M8, M9).
4 Erläutere, wie sich Pflanzen und Tiere im tropischen Regenwald an ihren Lebensraum angepasst haben (Text, M1 – M7).
5 Stelle eine Pflanze und ein Tier des Regenwaldes in deiner Klasse vor (Lexikon, Internet).
6 Informiere dich in einer Gärtnerei oder einem Blumengeschäft über Pflanzen, die aus dem tropischen Regenwald stammen. Berichte.

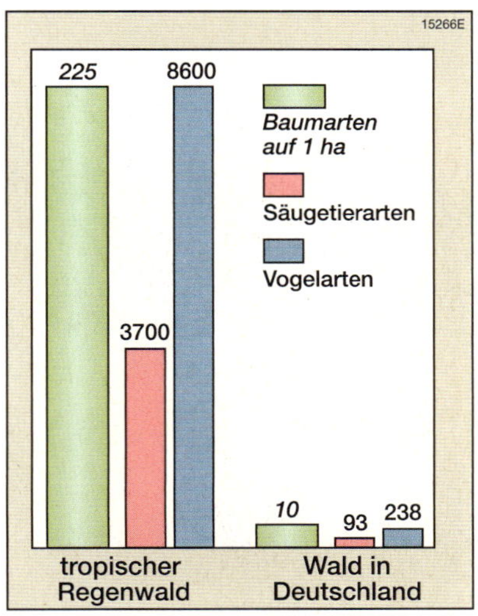


**M9** *Artenvielfalt im tropischen Regenwald im Vergleich zu Wäldern in Deutschland*

# Leben und wirtschaften – Pygmäen und Bantu

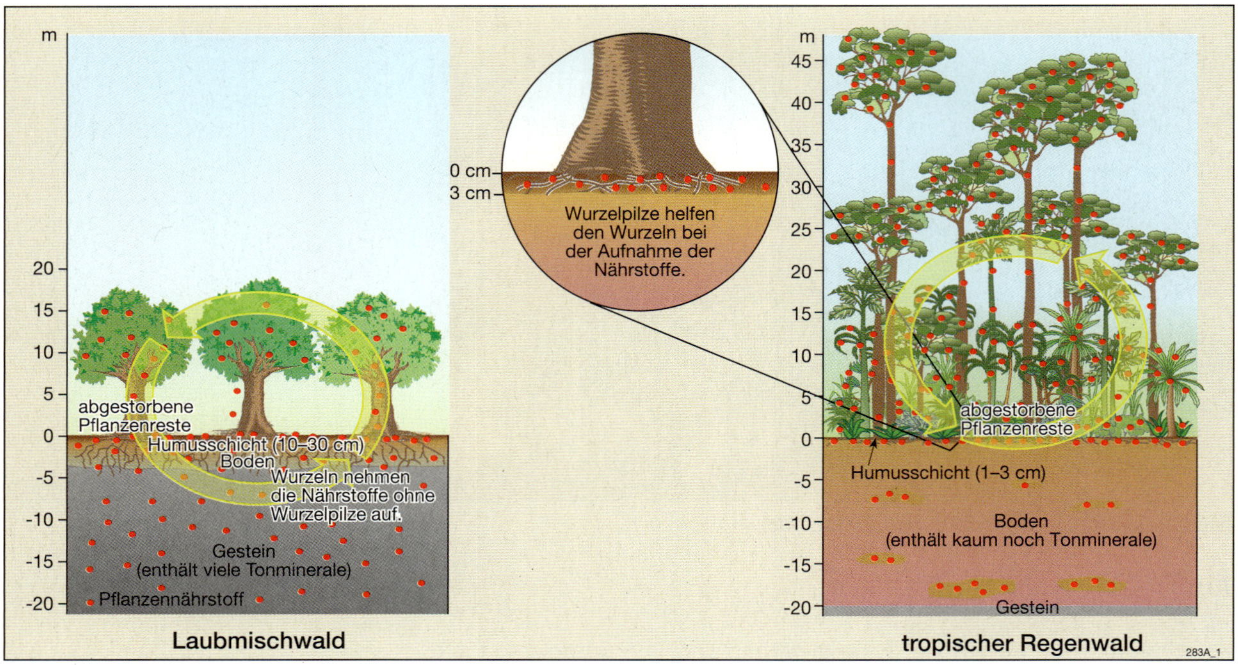


**M1** *Nährstoffkreisläufe im Laubmischwald und im tropischen Regenwald im Vergleich*

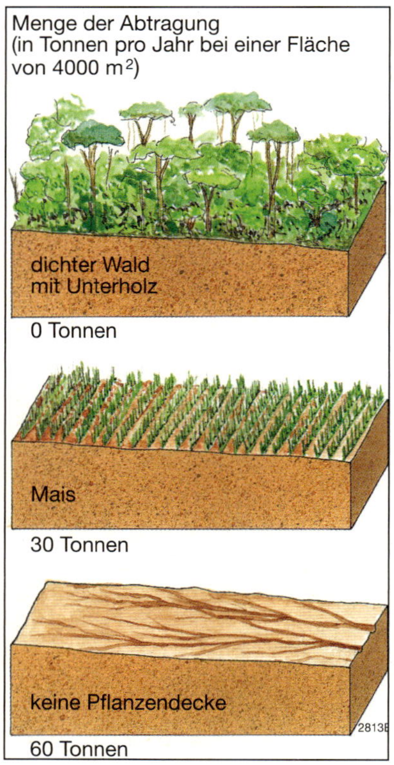


**M2** *Erosion an Hängen mit gleicher Neigung, aber unterschiedlicher Pflanzendecke*

### Nährstoffkreislauf im tropischen Regenwald

Die Böden im tropischen Regenwald sind nicht fruchtbar. Trotzdem gedeihen hier alle Pflanzen üppig.
Der Regenwald hat einen geschlossenen Nährstoffkreislauf. Der Wald düngt sich durch abgestorbenes Pflanzenmaterial ständig selbst. Herabgefallene Blätter und Äste sowie tote Tiere sind durch das feuchtheiße Klima schon nach wenigen Tagen von Kleinstlebewesen zersetzt. Es entsteht Humus. Die darin enthaltenen Nährstoffe werden von den flach wurzelnden Bäumen, Sträuchern und Pflanzen sofort aufgenommen. Die Humusschicht ist daher nur dünn.
Neben dem Humus sind auch Tonmineralien von entscheidender Bedeutung. Diese Mineralien besitzten genau wie Humus die Fähigkeit, Nährstoffe zu speichern und anschließend wieder an die Pflanzenwurzeln abzugeben.
Wird dieser schnelle Nährstoffkreislauf zum Beispiel durch Abholzung stark eingeschränkt oder unterbrochen, fehlen den Pflanzen die Nährstoffe aus den zersetzten Materialien. Dort, wo Pflanzen den Boden nicht mehr auflockern, wird der Boden hart. Die durch die täglichen hohen Niederschläge fallenden Regenmengen können nicht mehr versickern und spülen den Boden fort. Diese Abtragung nennt man Erosion.

1 Vergleiche die Nährstoffkreisläufe (M1).
2 Erläutere, warum die Bäume im Regenwald keine tief gehenden Wurzeln besitzen (M1).
3 Erkläre den Zusammenhang zwischen der Art der Pflanzendecke und der Erosion (M2).

**M3** *Pygmäen im Regenwald*

**M5** *Pygmäe bei der Jagd*

Der Regenwald Zentralafrikas ist das zweitgrößte tropische Urwaldgebiet der Welt. Allein Kameruns Regenwald im Südosten des Landes umfasst 17 Millionen Hektar. Er ist Heimat für eine große Anzahl von Tieren und Pflanzen. Auch der Stamm der Baka-Pygmäen ist hier zu Hause. Die Ureinwohner besitzen ein breites Wissen über die Pflanzen und Tiere des Waldes, das sie über Jahrhunderte bewahrt haben.

**M4** *Natur in der Defensive (nach: Friends of earth: Natur in der Defensive. Amsterdam 2002, S. 23)*

### Pygmäen – Ureinwohner des Regenwaldes

Die Pygmäen gehören zu den Ureinwohnern Zentralafrikas. Sie sind zwergwüchsige Menschen, die mit dem Wald, seinen Pflanzen und Tieren eng vertraut sind. Sie leben davon, Tiere wie Antilopen, Schweine und Affen zu jagen. Außerdem sammeln sie Honig, wilde Beeren, Süßkartoffeln und gehen fischen.
Durch die Erschließung des tropischen Regenwaldes müssen viele Pygmäen ihre traditionelle Lebensweise aufgeben. Oftmals bleibt ihnen nichts anderes übrig, als für geringen Lohn als Feldarbeiter, Lasten- oder Wasserträger zu arbeiten.

**4** Beschreibe die Lebensweise der Pygmäen (M3 – M6).
**5** Erläutere, welche Auswirkungen die Erschließung des Regenwaldes auf die Lebensweise der Pygmäen hat (Text).
**6** ↗ Informiere dich im Internet oder in einem Lexikon über weitere Ureinwohner des Regenwaldes und erstelle dazu eine Präsentation.

**M6** *Pygmäen an einer Feuerstelle*

# Leben und wirtschaften – Pygmäen und Bantu

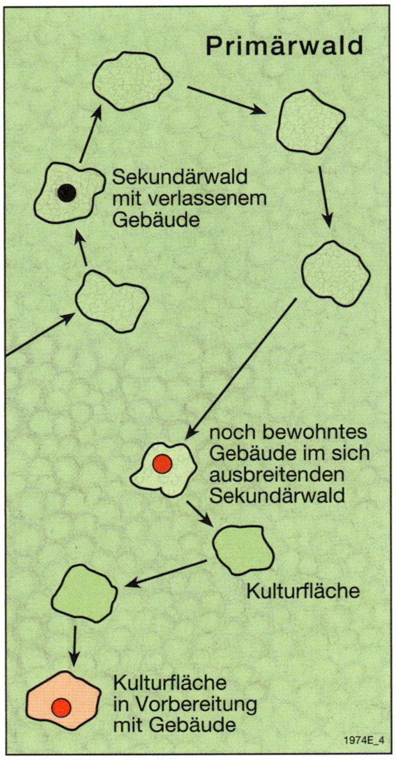


**M1** *Prinzip des Wanderfeldbaus*

**M3** *Fläche im Regenwald nach Brandrodung*

Meine Vorfahren streiften durch den Regenwald, um Tiere zu jagen und Früchte zu sammeln. Um genügend Nahrungsmittel für die gesamte Sippe zu haben, mussten sie auch Ackerbau betreiben. Vor Beginn der Regenzeit wurde eine kleine Waldfläche abgebrannt. Zwischen den verkohlten Baumstümpfen bohrten die Frauen mit dem Grabstock Löcher in den Boden, um Knollenfrüchte anzupflanzen. Die Asche lieferte Dünger für die Pflanzen, während die Wurzeln der abgebrannten Bäume die Abspülung des Bodens durch starke Regenfälle verhinderten. Die geernteten Früchte dienten der Selbstversorgung unserer Sippe. Im zweiten Jahr ging die Erntemenge zurück. Wenn der Boden ausgelaugt war, zog unsere Sippe weiter und begann an einer anderen Stelle Hütten zu bauen und den Wald für ein Feld zu roden.

**M4** *Bericht eines Stammesältesten*

**M2** *Hackbauern in Zentralafrika*

## Ackerbauern im tropischen Regenwald

Im Regenwald Zentralafrikas leben die Bantu. Im Gegensatz zu den Pygmäen betreiben die Bantu Ackerbau. Ihre Pflanzungen legen sie auf Flächen an, die sie durch Brandrodung gewonnen haben. Hierzu werden kleine Bäume und Sträucher von Hand mit Macheten abgeschlagen. Diese werden über einige Wochen liegengelassen, damit sie trocknen. Danach werden sie angezündet. Da die Nährstoffe von Jahr zu Jahr immer weniger werden, ziehen die Bauern nach einigen Jahren weiter und legen neue Felder an. Diese Form der Landnutzung nennt man Wanderfeldbau.

1 Vergleiche das Leben der Pygmäen (siehe S. 105) mit dem der Bantu.
2 Erläutere das Prinzip des Wanderfeldbaus (M1, M3).
3 Begründe, warum nach einigen Jahren neue Felder angelegt werden müssen (M4).

M5 *Bantu-Siedlung*

## Landwechselwirtschaft und Dauerfeldbau

Heute wird nur noch in den entlegensten Regenwaldgebieten Wanderfeldbau betrieben. In den Gebieten, die besser erschlossen sind, wurde der Wanderfeldbau von der Landwechselwirtschaft abgelöst. Im Gegensatz zum Wanderfeldbau wird die Landwechselwirtschaft von festen Wohnsitzen aus betrieben. In jedem Jahr werden andere Früchte auf den Feldern angebaut. Nach einigen Jahren der Nutzung werden die Felder aufgegeben. Innerhalb von 10–15 Jahren erholt sich auf diesen Feldern der Wald und es entsteht Sekundärwald. Im Boden sammeln sich neue Nährstoffe an.
In einigen Teilen des Regenwaldes sind die Menschen dazu übergegangen, die Felder im Dauerfeldbau zu bewirtschaften. Bei dieser Form der Landwirtschaft werden die Früchte Jahr für Jahr auf demselben Feld angebaut. Hierzu werden die Regenwälder großflächig gerodet und die Baumstümpfe vollständig entfernt. Da die Felder dauerhaft bewirtschaftet werden, kann sich der Boden nicht regenerieren und die Erträge werden von Jahr zu Jahr geringer.

**4** Erläutere den Unterschied zwischen Wanderfeldbau, Landwechselwirtschaft und Dauerwirtschaft (Text, M1, M6).
**5** Beurteile die Nutzungsform der Dauerwirtschaft im Regenwald.

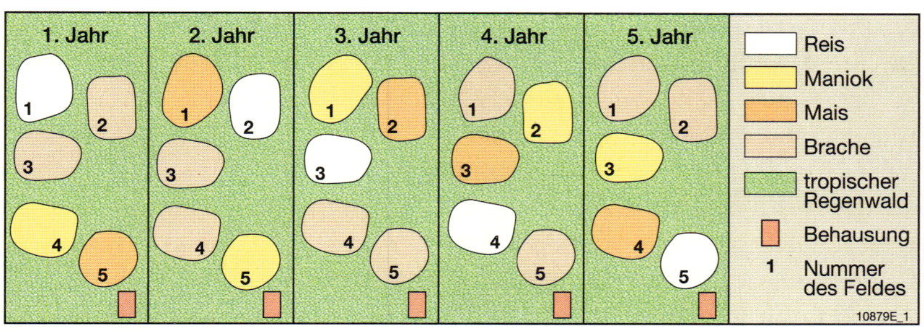


M6 *Prinzip der Landwechselwirtschaft*

### Sekundär- und Primärwald

Als Sekundärwald bezeichnet man den nach menschlichen Eingriffen (z. B. Rodung) natürlich nachwachsenden Wald. Ebenso wird auch der vom Menschen angelegte Wirtschaftswald (z. B. Holzplantagen) als Sekundärwald bezeichnet.
Als Primärwald gilt der ursprüngliche, ohne menschliches Zutun gewachsene Urwald.
Im Sekundärwald gibt es dichtes Buschwerk und der Baumbestand ist dünner als im Primärwald. Außerdem sind im Sekundärwald auch weniger Baumarten vorhanden als im Primärwald.

M7 *Maniok und Maniokernte*

# Afrika

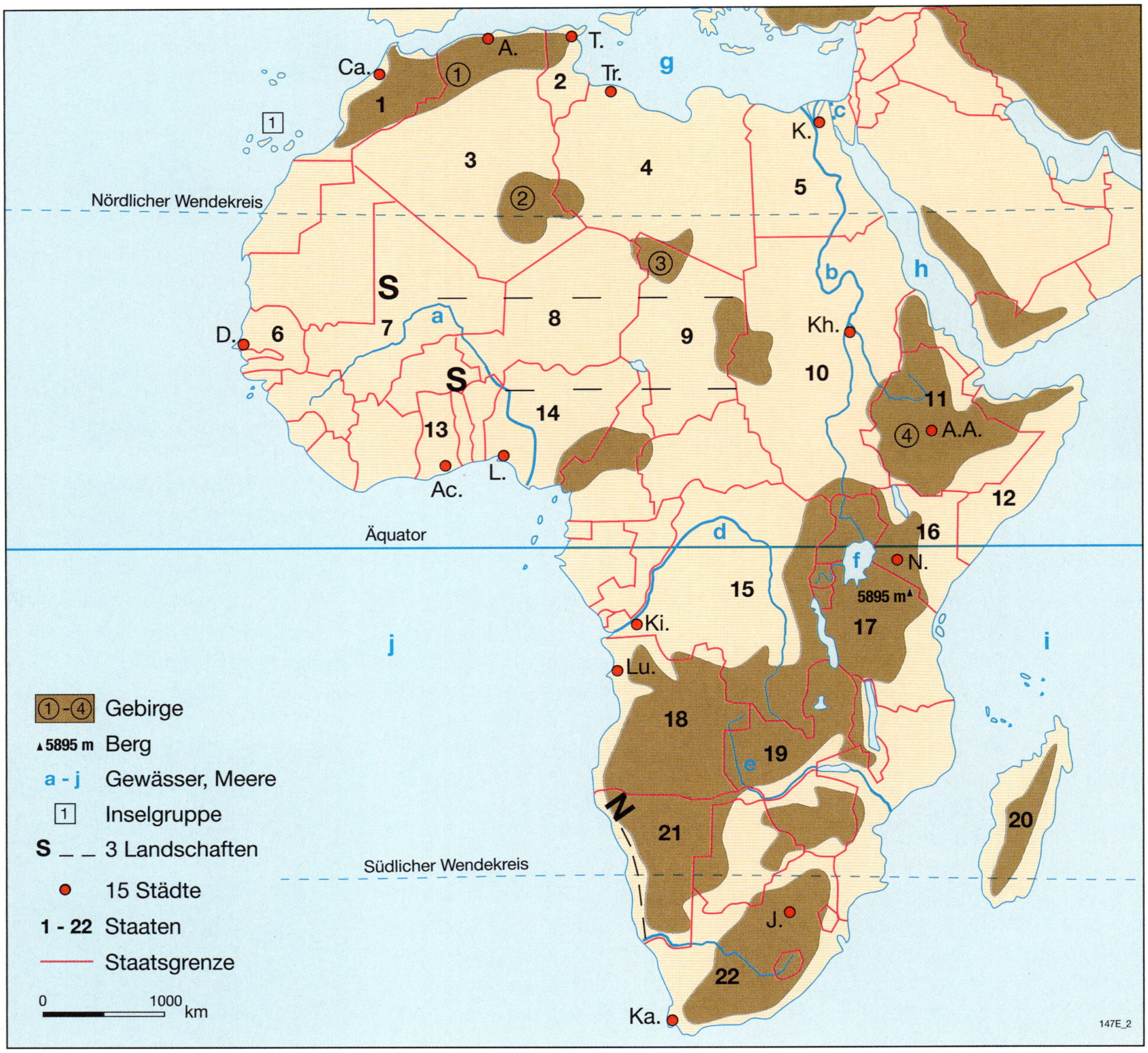


**M1** *Übungskarte Afrika*

| | | | | |
|---|---|---|---|---|
| Lanzarote | Hamada | Serengeti | Krüger Nationalpark | Nubien |
| Kalebasse | Seychellen | Safari | Livingstone | Grzimek |
| Albert Schweitzer | Cabora Bassa | Tuareg | Pyramide | Madeira |
| Gnu | Kral | Sansibar | Massai | Serir |
| Elfenbein | Zebra | Schott | Giraffe | Kap der Guten Hoffnung |
| Buren | Affenbrotbaum | Etoschapfanne | Hottentotten | Madagaskar |
| Dschibuti | Bantu | Tafelberg | | |

**M2** *In Afrika*

1 Bearbeite die Übungskarte M1.

2 Ermittle, was sich hinter den Begriffen in M2 verbirgt. Informiere dich im Lexikon, im Atlas oder im Internet. Berichte.

# Faustskizzen zeichnen

Mithilfe einer Faustskizze kannst du einen Überblick über einen Kontinent oder einen Staat gewinnen. Diese Skizzen sind so vereinfacht, dass sie nur eine ganz grobe Orientierung ermöglichen.

**So gehst du vor:**

**Zeichnen der Faustskizze**
Zeichne zunächst den Umriss (rot), dann wichtige Gebirge (braun), Flüsse (blau), Landschaften (gelb oder grün) und Städte (rote Kreise). Verwende beim Zeichnen des Umrisses möglichst einfache Formen (z. B. Viereck, Dreieck, Kreis, Halbkreis, ovale Form).

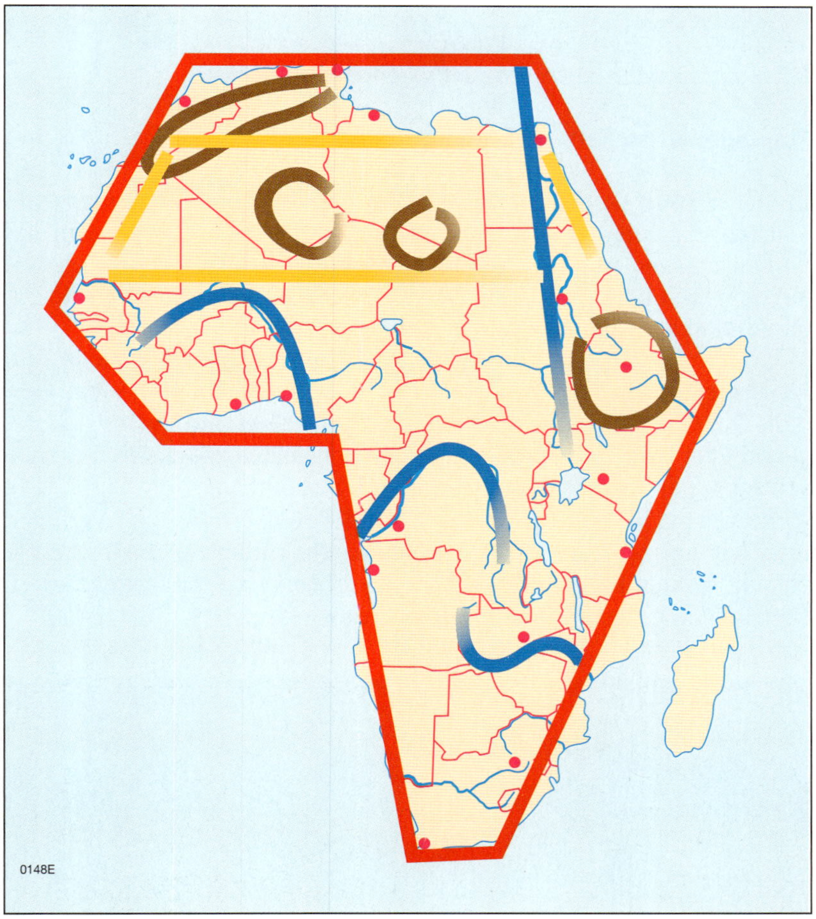


**M3** *Faustskizze Afrikas*

3 Zeichne selbst eine Faustskizze Afrikas. Tipp: Ermittle vorher, welche Gebirge, Flüsse, Wüsten und Städte in M3 aufgenommen worden sind.
4 Nenne die Namen der drei afrikanischen Staaten in M4.
5 Zeichne Faustskizzen folgender afrikanischer Staaten:
a) Demokratische Republik Kongo (Zaire) und Ghana,
b) Kenia und Algerien, c) Somalia und Sudan.

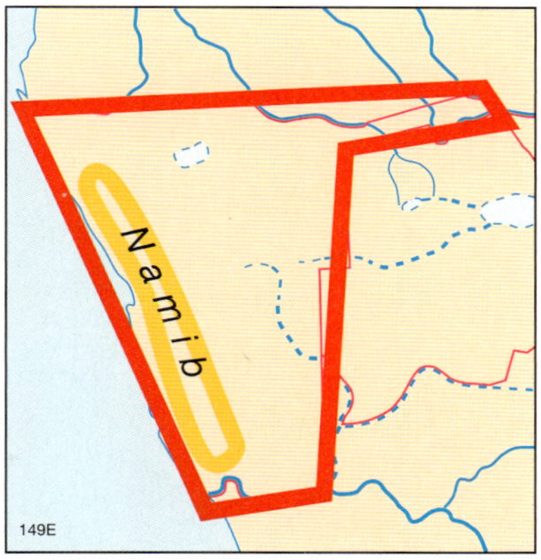


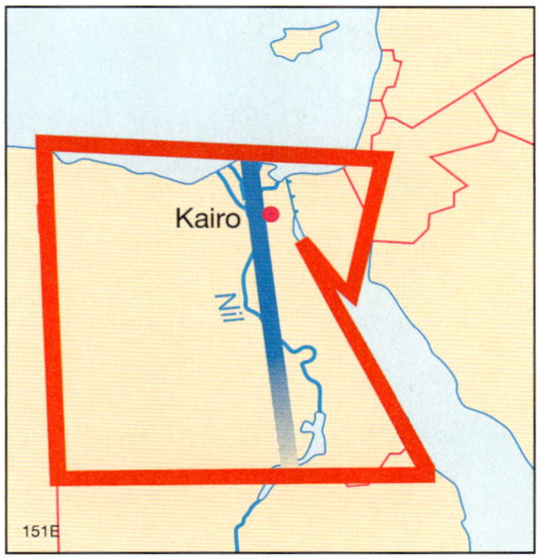


**M4** *Faustskizzen afrikanischer Staaten*

# Landwirtschaftliche Großbetriebe

**M1** *Arbeiter auf einer Bananenplantage*

Hallo, ich bin Manuel aus Panamá. Ich lebe mit meiner Mutter und meinen vier Geschwistern auf einer Bananenplantage. Mein Vater ist vor zwei Jahren gestorben. Mama sagt, dass ihn die giftigen Pflanzenschutzmittel getötet haben.
Meine Mutter arbeitet in der Verpackstation und seit dem Tod meines Vaters muss ich auch mitverdienen. Ich bin Bananenträger und muss jeden Tag schwere Bananenbüschel schleppen. So ein Büschel kann 50 Kilogramm wiegen! Noch schlimmer finde ich es, wenn aus dem Flugzeug das giftige Pflanzenschutzmittel über die Plantage gesprüht wird, während wir dort arbeiten. Dann brennt es in den Augen, in der Lunge und auf der Haut und ich muss an meinen Vater denken. Doch wenn ich nicht arbeite, dann können wir nicht überleben.
Meine Mutter verdient vier bis fünf Dollar am Tag. Ich bekomme drei Dollar für meine Arbeit.

**M3** *Manuel erzählt (nach: www.bananen-seite.de)*

### Plantagenwirtschaft in Mittelamerika

In vielen Ländern des tropischen Regenwaldes gibt es Plantagen mit Flächen von mehreren Tausend Hektar. Auf einer Plantage wird auf großen Flächen nur eine Nutzpflanze angebaut, die für den Verkauf auf dem Weltmarkt bestimmt ist. Wichtige Plantagenpflanzen sind Bananen, Kakao, Ananas, Ölpalmen, Kaffee und Zuckerrohr.
Monokulturen sind für Schädlinge und Krankheiten sehr anfällig. Um die Ernten zu sichern, müssen Pflanzenschutzmittel eingesetzt werden. Die Gifte gelangen in Böden, Grundwasser und Flüsse. Plantagenarbeiter und ihre Familienangehörigen leiden oft unter Hautausschlägen, verätzten Augen und anderen Krankheiten.
Plantagen gehören oft großen internationalen Firmen. Sie verfügen über das nötige Geld, um Rodungen durchzuführen, Arbeiter zu bezahlen, für den Export ihres Produktes zu sorgen, Straßen anzulegen, Gebäude zu errichten und Maschinen zu kaufen.

**M2** *Bananenstaude*

**M4** *Schädlingsbekämpfung auf einer Bananenplantage*

> **i**
> **Bananen**
> Bananen wachsen nicht an Bäumen, sondern an Stauden. Die Bananenstaude hat nur wenig verzweigte Wurzeln und trägt nur einmal Früchte. Danach stirbt sie ab. Um sich zu vermehren, bildet sie Schösslinge, die sich wieder zu großen Stauden entwickeln. Eine einzelne Pflanze kann bis zu sechs Meter hoch werden.

**M6** *In einer Verpackstation*

### Bananen – umweltverträglich angebaut

In Mittelamerika haben sich mittlerweile eine Reihe von Plantagen für einen umweltgerechten Bananenanbau entschieden. Kleinbauern aus der Umgebung liefern Stallmist. Die Pflanzenreste bei der Ernte der Bananenstauden werden zerkleinert und zu Kompost verarbeitet. So können die Böden mit organischem Dünger versorgt werden. Auf Pflanzenschutzmittel wird weitgehend verzichtet, weil Arbeiter die Stauden häufig nach Schädlingen absuchen. Somit wird das Grundwasser weniger durch Gifte belastet.
Allerdings sind Bananen aus umweltverträglichem Anbau teurer. Dafür sind sie gesünder und ihr Anbau schont die Umwelt. Auch die Lebens- und Arbeitsbedingungen der Plantagenarbeiter können durch umweltfreundlichen Anbau verbessert werden.

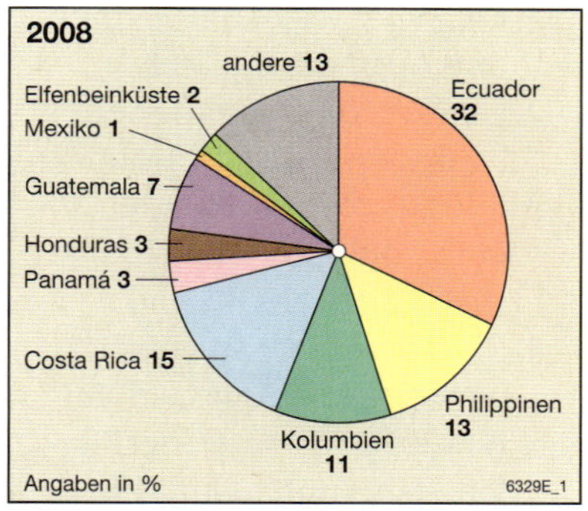


**M7** *Bananenexportländer*

1 a) Nenne typische Merkmale einer Plantage (Text, M1, M3, M4).
b) Vergleiche eine Plantage mit einem Bauernhof in deiner Nähe.
2 Stelle in einer Tabelle Vor- und Nachteile von Monokulturen gegenüber.
3 Nenne acht Staaten, in denen Bananen angebaut werden. Beschreibe ihre geographische Lage (M7, Atlas).
4 Erläutere M5 und stelle fest, wer am meisten am Verkauf von Bananen verdient.
5 Informiere dich im Internet über umweltfreundliche Plantagenprodukte. Berichte darüber.

| | |
|---|---|
| 1 Einkommen der Arbeiter | 5,5 Cent |
| 2 Anbau, Pflege der Plantagen | 12,0 Cent |
| 3 Transport und Verladen | 2,9 Cent |
| 4 Gewinn des Plantagenbesitzers | 2,1 Cent |
| 5 Steuern | 2,6 Cent |
| 6 Fracht, Versicherung, Entladen | 15,8 Cent |
| 7 Anteil des Großhändlers | 6,6 Cent |
| 8 Anteil der Reiferei | 21,0 Cent |
| 9 Anteil des Einzelhändlers | 31,5 Cent |
| gesamt | 100,0 Cent |

Für 100,0 Cent bekommt man drei bis vier Bananen.

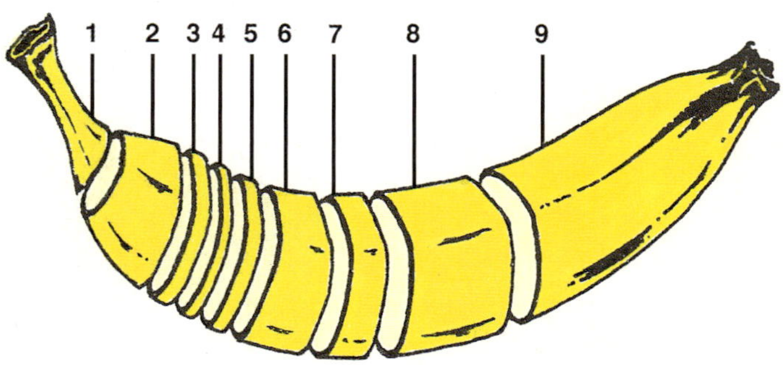


**M5** *Wer verdient an der Banane?*

# Landwirtschaftliche Großbetriebe

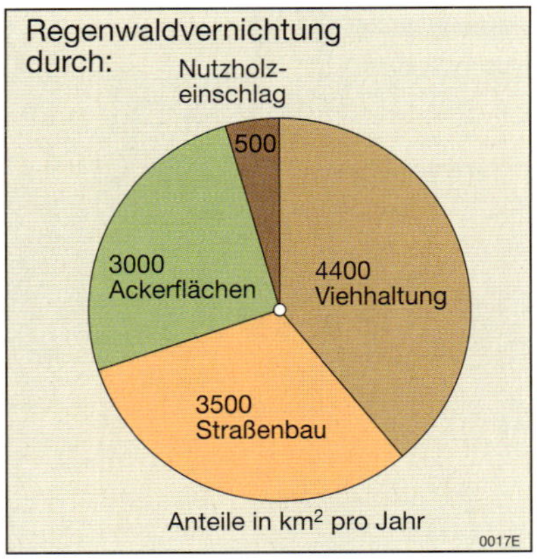


**M1** *Vernichtung des tropischen Regenwaldes in Brasilien*

**Kausalketten anfertigen**
Kausalketten dienen dazu, Zusammenhänge aus Texten zu verdeutlichen und Inhalte zu ordnen. So gehst du vor:
1. Markiere wichtige Begriffe und Aussagen im Text.
2. Notiere die Begriffe oder Aussagen stichwortartig.
3. Bringe die Stichwörter in eine logische Reihenfolge (z. B. Ursache – Wirkung).
4. Schreibe die Stichwörter nacheinander auf und verbinde die Aussagen mit Pfeilen. Bedeutung eines Pfeils: „bewirkt", „hat zur Folge".

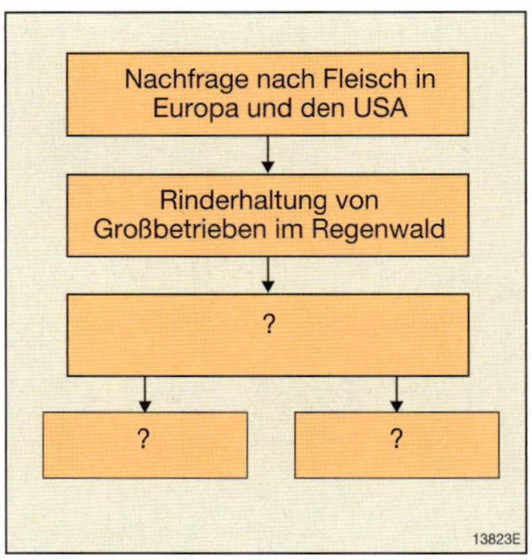


**M2** *Möglicher Anfang einer Kausalkette zum Thema „Rinderfarmen"*

## Rinderfarmen im tropischen Regenwald

Ein großer Teil des Regenwaldes in Süd- und Mittelamerika wurde gerodet, um die Flächen als Weideland für die Viehzucht zu nutzen. Das produzierte Fleisch wird vor allem nach Europa und in die USA exportiert.

Großunternehmen führen auf Flächen von 1 000 bis 1 500 Quadratkilometern Brandrodungen durch. Anschließend wird vom Flugzeug aus Gras eingesät. Da die eingesäten Weidegräser sehr anfällig gegenüber Krankheiten und Schädlingen sind, werden diese nach und nach von Sträuchern und Kräutern verdrängt. Da diese aber nicht von den Rindern gefressen werden, müssen die Weideflächen ständig vergrößert werden.

Die Rinderhaltung auf den nährstoffarmen Böden ist allerdings recht unwirtschaftlich. Für ein Rind benötigt man etwa eine Fläche von einem Hektar pro Jahr. Daraus ergibt sich eine Fleischproduktion von etwa 40 Kilogramm pro Hektar und Jahr. In Deutschland werden auf der gleichen Fläche jährlich bis zu 2 500 Kilogramm Fleisch produziert.

**1** Berichte über Rinderfarmen im tropischen Regenwald.
**2** Erläutere, warum der Fleischverbrauch in Europa und in den USA für den Regenwald ein Problem darstellt.
**3** Erstelle eine Kausalkette zur Vernichtung des tropischen Regenwaldes durch Rinderfarmen.
**4** Informiere dich im Internet über Rinderfarmen in Südamerika. Berichte.
**5** Beurteile die Anlage von Rinderfarmen im tropischen Regenwald.
**6** Bearbeite die Übungskarte M4.

**M3** *Rinderfarm in Brasilien*

**M4** *Übungskarte Süd- und Mittelamerika*

# Im tropischen Regenwald früher und heute

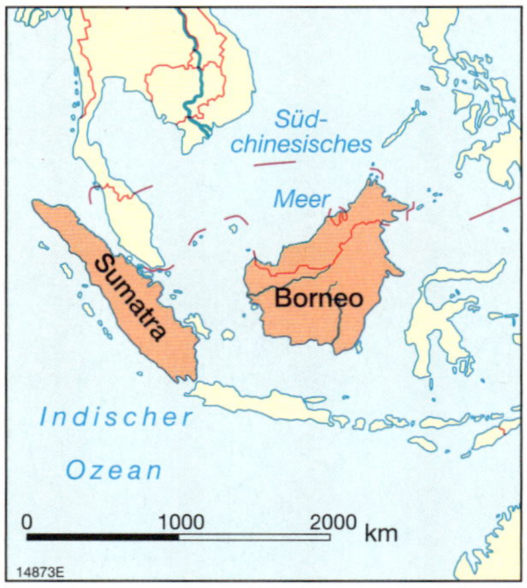


**M1** *Lage von Borneo und Sumatra*

**M3** *Ureinwohner Borneos beim Roden*

Im Dschungel von Sumatra lebt seit ewigen Zeiten ein Volk namens Suku Anak Dalam. Früher lebte dieses Volk nur von der Jagd und von essbaren Pflanzen aus dem Regenwald. Ihre Lebensweise schädigte den Wald kaum. Die Suku Anak Dalam bauten nie große Häuser, denn sie wechselten häufig ihren Wohnplatz.
Das Volk kannte die Pflanzen und Tiere des Regenwaldes sehr genau. Das Wissen wurde von den Eltern an die Kinder weitergegeben. Wenn jemand krank war, suchten sie sich Heilpflanzen aus dem Wald. Geld brauchten die Suku Anak Dalam früher gar nicht. Alle benötigten Dinge fanden sie im Regenwald.

**M4** *Das Volk der Suku Anak Dalam früher (nach: WWF, 2004)*

**M2** *Ureinwohner Borneos beim Sammeln von Heilpflanzen*

### Landnutzung auf Borneo und Sumatra – früher

Über Jahrhunderte lebten die Ureinwohner Borneos und Sumatras in kleinen Gruppen von bis zu 80 Personen verstreut im Regenwald. Hier sammelten sie Knollen, Wurzeln, Baumfrüchte und Honig. Mit Speeren, Fallen und Schlingen jagten sie Wildschweine, Wildvögel und Krokodile. Darüber hinaus bauten sie Reis im Wanderfeldbau an. Dementsprechend bestanden ihre Unterkünfte auch nur aus einfachen Holzkonstruktionen mit Blätterdach.

1 Beschreibe, wie der Regenwald seine Bewohner versorgt und nenne einige Beispiele (Text, M2, M3).
2 Erläutere, warum die Unterkünfte der Suku Anak Dalam nur aus einfachen Konstruktionen bestanden (M4).
3 Vergleiche das Leben der Suku Anak Dalam mit deinem eigenen. Nenne die Vor- und Nachteile jeder Lebensform.

**M5** *Arbeiter bei der Ernte von Palmölfrüchten*

**M7** *Ölpalme*

Das Leben der Suku Anak Dalam hat sich heute verändert: Es gibt Schulen, Straßen und sie besitzen auch Geld. Viele haben sich an das neue Leben gewöhnt. Sie verkaufen Dschungelfrüchte auf dem Markt. Einige von ihnen pflanzen Ölpalmen an. Oft werden die Dschungelbewohner von Unternehmen überredet, ihren Wald zu verlassen. Als Entschädigung erhalten sie ein wenig Geld, von dem sie einige Monate leben können. In den von den Suku Anak Dalam verlassenen Gebieten wird dann Regenwald abgeholzt. Die Baumstämme werden verkauft. Große Felder entstehen, auf denen in Monokulturen Ölpalmen gepflanzt werden.

**M6** *Die Situation der Suku Anak Dalam heute (nach: WWF, 2004)*

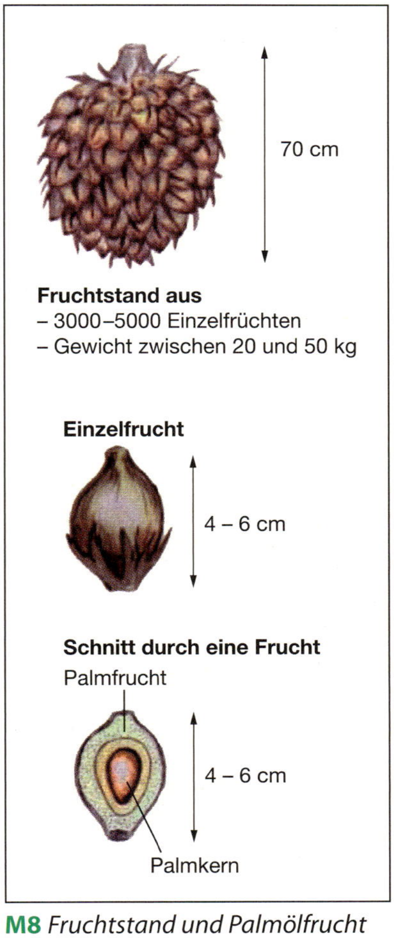


**M8** *Fruchtstand und Palmölfrucht*

### Landnutzung auf Borneo und Sumatra – heute

Viele Ureinwohner Indonesiens sind sesshaft geworden und arbeiten als Tagelöhner auf Palmölplantagen.
In den 1960er-Jahren empfahl die Regierung ihren Bauern den Anbau von Ölpalmen, denn Palmöl war und ist ein begehrtes Handelsgut. Ölpalmen können nur in Regionen mit Niederschlägen zwischen 2 000 und 2 500 mm und Temperaturen um die 30 °C wachsen. Palmöl wird aus den Früchten der Ölpalme gewonnen. Das Öl wird hauptsächlich zur Herstellung von Margarine, Schokolade und Frittierfett verwendet. Auch aus dem Kern der Palmölfrucht wird Öl gewonnen. Dieses dient zur Herstellung von Seife und Waschmittel.

**4** Beschreibe, wie sich das Leben der Suku Anak Dalam veränderte (M6).
**5** Nenne Länder, in denen der Anbau von Ölpalmen möglich ist (Atlas).
**6** Nenne Produkte, die aus Palmöl hergestellt werden (Text).

# Im tropischen Regenwald früher und heute

**M1** *Palmölplantage mit Palmölmühle auf Borneo*

> Ich wünsche mir, dass der Wald unverändert bleibt. Es gibt einen langen Kampf um den Wald. Schon mein Vater hat gekämpft, um den Wald zu schützen, denn damals hat ein Unternehmen begonnen, die Bäume abzuholzen. Nach der Rodung wurde es noch schlimmer: Man hat im ganzen Gebiet Ölpalmen gepflanzt. Die Plantagen sind viel zu groß geworden. Sie nehmen nicht nur den Wald, sondern sie nehmen auch unser Leben.

**M3** *Jawan berichtet (nach: WWF, 2004)*

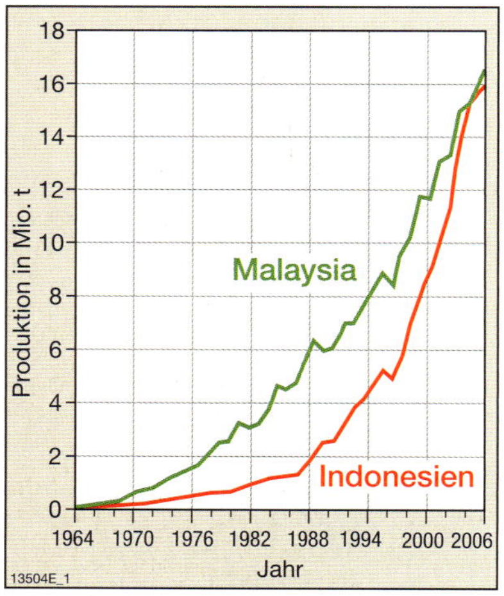


**M2** *Entwicklung der Palmölproduktion in Indonesien und Malaysia*

### Palmöl statt Regenwald

Die weltweite Nachfrage nach Palmöl ist in den letzten Jahren ständig gestiegen. Dadurch entstehen immer mehr und immer größere Plantagen, auf denen Ölpalmen angebaut werden.
Obwohl die Brandrodung zur Gewinnung neuer Flächen für Palmölplantagen mittlerweile verboten ist, wird Regenwald immer noch illegal in Brand gesetzt.

**1** a) Beschreibe die Entwicklung der Palmölproduktion in Indonesien und Malaysia (M2).
b) Nenne Gründe für die Entwicklung.

**2** Erläutere, welche Auswirkungen die steigende Palmölproduktion auf den Regenwald hat (M2, M4, M5).

**3** Recherchiere im Internet und berichte.
a) Fertige eine Liste von Ländern an, die Palmöl exportieren (Atlas).
b) Finde heraus, wofür Palmöl in Deutschland verwendet wird.

# Satellitenbilder auswerten

**M4** *Satelitenbild von Borneo*

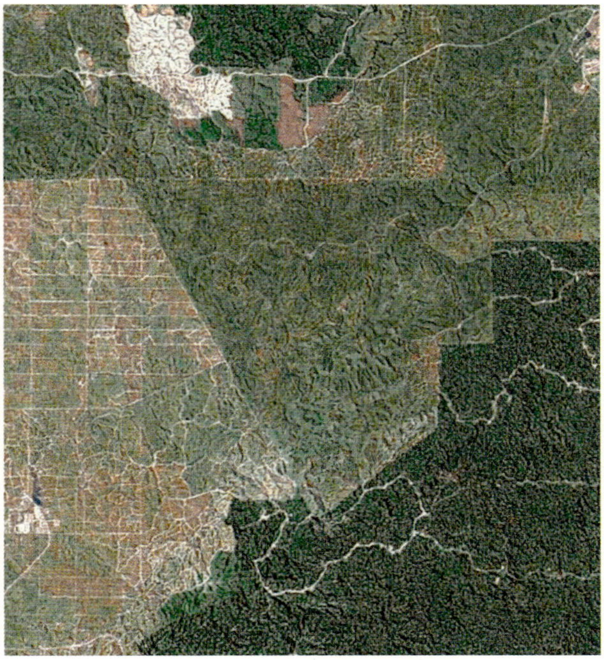

**M5** *Satellitenbild von Plantagen im Regenwald Borneos*

Die Erde wird ständig von Satelliten umkreist. Diese Satelliten machen Bilder von der Erde aus dem Weltraum. So kann man Veränderungen auf der Erdoberfläche aus großen Entfernungen erkennen.

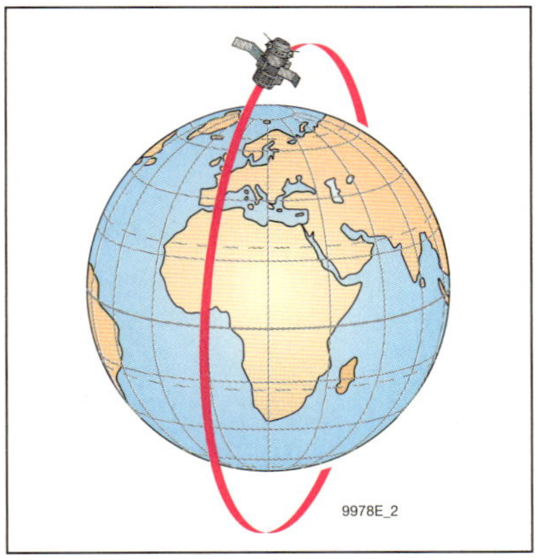


**M6** *Satellit auf seiner Umlaufbahn um die Erde*

**So gehst du vor:**

**1. Schritt: Einordnung des Raumes**
Ordne das Bild mithilfe des Atlas und anhand der Bildunterschrift räumlich und, wenn möglich, auch zeitlich ein. Stelle anhand der Maßstabsleiste fest, wie groß der Ausschnitt in Wirklichkeit ist.

**2. Schritt: Erkennen und Beschreiben von Einzelheiten**
Stelle anhand von Farbe, Muster und Anordnung fest, welche Einzelheiten sich auf dem Bild erkennen lassen (z.B. Flüsse, Berge, Seen, Straßen, Städte, …).

**3. Schritt: Erklären von Merkmalen und Zusammenhängen**
Finde mithilfe von Zusatzinformationen (aus Texten, Atlanten) Ursachen und Gründe für die im Bild erkennbaren Merkmale. Deute sie.

**4. Schritt: Darstellung der Auswertungsergebnisse**
Erstelle einen Bericht. Fertige eine Karte über das Satellitenbild an.

**M7** *Satellit im Weltall*

4 „Fliege" unter Diercke Globus Online folgenden Punkt an: 3°30´43" N; 113°28´18" O (Tipp: Gib die Werte wie folgt in das entsprechende Feld ein: 3.30.43 N, 113.28.18 O) (M4, M5).

5 Verändere die Flughöhe und betrachte das Bild aus unterschiedlichen Entfernungen.

6 Beschreibe die Satellitenbilder (M4, M5) anhand der Anleitung.

# Eingriffe des Menschen im tropischen Regenwald

**M1** *Defekte Erdölleitung in Nigeria (Nigerdelta)*

**M3** *Bau einer Erdölpipeline in Kamerun*

## Umweltschäden im Regenwald

In vielen Regenwaldgebieten gibt es Bodenschätze wie Eisenerz, Bauxit, Kobalt, Kupfer, Diamanten und Erdöl. Um diese Rohstoffe abzubauen, müssen Förderanlagen und Bergwerke errichtet werden. Für den Abtransport der Rohstoffe werden Straßen oder Pipelines durch den Regenwald gebaut. Die Folgen sind Abholzungen in erheblichem Umfang und Schäden für die Umwelt durch Chemikalien.

**1** Ermittle mithilfe des Atlas acht Bodenschätze im Gebiet der tropischen Regenwälder.

**2** Erläutere Probleme, die mit dem Abbau der Bodenschätze verbunden sind.

Der Bergbau ist für mehrere Arten der Umweltverschmutzung verantwortlich. Schuld hierfür ist einerseits das fehlende Wissen über die Auswirkungen von bestimmten Abbaumethoden und die Verwendung von Chemikalien. Andererseits ist so gut wie kein Geld für den Schutz der Umwelt vorhanden. Die Folgen sind fatal. Die Flüsse sind durch Chemikalien vergiftet. Durch die Abholzung werden ganze Landschaften zerstört und es treten Erosionen auf. Uranhaltige Erze führen häufig zu einer radioaktiven Verseuchung des Bodens und des Grundwassers.

**M2** *Umweltschäden (nach: Eirene Rundbrief, 3/2008)*

**M4** *Abbau von Bauxit in der Demokratischen Republik Kongo*

**M5** *Holztransport im Regenwald*

**M6** *Brettwurzel*

### Holzeinschlag und seine Folgen

Nicht nur die Anlage und Ausdehnung von Plantagen und Rinderfarmen schaden dem Regenwald. Die unberührte Natur wird auch durch Abholzung empfindlich gestört. Große Unternehmen aus Japan, der Republik Korea, Europa und den USA betreiben im Regenwald Holzeinschlag in großem Umfang.
Zunächst werden Schneisen in den Wald geschlagen. Raupenschlepper schieben dabei die flach wurzelnden kleinen Bäume mühelos beiseite. Das Holz dieser „weniger wertvollen" Bäume ist für die Papierindustrie (z. B. in Japan) bestimmt. Die „wertvollen" Bäume wie Limba, Mahagoni, Palisander oder Teak werden im Möbel-, Bootsbau oder für die Herstellung von Parkett verwendet. Die Urwaldriesen werden mit leistungsfähigen großen Motorsägen gefällt. Der Stamm wird in Teile von etwa acht Metern Länge zerteilt, zu den Häfen transportiert und von da aus exportiert. Äste, Zweige und Rinde bleiben am Ort des Holzeinschlags zurück und vermodern.
Naturschützer beklagen diesen Raubbau. Schwere Bulldozer und Sattelschlepper vernichten in der Umgebung eines gefällten Baumes die übrigen Pflanzen und schädigen den Boden. Wertvoller Wald geht durch den Wege- und Straßenbau verloren.
Das sehen Vertreter der Holzindustrie ganz anders: Weil nur einzelne Bäume gefällt würden, bleibe der Schaden für den Wald ihrer Meinung nach gering. Außerdem erhielten die Länder, in denen Regenwald gerodet werde, durch den Verkauf des Holzes Geld.

**3** Schildere die Schwierigkeiten beim Fällen und Abtransport der Bäume im tropischen Regenwald (Text, M5, M6).
**4** Begründe, warum die Holznutzung im Regenwald oft als „Raubbau" bezeichnet wird.
**5** Beschreibe den Zustand der Regenwälder auf der Welt (M7).
**6** Beurteile die Haltung vieler Länder, die den Regenwald nicht unter Naturschutz stellen wollen.

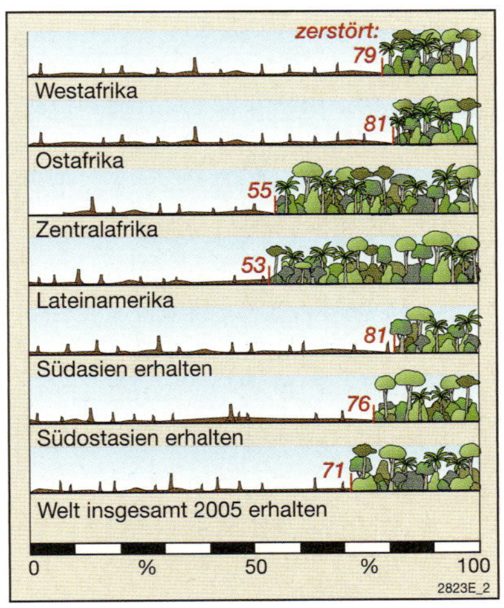


**M7** *Zustand der Regenwälder weltweit*

# Nachhaltiges Wirtschaften

Der Forest Stewardship Council (FSC) ist eine gemeinnützige Organisation mit Sitz in Bonn und Arbeitsgruppen in 43 Ländern. Sie setzt sich für eine ökologische Nutzung der Wälder ein. Ihr Warenzeichen ist ein Siegel für Rohholz und Holzprodukte. Dieses garantiert, dass bei der Holzernte ökologische Funktionen der Wälder (Wasserhaushalt, Regenerationsfähigkeit, biologische Vielfalt) erhalten bleiben. Nationale Gesetze und traditionelle Rechte sollen beachtet werden. Es wird für die Sicherheit der Waldarbeiter gesorgt und darauf geachtet, dass kein Holz verschwendet wird. Mit dem Kauf FSC-zertifizierter Produkte ist eine Unterstützung einer nachhaltigen Waldwirtschaft verbunden.

**M1** *Gütesiegel für nachhaltige Forstwirtschaft*

- Beschränkung des Handels auf solche Hölzer, die aus nachhaltiger Forstwirtschaft stammen;
- Einführung einer Wiederaufforstungsabgabe für die Holzfirmen (teilweise eingeführt);
- keine Abholzung von bisher unberührten Wäldern;
- schonende Fällmethoden, bei denen die umstehenden Bäume wenig beschädigt werden;
- Holznutzung nur mit Zustimmung der örtlichen Bevölkerung.

6752E

**M2** *Entwurf von Verhaltensrichtlinien für den Holzhandel*

**M3** *Teakholzplantage*

Die Situation ist dramatisch! Viele Länder Zentralafrikas haben schon über die Hälfte ihrer Regenwälder verloren. Der Wald wird von Firmen zur Holzgewinnung und zur Anlage von Plantagen gerodet. Angesichts der wachsenden Bevölkerung sind es aber auch viele landlose Bauern, die den Wald roden. Wir müssen zu einer nachhaltigen Wirtschaftsweise finden. Das heißt, wir dürfen unser Land nur so nutzen, dass es keinen Schaden nimmt und auch noch unseren Kindern zur Verfügung steht. Die Kleinbauern könnten Agroforstwirtschaft betreiben. Dabei werden nicht alle großen Bäume gerodet und es werden Nutzpflanzen in Mischkultur angebaut, sodass der natürliche Stockwerkbau nachgeahmt wird. Es könnten auch Edelholzplantagen in nachhaltiger Forstwirtschaft bewirtschaftet werden. Hier wird für jeden gefällten Baum ein neuer gepflanzt. Schließlich könnten die Menschen in Europa unseren Wald schützen, indem sie zum Beispiel nur Produkte aus Holz nutzen, das aus nachhaltigem Anbau stammt.

**M4** *Auszug aus einem Interview mit dem nigerianischen Experten für Landwirtschaft Dr. Wole Abegunde (Universität Lagos)*

### Nachhaltige Nutzung des Regenwaldes

Zum Erhalt der tropischen Wälder empfehlen Experten eine nachhaltige Forstwirtschaft. Das bedeutet, dass neben der Holzernte auch wieder aufgeforstet werden muss. Anhand von Gütesiegeln kann der Verbraucher Holz, das aus nachhaltigem Anbau stammt, erkennen.
Um die restlichen unberührten Regenwälder vor der Holzwirtschaft ganz zu schützen, haben einige Länder Edelholzplantagen angelegt. Diese Form der Holzwirtschaft kann die vielfältigen Funktionen und die Vielfalt des tropischen Regenwaldes allerdings nicht ersetzen.

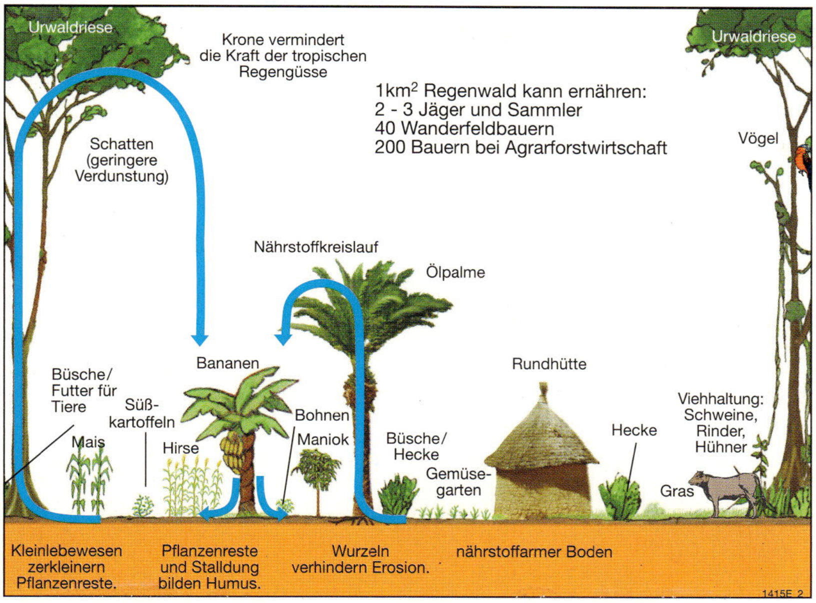


**M5** *Agroforstwirtschaft – Mischanbau unter Bäumen*

> **Mischanbau**
> Der Mischanbau wird auch Mischkultur genannt. Pflanzen mit hohem Verbrauch an Nährstoffen stehen neben Pflanzen, die dem Boden wenig Nährstoffe entziehen. Bei dieser Art der Bodennutzung bleiben die Böden länger fruchtbar. Schädlinge und Pflanzenkrankheiten können sich nicht so schnell ausbreiten, weil immer unterschiedliche Pflanzen angebaut werden.

Ein großer Teil der Kleinbauern im Regenwald Afrikas lebt in der ständigen Sorge, dass der Ertrag der Felder für die Ernährung der Menschen nicht ausreicht. Die Böden ihrer Felder sind nährstoffarm. Dieses Problem wird dadurch verstärkt, dass die Bevölkerung weiter wächst.
Eine Möglichkeit, die Ernährung der Bevölkerung nachhaltig zu sichern und die Wälder zu schonen, ist die Agroforstwirtschaft. Im Schutz großer Bäume werden Fruchtbäume gepflanzt. Zwischen diesen Fruchtbäumen wachsen in Mischkultur Feldfrüchte wie Maniok, Bohnen, Hirse, Mais, Süßkartoffeln und Gemüse. Bei der Agroforstwirtschaft werden die Böden des Regenwaldes nicht überbeansprucht.

> Seit Beginn des Schuljahres 2007 wird an drei Schulen in Ruanda Agroforstwirtschaft unterrichtet. Den Unterricht erteilen landwirtschaftliche Berater. Neben den Schülern nehmen auch Lehrer am Unterricht teil. So können sie später selbstständig nachhaltige Landwirtschaft lehren. Neben der Theorie geht es auch um die Praxis. Daher haben die Schüler Baumschulen und Schulgärten angelegt.

**M6** *Nachhaltige Landwirtschaft in Ruanda (nach einem Projektbericht der Universität Koblenz, 2008)*

1 Erläutere den Begriff nachhaltige Forstwirtschaft (M1 – M4).
2 Erkläre, wie
   a) Holzplantagen Regenwälder schützen können (M1, M3).
   b) Gütesiegel Regenwälder schützen können (M1).
3 Beschreibe die Agroforstwirtschaft (M5).
4 Zur Agroforstwirtschaft gehört der Mischanbau. Erkläre (M5 – M7).
5 Nenne Gemeinsamkeiten zwischen der Agroforstwirtschaft und dem natürlichen Aufbau des tropischen Regenwaldes.

**M7** *Agroforstwirtschaft in Ruanda*

**1. Versuch:**
**Pflanzen verdunsten Wasser**

**1** Stelle einen kleinen Pflanzentopf unter ein Glasgefäß, das unten dicht abschließt. Lasse es einige Stunden stehen. Notiere deine Beobachtungen. Vergleiche sie mit der Zeichnung unten.

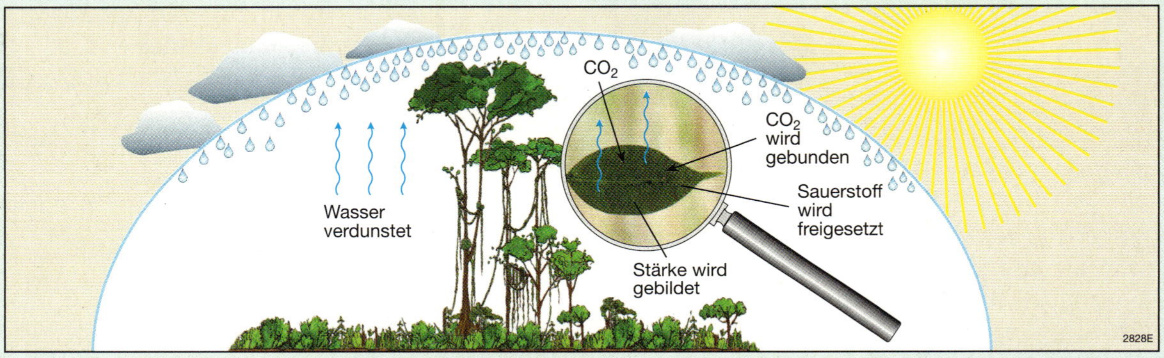


**2. Folgen der Zerstörung des tropischen Regenwaldes**

**1** Ordne folgende Begriffe den Ziffern ① – ⑪ in der Zeichnung zu.
*Abnahme der Artenvielfalt – starke Erosion – Rodung und Brandrodung – nur noch geringe Verdunstung und Wolkenbildung – Ausdehnung der Siedlungsfläche – starke Sonneneinstrahlung trocknet den Boden aus – weniger Niederschläge – schneller Abfluss des Wassers an der Oberfläche – intensive Nutzung des Bodens – geringe Humusbildung – Zerstörung der Bodenlebewesen*

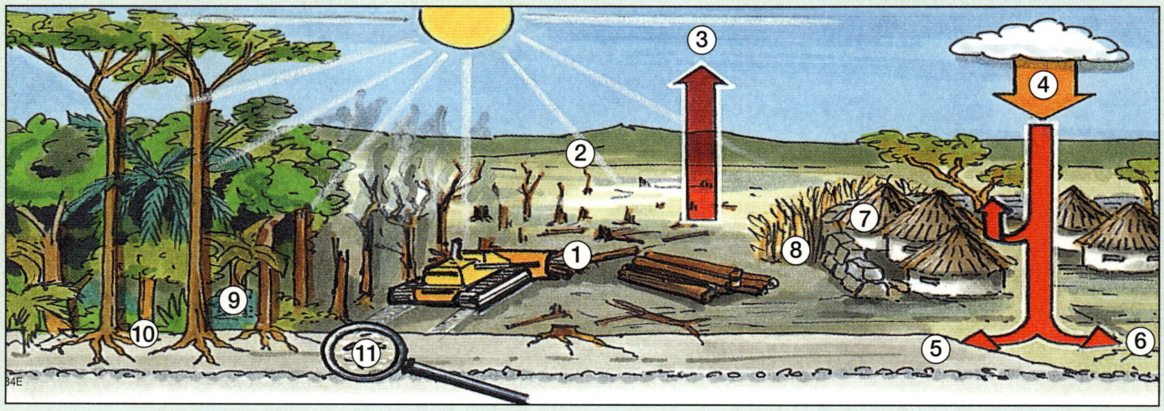

### 3. Nährstoffkreislauf im tropischen Regenwald

**1** Notiere zu folgenden Begriffen die Zahlen ① – ⑫ aus der Zeichnung.
*Urwaldriesen, z. B. Edelhölzer – abgestorbene Pflanzenreste – Bäume mit kleiner Krone – flaches Wurzelgeflecht – Palmen – Brettwurzeln – kleinwüchsiges Baum- und Buschwerk – Orchideen – Farne, Moose, Flechten, Kräuter – Luftwurzeln – Liane – Würger*

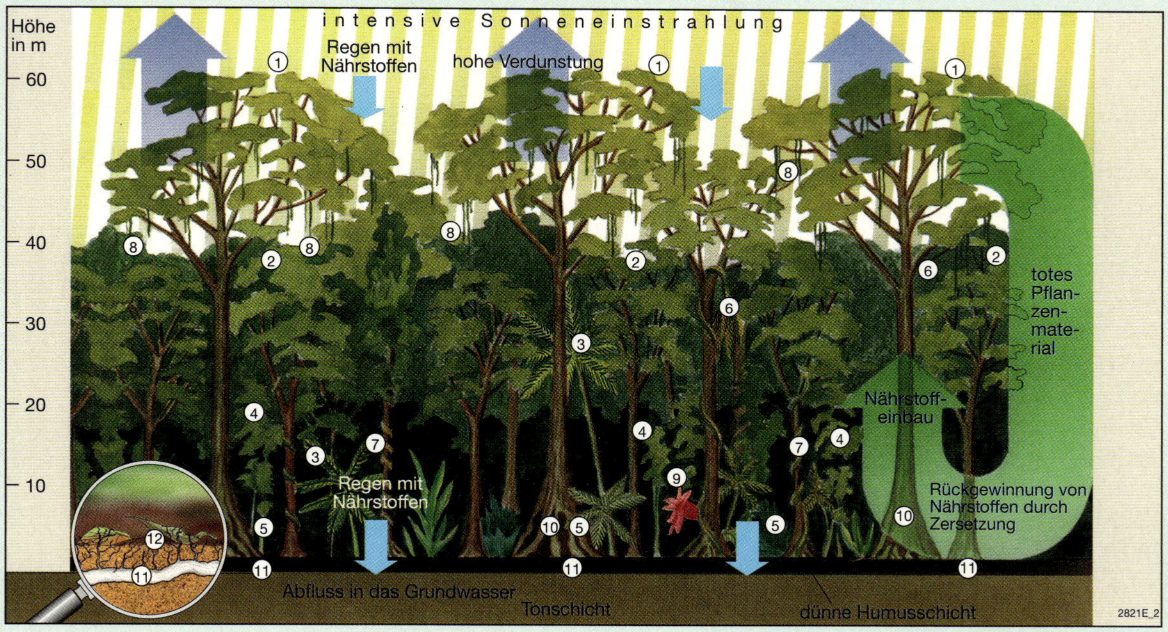


### 4. Karikatur

**1** Beschreibe und deute die Karikatur.

**Grundbegriffe**

Agroforstwirtschaft
Artenreichtum
Brandrodung
Erosion
Holzplantage
Jäger und Sammler
Monokultur
Nährstoffkreislauf
Plantage
Stockwerkbau
Treibhausklima
tropischer Regenwald
Wanderfeldbau
Wasserkreislauf

**Mit der Szenariotechnik in die Zukunft schauen**

Oft kann man eine Situation erst richtig beurteilen, wenn man sich darüber klar wird, wie sie sich weiterentwickeln könnte. Eine Methode dazu ist die Szenariotechnik. Mithilfe der Szenariotechnik (Szenario: auch Abfolge, Ablauf) kann man beschreiben, wie zukünftige Entwicklungen auf der Erde ablaufen könnten. Hierzu muss man zwei Grundtypen von Szenarien entwickeln: Ein positives Extremszenario („best case") stellt eine sehr günstige Entwicklung dar, dagegen ein negatives Extremszenario („worst case") den schlechtesten Entwicklungsablauf.

**So entwirfst du ein Szenario**

**Phase 1**

Betrachte einen Entwicklungsprozess auf der Erde (z.B. die Veränderung des Lebensraums von Orang-Utans). Ermittle dann Gründe für diese Entwicklung.

**Phase 2**

Überlege, wie sich die Situation in Zukunft weiter entwickeln könnte (z.B. verstärkte Abholzung der Wälder, in denen Orang-Utans leben, wegen großer Nachfrage nach Möbeln in Europa).

**Phase 3**

Erstelle zwei Berichte, wie sich die Situation in den nächsten 20 Jahren entwickeln könnte. Der eine Bericht beschreibt eine sehr positive und der andere eine sehr negative Entwicklung.

**M1** *Orang-Utan im tropischen Regenwald*

**M2** *Rodung eines Baumriesen im tropischen Regenwald*

Orang-Utan bedeutet übersetzt Waldmensch. Die Tiere sind schlau, erfindungsreich, mitfühlend – und werden brutal abgeschlachtet oder ihres Lebensraumes beraubt.
Die indonesischen Inseln Borneo und Sumatra sind die Lebensräume der einzigen Menschenaffen Asiens, die gleichzeitig die größten baumlebenden Tiere der Erde sind. Schon immer wurden sie dort gejagt: Das Fleisch der Orang-Utans wurde gegessen, die Köpfe der Tiere als Trophäen konserviert. Oder sie werden, bis heute, als eine Art Hofnarr viele Jahre in sehr engen Käfigen gehalten – in die sie als Jungtier vielleicht gerade mal hineingepasst haben.
Der dramatische Niedergang der Art begann allerdings erst in den 1970er- und 1980er-Jahren, als auf Borneo das Roden der Regenwälder im großen Stil begann: Ölpalmenplantagen statt Dschungel. Hunderttausende Orang-Utans müsse es noch in den 1960er-Jahren gegeben haben, sagen Fachleute. Dass niemand es wirklich genau weiß, ist nur ein Beispiel mehr dafür, welch geringes Interesse die Welt diesen gefühlvollen großen roten Affen entgegenbrachte. 2004 sollen es noch etwa 62 000 gewesen sein. Die meisten davon (etwa 55 000) lebten auf der indonesischen Insel Borneo.
Der niederländische Forscher Willie Smits ist wohl der Erste, der sich wirklich nachhaltig für die gefährdeten Orang-Utans einsetzt. Im Jahr 1991 gründete er BOS, die Borneo Orang-Utan Survival Foundation. Sie ist inzwischen die weltweit größte und gemeinnützige Organisation zum Schutz der unmittelbar vom Aussterben bedrohten Orang-Utans in Indonesien.
Willie Smits glaubt, dass heute kaum noch 50 000 dieser Wesen leben.

**M3** *Das Leid der Orang-Utans (nach: „Westfalenblatt" vom 01./02. Dezember 2007)*

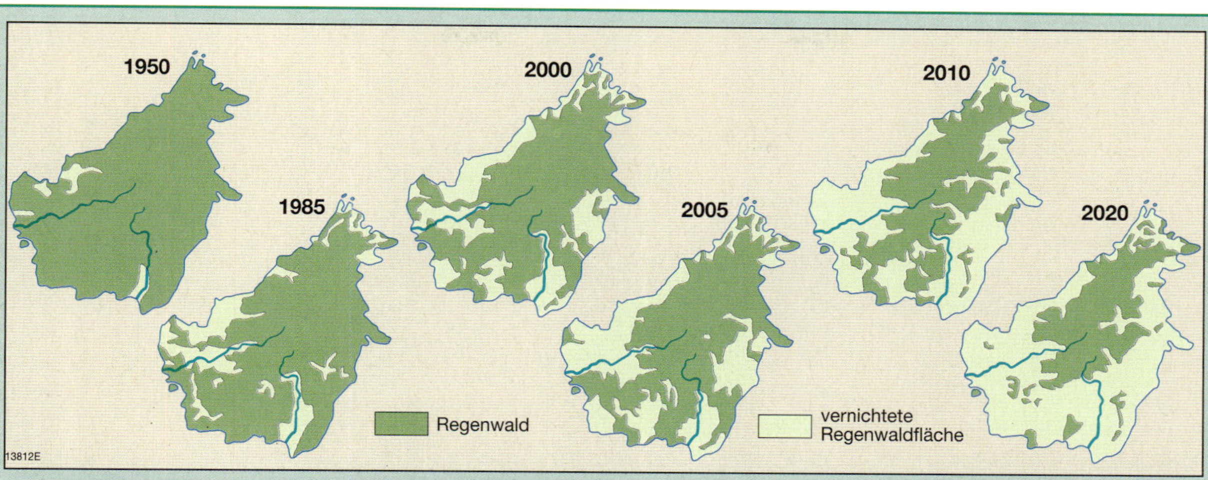


**M4** *Veränderung der Regenwaldfläche von Borneo*

Nach einer WWF-Studie importiert Deutschland allein aus Indonesien jedes Jahr illegales Tropenholz im Wert von 150 Millionen Euro. Zahlreiche Händler bieten Gartenmöbel aus zweifelhaften Quellen an.
In Indonesien wird laut WWF über 70 Prozent des Tropenholzes gesetzeswidrig eingeschlagen. Allein auf der südostasiatischen Insel Borneo, dem wichtigsten Lebensraum der Orang-Utans, verschwinden Jahr für Jahr 13 000 Quadratkilometer Regenwald. Die Borneo-Orang-Utans drohen bis 2020 auszusterben. Wer Tropenholzprodukte aus ungeklärter Herkunft handelt, trägt zum Sterben der Regenwälder und ihrer Artenvielfalt bei. Deshalb fordert der WWF auf, nur Möbel mit dem FSC-Siegel zu kaufen. Dieses Qualitätszeichen garantiert eine ökologische und sozial verträgliche Waldwirtschaft.

**M5** *Tropenholz nur mit FSC-Siegel (nach: Pressemitteilung des WWF vom 05.09.2005)*

**M6** *Tierrettungsstation auf Borneo*

**1** Beschreibe mithilfe deines Wissens aus dem Kapitel und den Materialien M1 – M6 die Situation des Regenwaldes auf Borneo.

**2** Erstelle ein „best case"-Szenario und ein „worst case"-Szenario in Form zweier Zeitungsberichte aus der Zukunft.

**3** Beurteile die Situation der Orang-Utans und nenne Maßnahmen zur Vermeidung des „worst case"-Szenarios.

# Naturereignisse und ihre Folgen

**M1** *Ausbruch des Vulkans Ätna auf Sizilien/Italien (rechts die Stadt Catania)*

*Datum:* 12.05.2008
*Ort:* Provinz Sichuan (China)
*Opferzahl:* ca. 70 000 Tote und ca. 17 000 Vermisste

**M1** *Erdbeben in China*

**M3** *Trauer nach dem Erdbeben in Sichuan (China)*

Dass bei dem jüngsten Beben Zehntausende Menschen umkamen, hat nicht nur mit der außergewöhnlichen Stärke der Erderschütterungen zu tun. Das Beben ereignete sich auch zu einer ungünstigen Tageszeit, nämlich am frühen Nachmittag. Viele der Opfer hielten sich in Büros, Fabriken und Schulen auf und wurden dort von den zusammenfallenden Gebäuden eingeschlossen. Eine Rolle spielt aber gewiss auch die Qualität der Gebäude. Bei dem Wirtschaftsboom, den die Provinz Sichuan in den vergangenen Jahren erlebte, wurden viele neue Gebäude schnell und ohne Rücksicht auf Erdbebensicherheit gebaut. Dass dabei die entsprechenden Bauvorschriften oft umgangen wurden, steht für Fachleute außer Frage.

**M2** *Gebäude als tödliche Falle (nach: „FAZ.NET" vom 13.05.2008)*

PEKING (dpa). Es ist ein Rennen gegen die Zeit. Am Tag nach dem verheerenden Erdbeben liegen noch Tausende unter den Trümmern ihrer eingestürzten Häuser, Schulen und Fabriken. Auf den Straßen in die Berge … ist für die Bergungsmannschaften kein Durchkommen. Dicke Felsbrocken, Schlammlawinen und Erdrutsche versperren den Zugang. Ärzte, Helfer und Soldaten machen sich zu Fuß auf den Weg. Regierungschef Wen Jiabao drängte zur Eile: „Die Menschen sind in den Trümmern eingeschlossen, wir müssen jede Sekunde nutzen." Vor der eingestürzten Juyuan-Mittelschule der Stadt liegen die Leichen von Kindern in Plastik eingewickelt, wie chinesische Medien berichten.

Eine Augenzeugin schildert ihre grausigen Erlebnisse der Nacht. „Es war schon zwei Uhr früh. Unter grellem Scheinwerferlicht suchten die Bergungstrupps nach Opfern ... die Luft roch nach Blut, und der Boden war rot getränkt", schreibt sie im Internet. „Jedes Mal, wenn ein Körper herausgetragen wurde, eilten die Eltern herbei, um das Kind zu identifizieren ... Da die Gesichter der Opfer zum Teil nicht mehr zu erkennen waren, konnten sie die Kinder nur an der Farbe der Socken oder der Länge der Fingernägel erkennen."

**M4** *In den Trümmern eingeschlossen (nach: „Diepholzer Kreisblatt" vom 14.05.2008)*

**1** a) Beschreibe die Situation, die die Bergungsmannschaften einen Tag nach dem Erdbeben vorfanden (M3, M4).
b) Erläutere die Probleme, die sie zu bewältigen hatten.

**2** Beschreibe das Leid der Menschen nach der Erdbebenkatastrophe in China am 12.05.2008 (M3, M4).

**3** Erläutere mithilfe von M2 und M3, warum es zu der hohen Opferzahl gekommen ist.

**M5** *Staubwolke beim Ausbruch des Pinatubo*

**M6** *Rückkehr nach dem Ausbruch nach Olongapo*

### Ausbruch des Vulkans Pinatubo

Am 09.06.1991 brach der 1475 m hohe Vulkan Pinatubo auf der philippinischen Insel Luzon zum ersten Mal nach 600 Jahren wieder aus. Nach explosionsartigen Erschütterungen stieg eine Rauchsäule bis zu 20 000 m in die Höhe. In den folgenden Tagen wurden glutflüssige Lava, Gesteinsbrocken, Asche und giftige Schwefelgase in großen Mengen aus dem Vulkan geschleudert. Selbst in der 100 km entfernten Hauptstadt Manila verdunkelten Aschewolken den Himmel. Es waren etwa 600 Tote zu beklagen. Etwa eine Million Menschen mussten in einem Umkreis von rund 40 km um den Vulkan Pinatubo ihre Häuser verlassen.

Im Sommer 1992 lösten anhaltend starke Regenfälle eine weitere Katastrophe aus. Die Vulkanasche quoll durch den Regen auf, Schlammlawinen wälzten sich in die Täler. Sie begruben alles unter sich und verwandelten die Landschaft in eine weißgraue „Wüste". Die bis zu sechs Meter hohen Schlammströme zerstörten ca. 100 Ortschaften und rund 7 000 Häuser sowie Hütten. Die Nutzung der einst so fruchtbaren Felder wurde unmöglich. Die Menschen auf Luzon hatten keine Existenzgrundlage mehr und waren auf Hilfe von außen angewiesen. Viele Dörfer wurden nicht mehr aufgebaut, die Menschen in andere Landesteile umgesiedelt.

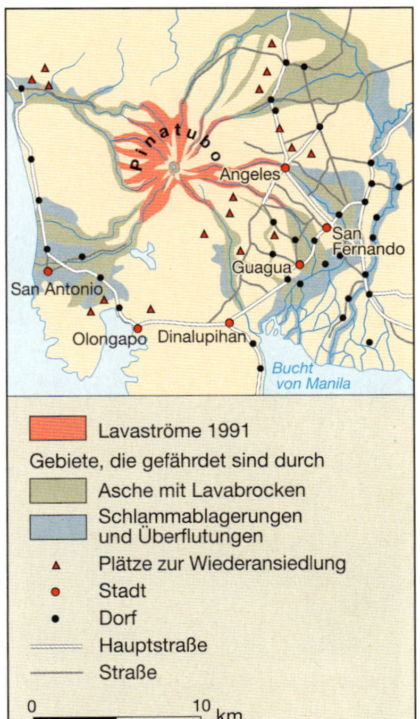


**M7** *Gefährdete Gebiete am Pinatubo*

**4** Beschreibe, wie der Ausbruch des Pinatubo am 09.06.1991 ablief (M5, Text).

**5** Erläutere, wie sich nach dem Vulkanausbruch das Leben der Menschen verändert hat (M6, M7).

**6** Stelle die Folgen des Vulkanausbruchs, die sich für Menschen, Landschaft und Wirtschaft ergaben, in einer Kausalkette dar (siehe S. 112).

**7** Erkläre, warum ein Vulkanausbruch noch Jahre später Zerstörungen hervorrufen kann.

# Kräfte aus dem Erdinneren

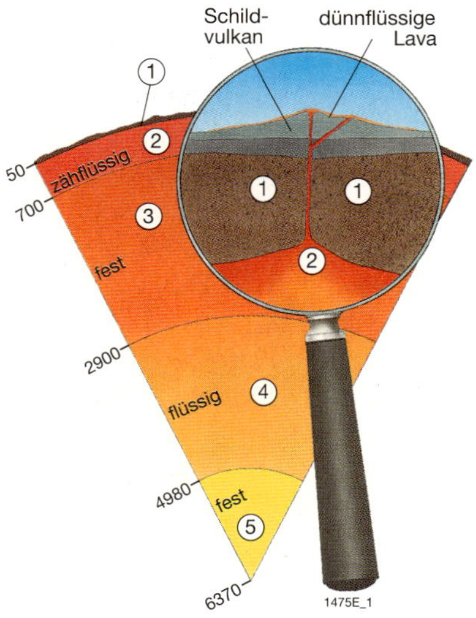


**M1** *Aufbau der Erde*

## Der Schalenbau der Erde

Erdbeben und Vulkanausbrüche hängen mit dem Schalenbau der Erde zusammen.
Ein Blick ins Innere der Erde ist nicht möglich. Tiefenbohrungen reichen nur bis über 12 km, denn in größeren Tiefen schmilzt wegen der großen Hitze auch der härteste Bohrer. Aber das Gesteinsmaterial aus den einzelnen Bohrkernen dieser Tiefenbohrungen (M2), die Messung von Erdbebenwellen und die Untersuchung der Stoffe im Vulkangestein lassen erkennen, dass der Erdkörper aus mehreren Schalen besteht.
Die äußere dünne Haut wird als Erdkruste bezeichnet und besteht aus festem Gestein. Die Erdkruste ① ist unter den Ozeanen mit nur 15 km am dünnsten, auf dem Festland unter Gebirgen kann sie bis 50 km mächtig sein.
Die Erdkruste schwimmt auf dem oberen Erdmantel ②, einem zähflüssigen Gesteinsbrei, Magma genannt, der etwa 1 100 °C heiß ist. Erdkruste und oberer Erdmantel bilden zusammen die Gesteinshülle, Lithosphäre genannt.
Es folgen unterer Erdmantel ③ und Erdkern ④ ⑤, die noch wenig erforscht sind.
Der Erdmittelpunkt befindet sich in einer Tiefe von 6 370 km.

Das Kontinentale Tiefbohrprogramm der Bundesrepublik Deutschland gehört zu den wichtigsten Forschungsvorhaben der Geowissenschaften. Ziel ist es, Erkenntnisse über den Erdaufbau und die Erdgeschichte zu gewinnen.
Zwischen 1990 und 1994 wurde bei Windischeschenbach (Bayern) ein über 9 000 m tiefes Loch gebohrt. In dieser Tiefe traf man bei 300 °C auf Gestein, das sich verformte. Der Gesteinsdruck wurde so groß, dass nicht tiefer gebohrt werden konnte. Die Auswertung der Bohrkerne wird noch Jahre dauern.

**M2** *Aus dem Kontinentalen Tiefbohrprogramm (KTB) und Bohrkern*

1. Beschreibe, wie Geowissenschaftler den Aufbau des Erdinnern erforschen (Text, M2).
2. Erkläre, warum Menschen die Erde bislang nur „angeritzt" haben (M1 – M3).
3. Erläutere den Aufbau der Erde (M1, M3, M4).
4. Beschreibe den Aufbau der Lithosphäre (Text, M1, M4).

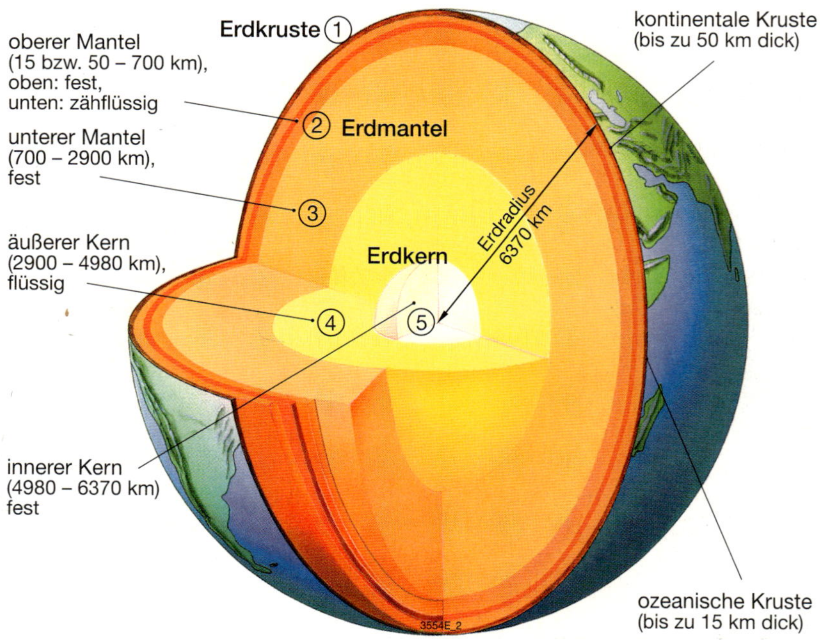


**M3** *Der Schalenbau der Erde*

## Plattentektonik

Die Erdkruste bildet gemeinsam mit dem oberen Erdmantel die feste Gesteinshülle. Diese ist in größere und kleinere Erdplatten zerbrochen. Teile der größeren Platten ragen über den Meeresspiegel heraus und bilden Teilflächen von Kontinenten oder ganze Kontinente. Ein Beispiel dafür ist der Kontinent Afrika auf der Afrikanischen Platte. Einige Erdplatten liegen ganz unter dem Meeresspiegel, zum Beispiel die Philippinen-Platte.
Die unterschiedlich hohen Temperaturen und der gewaltige Druck im Bereich des oberen Erdmantels bewirken, dass sogenannte Konvektionsströme entstehen. Diese führen dazu, dass sich die Erdplatten bewegen.
Die Platten bewegen sich mit unterschiedlicher Geschwindigkeit aufeinander zu, voneinander weg oder in entgegengesetzter Richtung aneinander vorbei.

**Konvektionsströme**
Wenn Wasser in einem Topf erhitzt wird, steigt es auf. Diese Bewegungen werden Konvektionsströme genannt. Ähnlich verhält es sich im Erdmantel. Vom Erdinneren her wird die Gesteinsschmelze (Magma) erhitzt. Sie gerät in Bewegung. Durch die Bewegung der Konvektionsströme bewegen sich die auf der Gesteinsschmelze treibenden Erdplatten.

5 Erkläre, welche Kräfte die Erdplatten bewegen.
6 Benenne die Erdplatten, die nach Kontinenten benannt sind (M4).
7 Gib jeweils zwei Beispiele an, wo Platten voneinander weg driften, sich aufeinander zu bewegen und Platten aneinander vorbei gleiten (M4).
8 Berechne die Entfernung, die die Amerikanische Platte und die Afrikanische Platte in 10 000 Jahren auseinander gedriftet sein werden. Eine gleichbleibende Geschwindigkeit wird bei dieser Bewegung vorausgesetzt. Nimm den höchsten Wert der Geschwindigkeit in cm pro Jahr (M4).
9 Führe den Versuch M5 durch. Beschreibe deine Beobachtungen. Erläutere die Vorgänge.

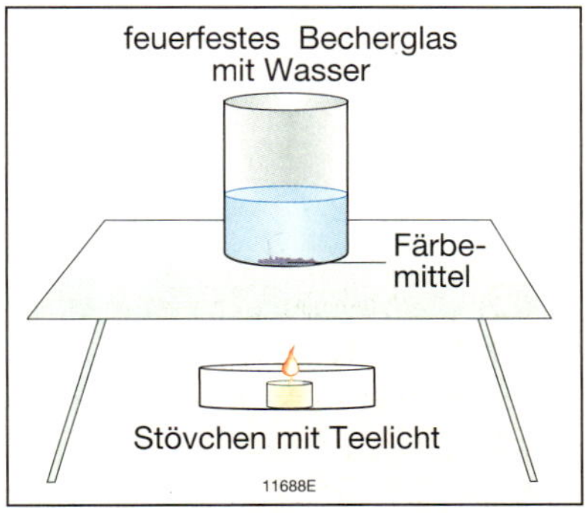

**M5** *Konvektionsströmung – Versuch*

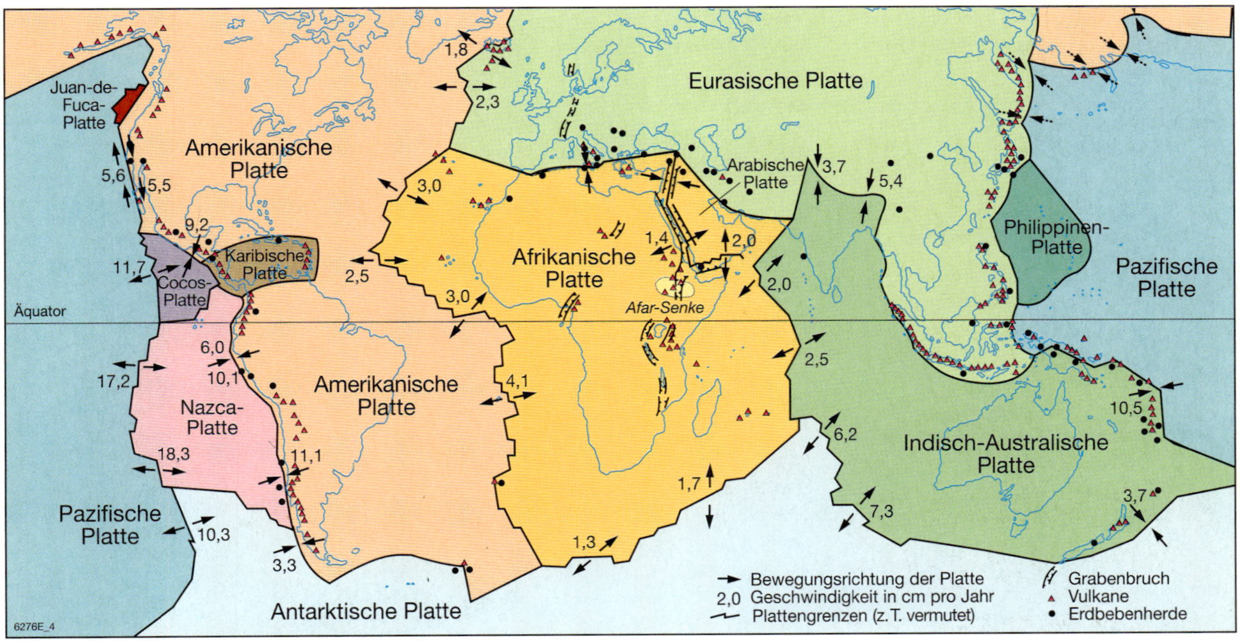

**M4** *Erdplatten und ihre Bewegungen*

# Kräfte aus dem Erdinneren

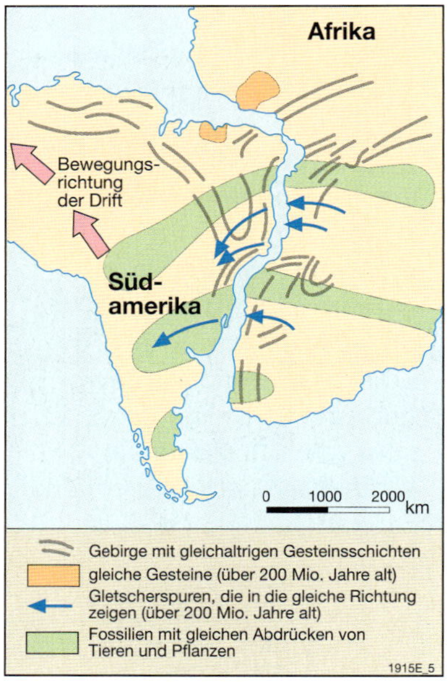


**M1** *Hinweise für die Lage Afrikas und Südamerikas vor der Kontinentaldrift*

## Kontinente wandern

Die Entstehung der Erde, ihrer Kontinente und Ozeane blieb lange Zeit ein Rätsel. Erst dem deutschen Forscher Alfred Wegener fiel 1911 auf:
- die Umrisse der Ostküste von Südamerika und der Westküste von Afrika passen wie ein Puzzle zusammen,
- der Verlauf der Gebirge und die Bruchlinien setzen sich auf dem anderen Kontinent fort,
- in Südamerika und Afrika wurden gleichartige versteinerte Tiere und Pflanzen (Fossilien) gefunden.

Wegener stellte die damals umstrittene Behauptung auf, dass es vor Millionen Jahren auf der Erde eine einzige zusammenhängende Landmasse gab, den Urkontinent Pangäa. Dieser brach auseinander. Die Bruchstücke treiben seither als Erdplatten auf einem zähflüssigen Gesteinsbrei wie riesige Eisschollen im Wasser. Alfred Wegener bezeichnete diese Bewegungen als Kontinentaldrift. Sie finden bis heute statt.

1 Stelle Beweise zusammen, die für Wegeners Theorie der Kontinentaldrift sprechen (M1, M2).
2 Beschreibe, wie sich die Lage der Kontinente im Laufe der Erdgeschichte verändert hat (M3).

Einem angeborenen Zwang folgend, schwimmt die an der Küste Brasiliens lebende grüne Meeresschildkröte jährlich über den halben Atlantik, um ihre Eier an den Stränden der Insel Ascension abzulegen. ... Dieses Verhaltensmuster wurde wahrscheinlich vor 100 Millionen Jahren in das genetische Programm der Meeresschildkröten aufgenommen. ... Damals war Ascension eine Südamerika vorgelagerte Insel. Heute trennen Ascension und Brasilien mehr als 1 500 km Ozean – ein sehr weiter Weg für die Tiere von ihren früheren Zufluchtsorten.

**M2** *Das Geheimnis der grünen Meeresschildkröte (nach: Miller, R.: Der Planet Erde. Amsterdam 1984, S. 159)*

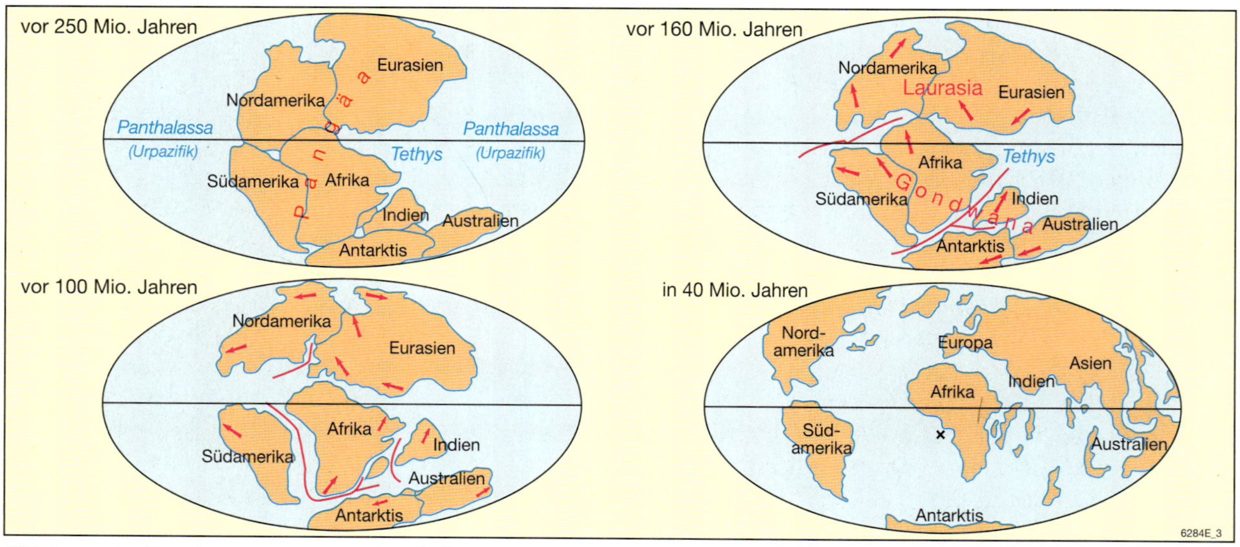


**M3** *Lage der Kontinente zu unterschiedlichen Zeiten (x = Lage der Vulkaninsel Ascension; siehe auch M2)*

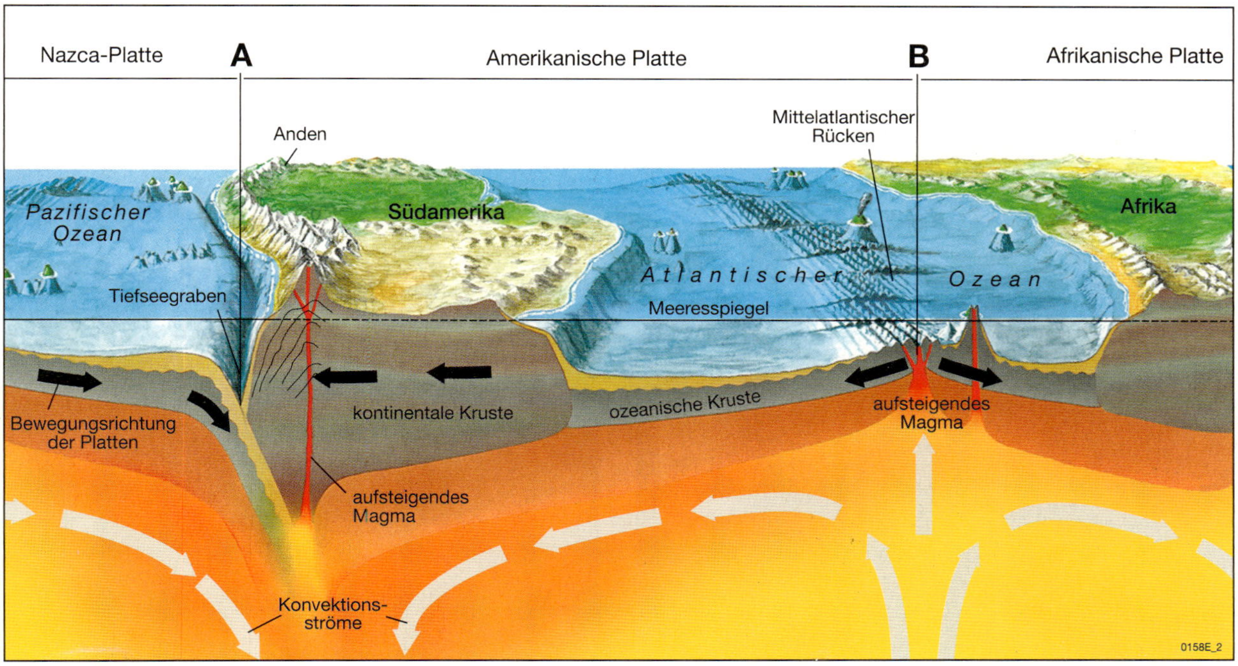


**M4** *Modell der Plattentektonik*

## Folgen der Plattentektonik

Treiben zwei Erdplatten aufeinander zu, schieben sie sich übereinander, sodass eine Platte zurück in den Erdmantel gedrückt wird. Dort schmilzt das Gestein und wird wieder zu Magma. Es entsteht ein Tiefseegraben (M4). Beim Aufeinandertreffen können sich die Ränder verformen. Dann türmen sich dort Faltengebirge auf (z. B. Anden, Himalaya, Alpen).

Andere Platten driften voneinander weg. Dabei entstehen Erdspalten, die meistens in den Ozeanen liegen. Diese Erdspalten werden ständig mit aufsteigendem Magma gefüllt. Gleichzeitig wird der Ozeanboden nach beiden Seiten auseinander gedrückt. Daher bildet sich ein ausgedehntes Gebirge unter der Ozeanoberfläche, im Atlantischen Ozean der Mittelatlantische Rücken (M4). An einigen Stellen im Ozean ragt das erkaltete Gestein über den Meeresspiegel hinaus. Hier sind Inseln entstanden (z. B. Island, Teneriffa im Atlantischen Ozean und Hawaii im Pazifischen Ozean). Liegen die Plattengrenzen beim Auseinanderdriften auf den Landmassen, entstehen Grabenbrüche.

**3** Erläutere die Folgen, wenn Platten aufeinander zu driften und wenn sie voneinander weg driften (M2 – M4).

**4** Beschreibe, an welchen Plattengrenzen folgende Vulkane liegen: Cotopaxi, Popocatépetl, Ätna, Fujisan (S. 131/M4, Atlas).

**5** Suche im Bereich von Plattengrenzen drei Tiefseegräben, drei Faltengebirge, fünf Vulkane und notiere sie (S. 131/M4, Atlas).

**6** Erkläre die Vorgänge, die im Zeitungsbericht M5 beschrieben sind.

**7** ↗ Erkläre den Begriff Tektonik mithilfe eines Nachschlagewerkes oder des Internets.

In der Afar-Senke (siehe S. 131/M4) öffneten sich im Jahr 2005 Hunderte von Bodenspalten. Die Erde sank bis zu 100 m ab. Binnen eines Monats weitete sich ein 60 km langer Grabenbruch um bis zu acht Meter. Magma stieg auf und bildete basaltischen Boden, der typisch für Ozeane ist. Es wird nur noch ein paar Hunderttausend Jahre dauern, bis das Rote Meer die Region überflutet. In der Afar-Senke driften die Afrikanische und die Arabische Platte auseinander.

**M5** *Geburt eines neuen Ozeans (nach: „Süddeutsche Zeitung" vom 21.07.2006)*

# Vulkane und Erdbeben

**M1** *Ausbruch des Schichtvulkans Ätna*

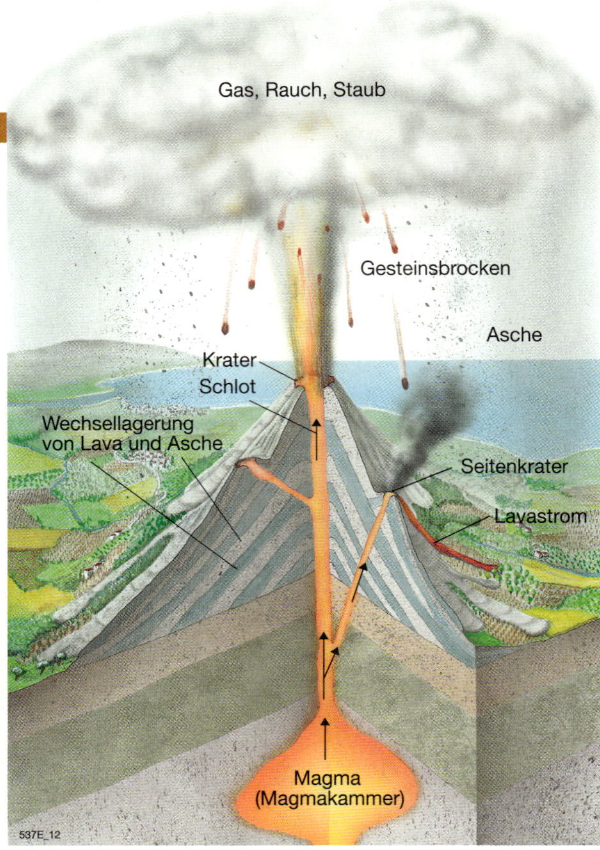


**M4** *Schnitt durch einen Schichtvulkan*

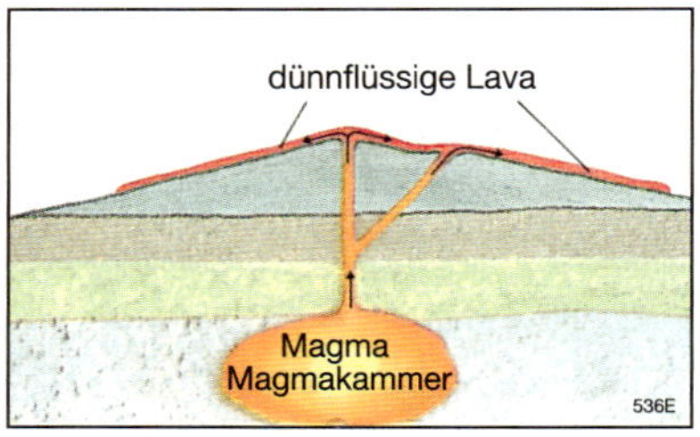


**M2** *Schnitt durch einen Schildvulkan*

*Das brauchst du:*
Wasserflasche mit Kohlensäure (Wasser als Magma, Flaschenhals ist der Vulkanschlot)

*So gehst du vor:*
1. Schüttle die Flasche.
2. Öffne sie schnell.

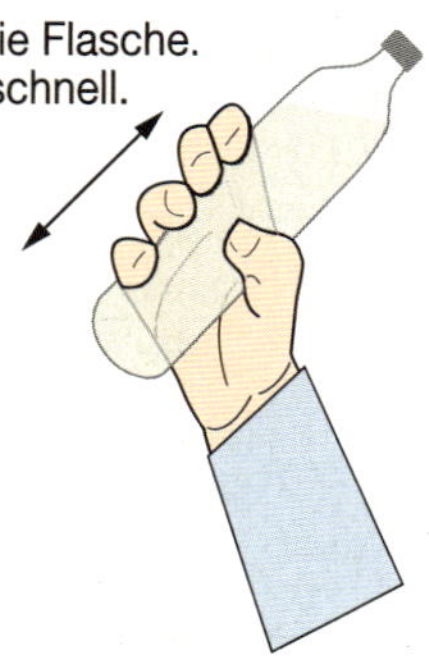


**M3** *Wasserflasche als „Vulkan" – Versuch*

### Vulkane – Verbindungen zum Erdinneren

Es gibt über 400 aktive Vulkane auf der Erde. Sie treten gehäuft an den Plattenrändern auf, wo die Erdkruste besonders dünn und rissig ist (siehe S. 133/M4).

Die hohen Temperaturen im oberen Erdmantel lassen auch hartes Gestein schmelzen. In einem Vulkan steigt die Gesteinsschmelze, Magma genannt, nach oben. Magma ist leichter als das umgebende Gestein und mit Gasen angereichert. Es sammelt sich in unterirdischen Hohlräumen, den Magmakammern. Wenn sich genügend Druck gebildet hat, kommt es zum Ausbruch (siehe S. 126/127). Dabei können dunkler Rauch und giftige Gase austreten sowie Gesteinsbrocken und heiße Asche in die Luft geschleudert werden. Glühendes Magma tritt aus dem Hauptkrater oder den Seitenkratern des Vulkans aus. Das talabwärts fließende glühende Gestein wird Lava genannt. Die Lavaströme verbrennen auf ihrem Weg talwärts Vegetation und Siedlungen.

Tritt dickflüssige Lava im Wechsel mit Asche aus, entstehen verschiedene Schichten am Vulkanhang. Solche kegelförmigen Vulkane heißen Schichtvulkane. Ist die Lava sehr dünnflüssig, verteilt sie sich weiträumig. Dann entstehen flache Schildvulkane wie auf den Hawaii-Inseln.

1. Erkläre die Vorgänge beim Ausbruch eines Schichtvulkans (M1, M4).
2. Beschreibe den Aufbau eines Schichtvulkans (M1) und eines Schildvulkans (M2). Unterscheide beide Vulkane nach ihrer Entstehung.
3. Führe den Versuch durch (M3). Erkläre deine Beobachtungen.
4. Nenne die Gebiete, in denen die Vulkane Mount St. Helens, Pinatubo und Ätna liegen (Atlas). Vergleiche ihre Lage mit der Karte S. 131/M4.

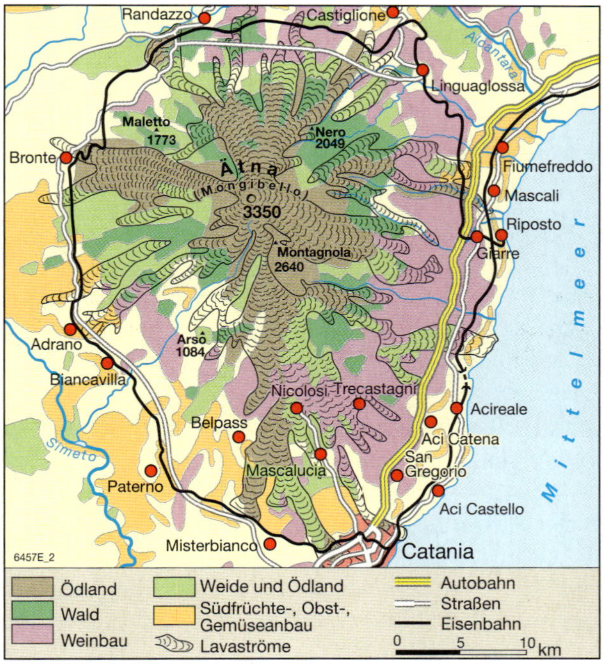


**M5** *Bodennutzung in der Region des Ätna*

**M7** *Nach einem Vulkanausbruch*

Mit Bomben, Minen und Zementblöcken versuchen Soldaten, die Lavaflut aus dem Ätna aufzuhalten. Durch Sprengungen im oberen Teil des Vulkans soll der Lavafluss in ein anderes Tal umgeleitet werden. Neue Krater öffnen sich, aus denen die Lava Richtung Catania fließt.

**M6** *Armee kämpft gegen Lava (nach: dpa vom 13.04.1992)*

## Der Ätna – Leben am Vulkan

Der Ätna liegt im Nordosten der Insel Sizilien an einem Plattenrand. Er ist vor etwa 500 000 Jahren entstanden. Im Verlauf der Geschichte schuf er durch zahlreiche Ausbrüche wechselnde Schichten aus Asche und Lava. Heute erhebt er sich bis auf 3 350 m Höhe. Die Bewohner am Ätna sind ständig bedroht. Aschewolken und Ascheregen kündigen einen bevorstehenden Ausbruch an. Anschließend strömt glutförmige Lava die Berghänge hinab. Alles, was im Wege ist, wird zerstört.
Lava und Asche enthalten große Mengen wichtiger Mineralien für Pflanzen. Aus Asche und aus der erkalteten Lava wird nach Jahren fruchtbarer Ackerboden. Die Menschen nutzen den Boden besonders für den Anbau von Wein und Zitrusfrüchten.

**5** Beschreibe die Gefahren vom Leben am Ätna (M5, M7).
**6** Erkläre den Ausspruch: „Der Ätna nimmt und gibt."
**7** Begründe die intensive landwirtschaftliche Nutzung von Vulkangebieten (M5).
**8** Berichte, wie bewohnte Gebiete vor Lavaströmen geschützt werden können (M6).
**9** Führe den Versuch M8 durch. Erkläre deine Beobachtungen.

***Das brauchst du:***
Wanne aus Kunststoff, angefeuchteten Sand, ein Päckchen Backpulver, ein Glas Essig einen großen Stein, einen Esslöffel, rote Lebensmittelfarbe, ein Glas.

***So gehst du vor:***
Lege den Stein in die Wanne. Stelle das Glas darauf. Fülle in diesen „Krater" das Backpulver und einige Tropfen der Lebensmittelfarbe. Fertige aus dem angefeuchteten Sand den „Vulkan" an. Gib nun Essig mit dem Esslöffel in den „Krater".

***Auswertung:***
Beschreibe deine Beobachtungen und erkläre sie.

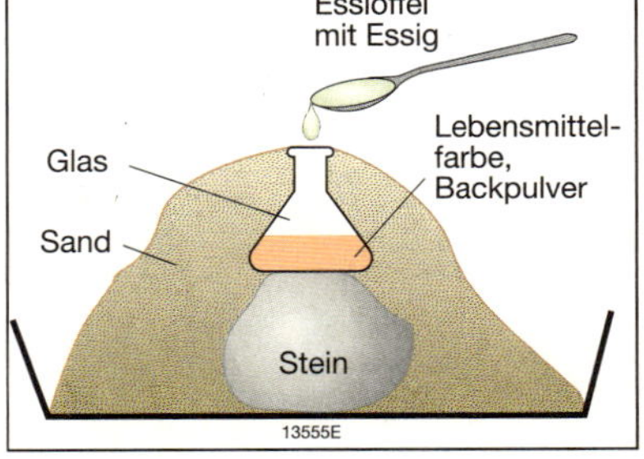


**M8** *„Vulkan" im Klassenraum – Versuch*

# Vulkane und Erdbeben

M1 *Nach dem Erdbeben vom 27.05.2006 auf Java*

M4 *Zerstörte Gleisanlagen nach einem Erdbeben (Kobe)*

Die Stärke der Beben wird mit einem Seismographen gemessen. Der maximale Ausschlag des Schreibers ergibt die Stärke des Bebens auf der Richter-Skala. Der Unterschied in der Geschwindigkeit und damit der Laufzeit der Druck- und Scherwellen lässt die Entfernung zum Erdbebenherd messen.

M2 *Seismograph – Funktionsweise*

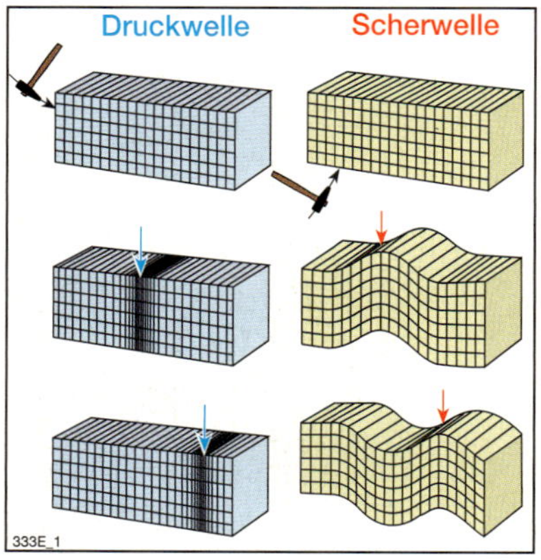


M3 *Druck- und Scherwellen*

## Erdbeben – Folgen der Plattenbewegungen

Erdbeben sind gefürchtete Naturereignisse. Sie treten überraschend auf, dauern meist nur zwischen zehn Sekunden und vier Minuten. Sie wirken aber äußerst zerstörerisch.
Durch Plattenbewegungen entstehen Spannungen in der Erdkruste. Platten verhaken sich. Wird die Spannung zu groß, verschieben sich die Platten ruckartig. Dann bebt die Erde. Erdbeben entstehen insbesondere dort, wo Platten miteinander kollidieren oder sich untereinander schieben (z. B. in Pakistan, der Türkei, in Japan).
Vom Erdbebenherd (Hypozentrum) breiten sich Druck- und Scherwellen mit unterschiedlicher Geschwindigkeit in alle Richtungen aus. Der Bereich, an dem die Erdbebenwellen die Erdoberfläche erstmals erreichen, heißt Epizentrum.

1 Beschreibe die Folgen eines Erdbebens mithilfe von M1und M4.
2 Nenne Ursachen von Erdbeben.
3 Beschreibe die Schwingungen bei Druck- und Scherwellen (M3).
4 Erkläre, wie ein Seismograph funktioniert (M2).

Die von Charles Richter entwickelte Skala der Erdbebenstärke reicht von 0 bis 9,5. Sie ist nach oben offen. Jede Stufe der Richter-Skala entspricht einem zehnmal stärkeren Ausschlag des Seismographen.
*Stärke 3 – 4*
Erschütterungen vom Menschen bemerkt, leichte örtliche Schäden.
*Stärke 5 – 6*
Möbel verschieben sich, Gläser klirren, leichte örtliche Schäden.
*Stärke 7*
In Leichtbauweise errichtete Häuser schwanken, stürzen ein.
Leichte Schäden an massiv errichteten Gebäuden.
*Stärke 8*
Viele Gebäude und Anlagen (z. B. Gleise) werden zerstört.

M5 *Erdbebenstärken (Auswahl) und Erdbebenfolgen nach der Richter-Skala*

**M6** *Eingestürzte Brücke nach dem Erdbeben in San Francisco (03.10.1989)*

## An der „Erdbebenspalte" Kaliforniens

Im Westen Kaliforniens driften die Pazifische und die Amerikanische Platte aneinander vorbei. Innerhalb der letzten 15 Millionen Jahre haben sie sich ungefähr 315 km gegeneinander verschoben. Die Nahtstelle der Platten heißt San-Andreas-Spalte. Sie ist etwa 1500 km an der Erdoberfläche zu verfolgen. Sie führt durch Orte und Städte, unter Straßen, Staudämmen und Pipelines. Versetzte Baumreihen und Straßen, Risse in Gebäuden, in Brücken und Betonflächen zeugen von den Plattenverschiebungen.
Die Plattenbewegungen an der San-Andreas-Spalte verursachen jährlich etwa 10 000 Erdbeben. Nur wenige davon richten Schäden an. Aber die Menschen dort werden durch starke Beben ständig bedroht.

**5** Erkläre mithilfe von M7 die Aussage: „San Francisco und Los Angeles auf Kollisionskurs."
**6** Beschreibe das Bild M9. Erkläre die Auffälligkeiten.
**7** Beschreibe mithilfe von M6 und M8 die Gefahren von Erdbeben in Städten.

*1. Sekunde:* Leises Grollen.
*3. Sekunde:* Die Erde bebt. Glasfronten bersten. Häuserwände stürzen ein.
*6. Sekunde:* Hochhäuser beginnen bis zu drei Meter zu schwanken.
*8. Sekunde:* Auf einer Länge von 1 600 m stürzt die obere Fahrbahn einer Schnellstraße ein.
*12. Sekunde:* Stromausfall in der Stadt. Menschen rufen in stecken gebliebenen Fahrstühlen verzweifelt um Hilfe. U-Bahn-Züge bleiben stehen.
*16. Sekunde:* Viele Gasleitungen platzen und verursachen Brände. Mehrere Stadtteile stehen in Flammen. Menschen rennen um ihr Leben.
*20. Sekunde:* Urplötzlich unheimliche Stille. Todesstille!

**M8** *Aus einem Protokoll des Erdbebens in San Francisco vom 03.10.1989*

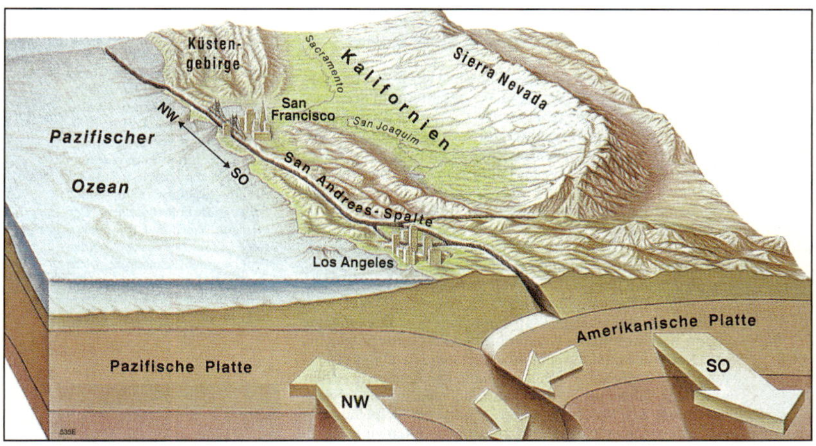

**M7** *Blockbild der Platten im Bereich Kaliforniens (USA)*

**M9** *Obstplantage in Kalifornien*

**M1** *Das Transamerica-Building in San Francisco – das Gebäude hat ein Beben von 6,9 auf der Richterskala überstanden*

> **Erbebenvorhersage**
> Erdbeben lassen sich nicht exakt vorhersagen, weil nicht sicher ist, ob sich die aufgestauten Spannungen in der Erde auch ruckartig entladen. Mit hochempfindlichen Geräten zeichnen Erdbebenforscher (Seismologen) die Erdbeben weltweit auf. Mithilfe von Satelliten können kleinste Veränderungen in gefährdeten Gebieten an den Plattengrenzen registriert werden. Plötzliche Veränderungen der chemischen Zusammensetzung des Grundwassers können auf bevorstehende Beben hindeuten. Die Veränderung des Verhaltens von Tieren vor einem Beben ist wissenschaftlich nicht eindeutig bewiesen. Trotz starker Bemühungen der Wissenschaft wird die Vorwarnzeit für die Bevölkerung auch in Zukunft weiter kurz bleiben.

**M2** *Gebäudeschäden nach einem Erdbeben*

## Erdbebensicheres Bauen

Die größte Gefahr für die Menschen geht bei einem Erdbeben von einstürzenden Häusern aus. Die meisten Erdbebenopfer werden dabei verschüttet. Deshalb ist der beste Schutz gegen Zerstörungen, erdbebensicher zu bauen. Massive Bauweise mit Stahl und Beton hilft, auch starke Beben relativ schadlos zu überstehen. Schwingungsdämpfer verhindern, dass sich die Schwingungen in hohen Gebäuden bei Erdbeben verstärken können. Federelemente und Hartgummidämpfer dienen als Stoßdämpfer. So werden Erdstöße besser abgefangen, weil die Gebäude nicht mehr fest mit dem Baugrund verankert sind. Gebäude erdbebensicher zu errichten ist allerdings sehr kostspielig.

1 Beschreibe M1 und M2. Erläutere die Bedeutung erdbebensicheren Bauens für die Bevölkerung.
2 Nenne Merkmale eines erdbebensicheren Hauses (M3).
3 Nenne Schwierigkeiten und Möglichkeiten, Erdbeben vorauszusagen (Info-Text).

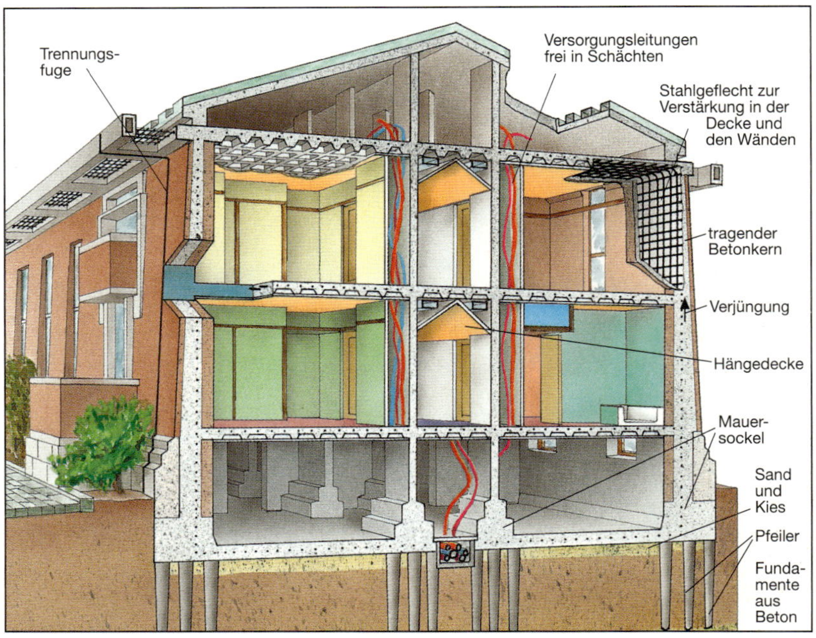


**M3** *Konstruktion eines erdbebensicheren Gebäudes*

Noch in den 1960er-Jahren führten Straßen über Betonpfeiler, die bei starken Erdbeben in sich zusammensackten ①. Heute baut man stabilere Pfeiler. In diese werden Stahlstäbe einbetoniert. Stahlreifen, deren Enden an den Stäben befestigt werden, geben zusätzlichen Halt. Darüber hinaus werden die Stäbe und Reifen mit einer Stahlmanschette umgeben, die mehrere Zentimeter stark ist ②.

Beim Bau von Hochhäusern werden Stützpfeiler verwendet, deren Inneres aus einem Stahlgeflecht besteht. Sind die Stäbe schwächer als die waagerechten Verbindungsstücke, geben die Pfeiler bei einem Erdbeben seitlich nach. Die Gebäude schwanken und gleichen so die Erderschütterungen aus. Sind jedoch alle Teile des Stahlgeflechts gleich stark, dann sind die Pfeiler nicht mehr elastisch. Die Gebäude können plötzlich in sich zusammenfallen.

Ziegel, die bei einem Erdbeben vom Dach fallen, sind gefährlich. Sie können Hausbewohner oder Passanten verletzen oder töten. Deshalb werden die Dächer mit leichten Materialien eingedeckt (Holzschindeln). Stützbalken, Querverstrebungen und stärkere Wände geben den Häusern einen zusätzlichen Halt.

**M4** *Erdbebensicheres Bauen in Japan*

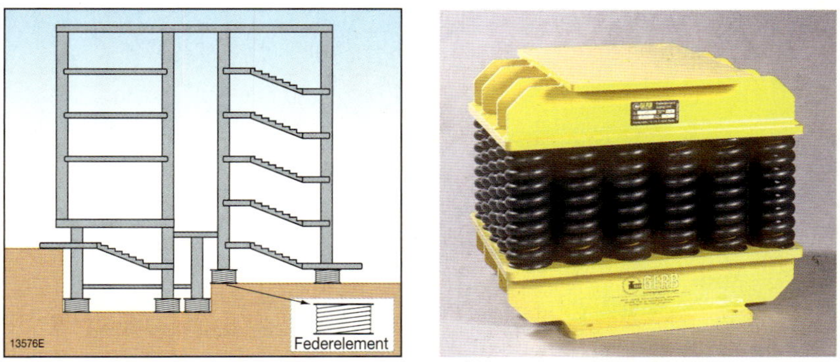


**M5** *Federelemente für Fundamente und Zwischendecken*

**4** Erkläre, warum die Vorwarnzeiten für die Bevölkerung bei bevorstehenden Erdbeben so gering sind (Info-Text).

**5** „Erdbebensicheres Bauen rettet Menschenleben."
a) Liste Möglichkeiten erdbebensicheren Bauens auf (M4 – M6).
b) Erläutere mögliche Maßnahmen, Gebäude erdbebensicher zu bauen (M4 – M6).

**6** Berichte darüber, wie Tiere durch ihr Verhalten Erdbeben voraussagen können (M7).

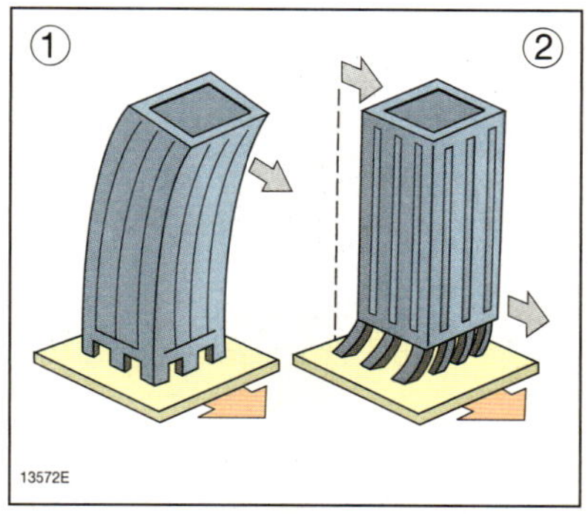


**M6** *Erdbebengefährdete ① und erdbebensichere ② Bauweise*

Die Kröten hätten bereits das nahende Erdbeben gespürt. Hunderttausende von ihnen machten sich zwei Tage zuvor in der Stadt Mianzhu auf Wanderung. Der Ort liegt nur 60 Kilometer vom Epizentrum. Auf der Straße überrollten Autos die flüchtenden Kröten. Chinesische Medien zitierten einen Bewohner, der eine solche Krötenwanderung „noch nie gesehen" habe. Einen Tag zuvor hatten fast 1 000 Kilometer entfernt in der Küstenprovinz Jiangsu zehntausende von Kröten die Stadt Taizhou bevölkert. Die städtischen Funktionäre hatten das ungewöhnliche Verhalten der Tiere zunächst auf das Wetter geschoben. Doch wissen Experten schon seit langem, dass Tiere „Erdstöße schon vorher spüren können."

**M7** *Erdbebenvorhersage durch Tierverhalten – Zeitungsbericht (nach: „Diepholzer Kreisblatt" vom 14.05.2008)*

# Filme auswerten

Filme und Videos zeigen uns viele Orte aus den verschiedensten Regionen der Erde, auch aus weit entfernten Gebieten. Gegenüber dem Bild haben sie den Vorteil, dass sie Vorgänge und Abläufe anschaulich darstellen können. Dabei benutzen sie auch Zeitlupen und Zeitrafferaufnahmen.
Schülerinnen und Schüler der Realschule Meine haben versucht, den Bildern und den Kommentaren des Videofilms „Naturgewalten bedrohen den Menschen" (M1) besonders wichtige Informationen zu entnehmen.
Die Abbildungen auf diesen beiden Seiten zeigen euch Ausschnitte aus diesem Film. Neben den Fotos aus dem Film „Naturgewalten bedrohen den Menschen" stehen die Stichwörter, die sich eine Schülerin dazu angefertigt hat.

**So gehst du vor:**

**1. Schritt: Film in gesamter Länge ansehen**
Sieh dir den Film, ohne mitzuschreiben, an und versuche dann folgende Fragen zu beantworten:
- Worum geht es?
- Was ist dir besonders aufgefallen?
- Was hast du nicht verstanden?

**2. Schritt: Film in Abschnitten anschauen**
Schau dir den Film zum zweiten Mal, in einzelnen Abschnitten, an. Nutze dabei auch die Möglichkeit des Standbildes. Mache dir Notizen, in denen du das festhältst, was dir wichtig erscheint.

**3. Schritt: Schriftliche Bearbeitung**
Schreibe nun mithilfe deiner Notizen eine Inhaltsangabe des gesamten Films. Gliedere sie durch Zwischenüberschriften.

**4. Schritt: Nochmaliges Ansehen des Films**
Präge dir dabei Wichtiges ein.

Das „Institut für Film und Bild in Wissenschaft und Unterricht (FWU)" hat unter der Nummer 4201797 den Film „Naturgewalten bedrohen den Menschen" produziert.

*Zum Inhalt des Films:* Im März 1983 fließt ein großer Lavastrom an der Südseite des Ätna. Gebäude und Obstgärten werden zerstört. Vulkanologen und Sprengtechniker versuchen, die Lava mithilfe von Erdwällen umzuleiten.
Im Jahre 1980 explodiert der Gipfel des Mount St. Helens. Vorher kam es im Untergrund zu hohem Druck, der die Nordflanke des Berges um rund 150 m aufwölbte. Bei der Explosion schmilzt die Eiskappe am Gipfel und riesige Massen heißen Schlammes wälzen sich 40 km weit durch die Täler in der Umgebung. Die seitliche Druckwelle, ein 300 °C heißer Dampfstrom, vermischt mit Sand und Staub, zerstört die Landschaft im Umkreis von 30 km. Von Denver bis New York fällt Ascheregen.
Seit 1980 decken Eruptionen den Galunggung auf Java immer wieder mit einer dicken Ascheschicht zu. In der Regenzeit werden die Dörfer von Schlammlawinen bedroht.
In Japan werden Verbauungen und Schutzunterstände errichtet.

**M1** *Zum Inhalt des Films „Naturgewalten bedrohen den Menschen"*

Vulkanausbrüche bringen Schrecken und Verderben.
Hier Ausbruch des Ätna.

Lastwagen und Bulldozer holen Material für eine Absperrung gegen den Lavastrom.

Kuppe des Mount Saint Helens bricht ab. Staubwolke und Gaswolke steigen aus Krater empor.

Nach dem Ausbruch Millionen umgeknickter Bäume. Wegen rechtzeitiger Warnung 30 000 Menschen vor dem Tod gerettet.

Schlammströme fließen zu Tal. Ganze Dörfer werden zerstört.

In Japan: Vollautomatisches Beobachtungszentrum für Vulkane meldet Eruptionen Stunden vor Ausbruch.

Tragen von Schutzhelmen ist Pflicht für alle Kinder. Schutz gegen Gesteins-brocken, die der Vulkan herausschleudert.

Jedes Jahr einmal Übung zur Evakuierung. 12 000 Einwohner werden mit Schiffen von der Insel weggebracht.

1 Werte einen Film nach den vorgegebenen Schritten aus. Du kannst das Angebot des „FWU" nutzen.

In dem Wortsuchspiel (M2) sind 15 Begriffe zum Vulkanismus versteckt (senkrecht, waagerecht und rückwärts). Schreibe sie auf.

| | | | | | | | | | | |
|---|---|---|---|---|---|---|---|---|---|---|
| L | a | v | a | d | o | m | r | F | ä | G |
| n | S | e | S | c | h | l | o | t | B | l |
| e | c | h | L | a | m | g | a | M | n | u |
| b | h | c | s | e | t | s | u | r | K | t |
| m | l | s | b | K | r | a | t | e | r | w |
| o | a | A | S | p | a | l | t | e | n | o |
| b | m | h | c | u | r | b | s | u | A | l |
| a | m | B | n | a | k | l | u | V | l | k |
| v | n | o | i | s | o | l | p | x | E | e |
| a | Q | m | o | r | t | s | a | v | a | L |
| L | n | o | i | t | p | u | r | E | U | O |

13787E

**M2** *Aus dem Beiblatt zum Video „Naturgewalten bedrohen den Menschen" – Wortsuchspiel*

# Faltengebirge

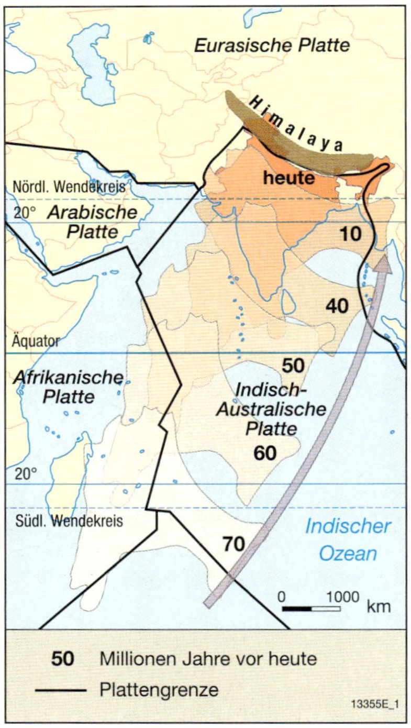


**M1** *Bewegung der Indisch-Australischen Platte*

**M4** *Basislager auf dem Weg zum Mount Everest*

**M2** *Gefaltete Gesteinsschichten*

## Himalaya

Der Himalaya ist das Gebirge der Erde mit dem höchsten Gipfel, dem Mount Everest. Er misst 8 846 m.

Seit Millionen von Jahren schiebt sich die Indisch-Australische Platte unter die Eurasische Platte. Im Grenzbereich beider Platten werden die oberen Gesteinsschichten wie der Balg eines Akkordeons zusammengefaltet und nach oben gepresst. So entstand das Faltengebirge Himalaya. Der Vorgang dauert bis heute an.

Obwohl der Himalaya weiterhin jährlich um 5 cm gehoben wird, bleibt seine Gipfelhöhe fast unverändert. Wasser, Eis und Wind zerkleinern gleichzeitig das Gestein (Verwitterung). Gletscher und fließendes Wasser transportieren Material in die Täler und lagern es dort ab. Es entstehen typische Hochgebirgsformen: zerklüftete Gebirgsketten, steile Hänge, scharfe Grate, tief eingeschnittene Täler, Schutthalden.

1 Beschreibe die Bergformen in einem Faltengebirge (M2, M4, Text).
2 Erkläre in einem Bericht, wie es zur Hochgebirgsbildung im Himalaya gekommen ist (M1, M3, Text).
3 Begründe, warum der Himalaya trotz Hebung nicht an Höhe zunimmt.

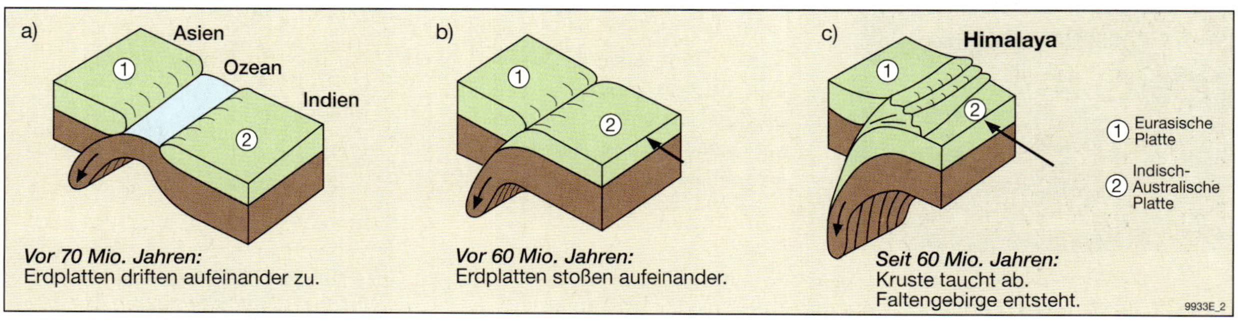


**M3** *Entstehung des Himalaya*

# Internetrecherchen durchführen

Informationen lassen sich aus unterschiedlichen Quellen beschaffen. Die schnellste und meist auch aktuellste Quelle für Informationen bietet das Internet. Die Informationsfülle ist dort unüberschaubar. Deshalb solltest du bei der Internetrecherche systematisch vorgehen.

**So gehst du vor:**

**1. Schritt: Vorbereitung**
- Überlege dir genau, wonach du suchst.
- Dann entscheidest du über die Art der Suche.

**2. Schritt: Suche**
- Gib eine dir bekannte Internet-Adresse direkt ein, wenn du weißt oder vermutest, dass du dort Informationen zum Thema erhältst.
- Wähle eine Suchmaschine aus (M5, M7).
- Gib einen Suchbegriff ein oder kombiniere mehrere Suchbegriffe.
- Wenn das Suchergebnis zu umfangreich ist oder nicht deinen Wünschen entspricht, grenze die Suche durch Eingabe anderer Begriffe ein, die dein Suchziel besser beschreiben.

**3. Schritt: Auswertung**
- Sichte zielgerichtet die gefundenen Internet-Seiten auf Informationen. Dazu musst du die Inhalte grob erfassen und entscheiden, ob sie für dein Thema wichtig sind.
- Schreibe wichtige Passagen heraus. Du kannst Textpassagen, Tabellen und Bilder auch ausdrucken, in Dateien speichern oder direkt in Dokumente einfügen.
- Notiere dir jedes Mal die Adresse der Internet-Seite, damit du immer die Quelle angeben kannst.
- Prüfe, ob du dich auf die Informationen verlassen kannst (Autor, Herausgeber der Internet-Seite).

**M6** *Schülerin bei der Internetrecherche*

**Suchmaschinen**
Nach Eingabe eines oder mehrerer Suchbegriffe durchforsten Suchmaschinen das gesamte Internet nach Seiten, in denen der eingegebene Suchbegriff vorkommt. Mit Suchbegriffen kann auch nach Bildern im Internet recherchiert werden. Mehrere eingegebene Suchbegriffe grenzen das Suchergebnis ein. Es wird genauer.

**4** a) Sammle Informationen aus dem Internet zur Entstehung von Faltengebirgen (Texte, Tabellen, Bilder).
b) Präsentiere deine Ergebnisse.

**M5** *Ergebnis der Suchmaschine Google zum Suchbegriff Faltengebirge (15.10.2008)*

**M7** *Auswahl von Suchmaschinen und Internet-Katalogen*

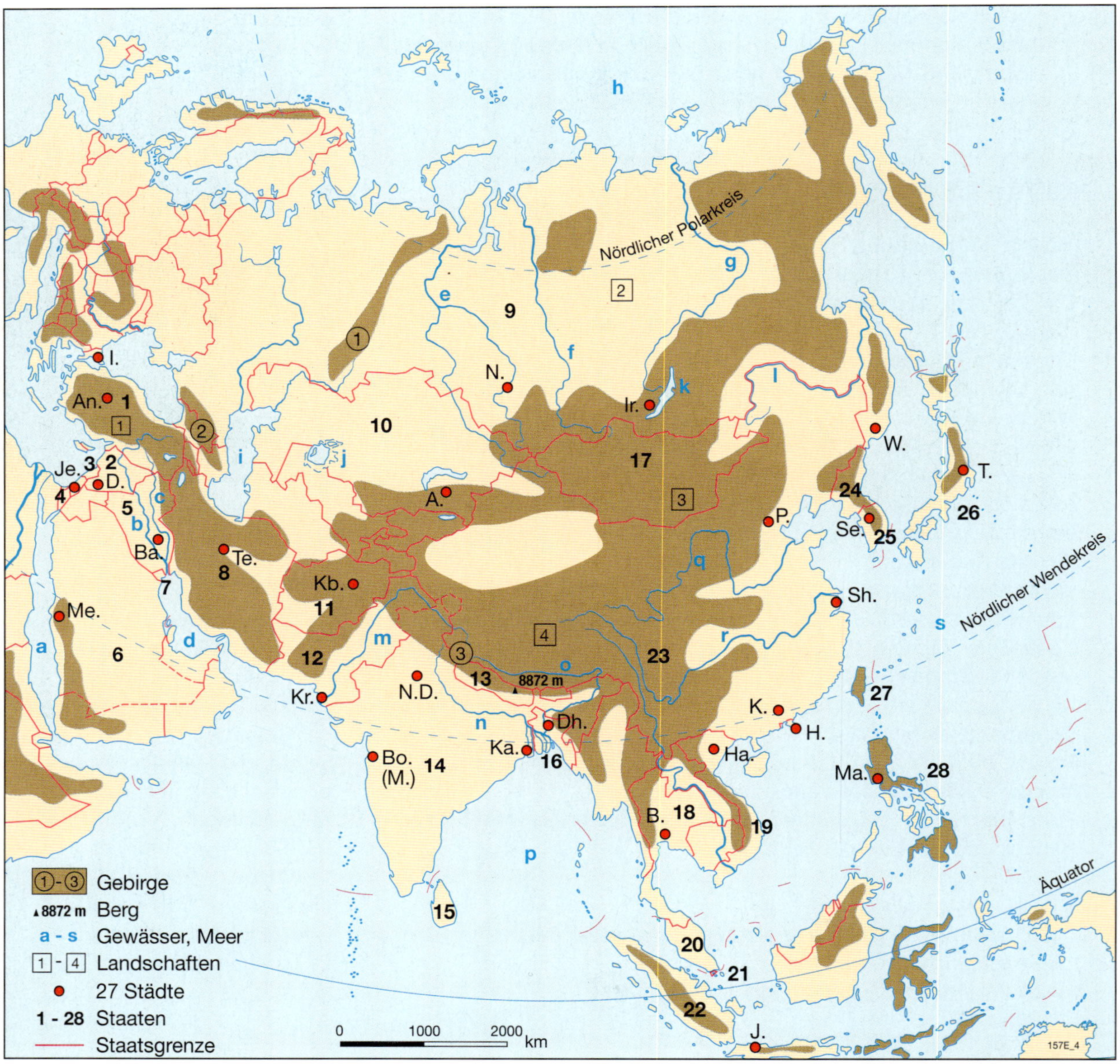


**M1** *Übungskarte Asien*

1. Bearbeite die Übungskarte (M1).
2. Die Transsibirische Eisenbahn verkehrt auf der längsten Eisenbahnstrecke der Welt. Sie führt von Moskau nach Wladiwostok. Ein Abzweig führt weiter über Ulan-Bator nach Peking. Notiere
   a) zehn Städte mit über 100 000 Einwohnern an den Strecken nach Wladiwostok und nach Peking (Atlas);
   b) die ins Nordpolarmeer mündenden Flüsse, die von der Transsibirischen Eisenbahn gekreuzt werden (Atlas).
3. Nenne das in M2 abgebildete Faltengebirge, dessen höchster Gipfel 8 846 m erreicht. Beschreibe seine Lage (Atlas).
4. „Auf vier Wegen durch Asien!" (M3). Ihr könnt ein Spiel in vier Gruppen veranstalten. Welche Gruppe hat als erste alle Namen gefunden?

**M2** *Asiatisches Faltengebirge*

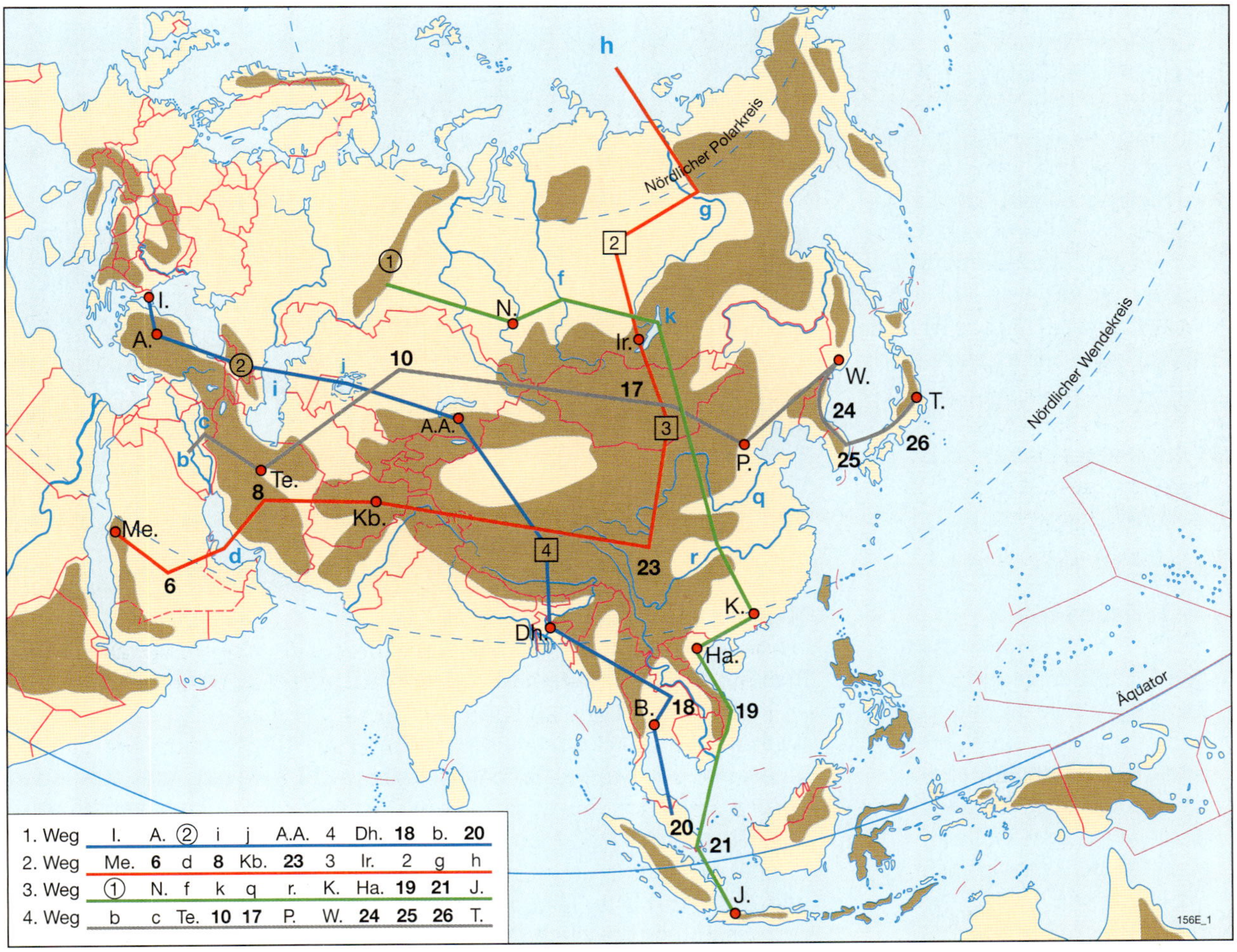


**M3** *„Auf vier Wegen durch Asien!"*

# Tsunami

Ich hatte gerade auf meinem Liegestuhl am Strand Platz genommen, als es merkwürdig still wurde. Die Brandung des Meeres war nicht mehr zu hören. Das Wasser hatte sich über mehr als 150 Meter weit zurückgezogen. Wenige Minuten später sah ich sie dann. Eine graue, zehn Meter hohe Wasserwand raste vom Meer aus auf den Strand zu. Ich sprang auf und rannte um mein Leben, aber das Wasser erreichte mich und riss mich mit. Um mich herum trieben Stühle, Sonnenschirme und Hölzer. Menschen schrien in Todesangst, jeder versuchte sich zu retten. Ich bekam einen Gummischlauch zu fassen, aber ich konnte ihn nicht festhalten. Dann klammerte ich mich an einen Baum. Eine Bananenstaude rammte sich in meinen Bauch. Ich wurde wieder losgerissen und trieb in einen Stacheldrahtzaun. Immer wieder war ich unter Wasser. Endlich lief das Wasser ab. Ich hatte Glück gehabt und habe die Todeswelle überlebt.

**M1** *Augenzeugenbericht einer Urlauberin (nach: „Focus", Nr. 1, 31.12.2004)*

**Tsunami**
Das Wort kommt aus dem Japanischen und bedeutet „große Welle im Hafen". Ein Tsunami ist eine am Meeresboden durch ein Erdbeben (Seebeben) oder Vulkanausbruch ausgelöste Welle im Meer. An der Küste erreicht sie mit Höhen von bis zu 30 m eine große Zerstörungskraft.

**M2** *Westküste Thailands 26.12.2004 – das Wasser zieht sich zurück*

**M3** *Dann rast eine riesige Flutwelle auf die Küste zu*

**M4** *Hotelanlage nach der Flutwelle*

### Riesenwelle nach einem Seebeben

Weihnachten 2004 kostete ein Tsunami in Südostasien etwa 300 000 Menschen das Leben. Der Sachschaden wird auf etwa acht Milliarden Euro geschätzt. Eine riesige Flutwelle überspülte Landschaften, Hotels, Dörfer und Städte an der Küste. Besonders schwer betroffen waren die Provinz Aceh mit ihrer Hauptstadt Banda Aceh in Indonesien und die Westküste Thailands. Der Tsunami durchquerte blitzschnell den gesamten Indischen Ozean. Er erreichte die Ostküsten Sri Lankas, Indiens und sogar Afrikas.

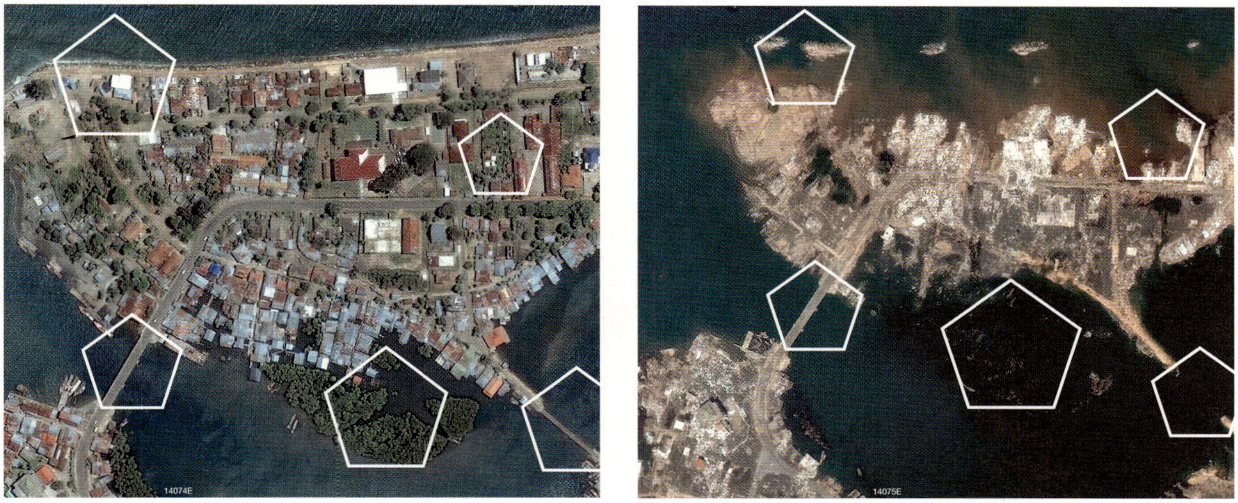


**M5** *Satellitenbild – Banda Aceh (Indonesien) vor (links) und nach der Flut (rechts) mit Orientierungsrahmen*

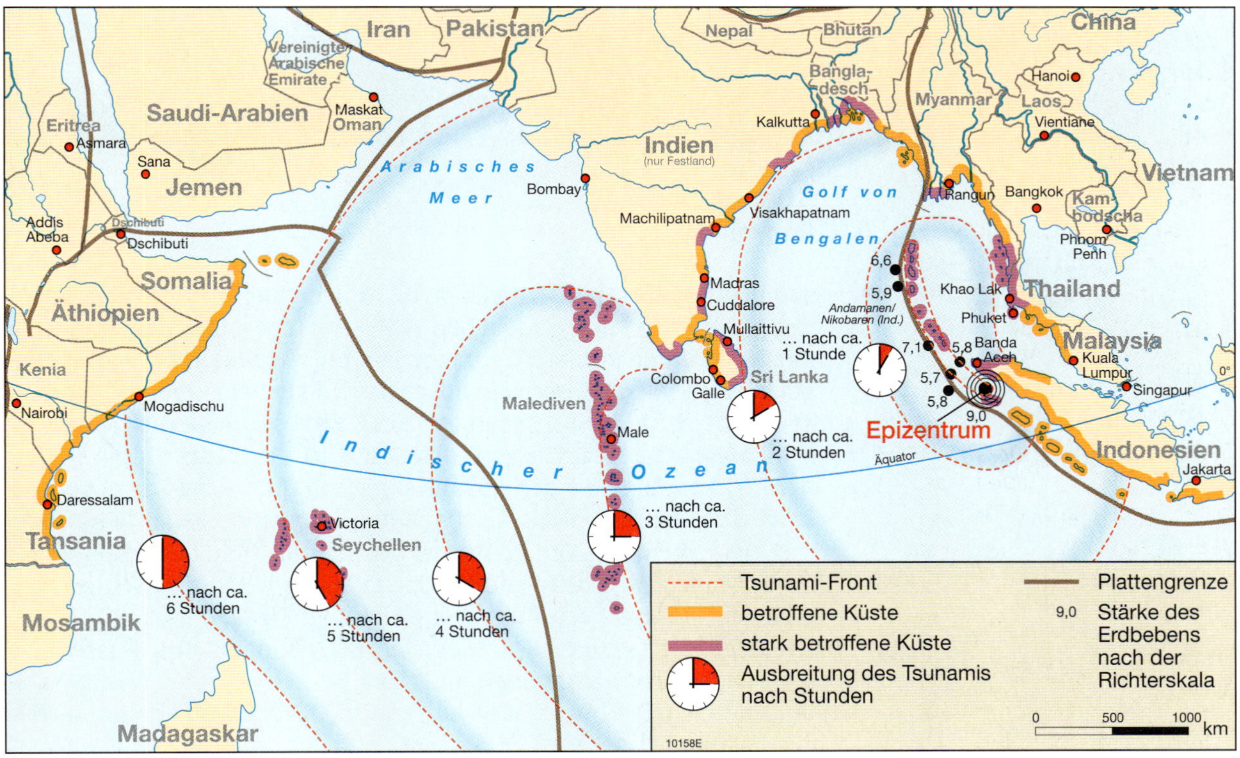


**M6** *Ausbreitung des Tsunami am 26.12.2004 im Indischen Ozean*

1. Beschreibe die Auswirkungen eines Tsunami (M1 – M4).
2. Werte die Satellitenbilder M5 aus.
3. Das verheerende Seebeben ereignete sich am 26. Dezember 2004 um 7.58 Uhr Ortszeit.
   Wann erreichte die Flutwelle nach dieser Zeit Banda Aceh, Phuket, Sri Lanka, Madras, die Malediven, die Seychellen und Mogadischu (M6).

# Tsunami

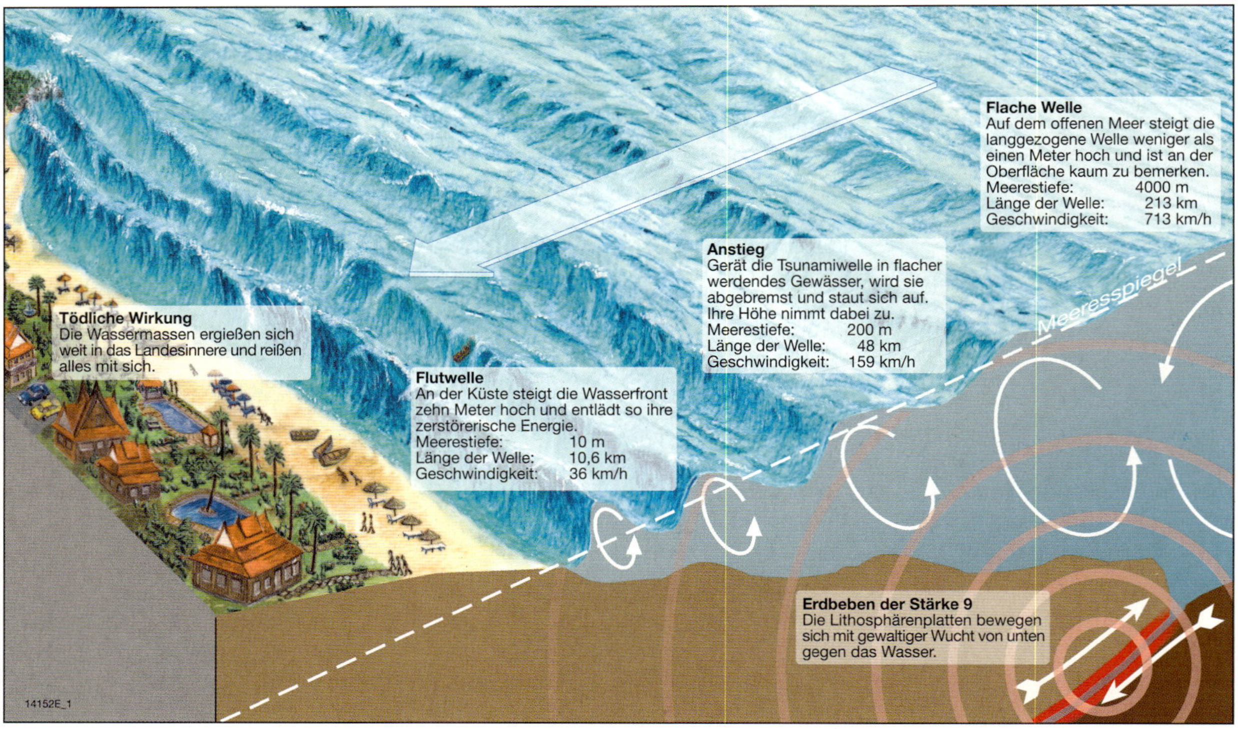


**M1** *Szenario des Tsunami vom 26.12.2004 in Südostasien*

| Land/ Region/ Jahr | Stärke Richter-Skala | Wellen-höhe (m) | Opfer |
|---|---|---|---|
| Alaska/ 1946 | 7,3 | 30 | 165 |
| Griechenland/ 1956 | 7,5 | 20 | 50 |
| Chile/ 1960 | 9,5 | 25 | 1 260 |
| Philippinen/ 1976 | 8,1 | 5 | 5 000 |
| Südpazifik/ 1992 | 7,5 | 26 | 1 000 |
| Indik 2004 | 9,3 | 30 | 300 000 |
| Java/ 2006 | 7,7 | 4 | 700 |

**M2** *Tsunamis (Auswahl) – Stärke und Folgen*

## Entstehung

Tsunamis sind riesige Flutwellen. 86 Prozent werden durch Erdbeben unter dem Meer, durch Seebeben, ausgelöst. Die restlichen 14 Prozent entstehen durch abrupte Verdrängung großer Wassermassen, zum Beispiel durch Vulkanausbrüche oder küstennahe Bergstürze.
Die Ursache für das Seebeben am 26.12.2004 war eine ruckartige Verschiebung zweier verhakter Erdplatten. Das Beben der Stärke 9,3 auf der Richter-Skala hob den Meeresboden um rund 10 m. Die dabei entstandenen Druckwellen lösten über dem Epizentrum einen Wasserberg von etwa 50 cm aus. Auf dem Meer war dies nicht zu bemerken. Diese Welle breitete sich im Indischen Ozean bis zu 1 000 km/h schnell aus. Sie raste Tausende von Kilometern Richtung Küste.
Die flachen Küstenbereiche bremsten den Tsunami. Die Wassermassen schoben sich zusammen und türmten sich zu einer Wasserwand auf, die zum Teil bis zu 30 m hoch wurde. Die gewaltige Riesenwelle zerstörte mit ihrer Kraft in Küstennähe alles, was ihr „in den Weg" kam.

1 Nenne die möglichen Ursachen für die Entstehung von Tsunamis.
2 Erläutere, wie der Tsunami vom 26.12.2004 entstanden ist und sich ausbreitete (Text, M1).
3 Benenne mithilfe von M2 Meere und Küstenregionen, die durch Tsunamis besonders gefährdet sind.
4 Recherchiere im Internet zum Thema „Entstehung von Tsunamis" (siehe S. 143). Präsentiere deine Ergebnisse.

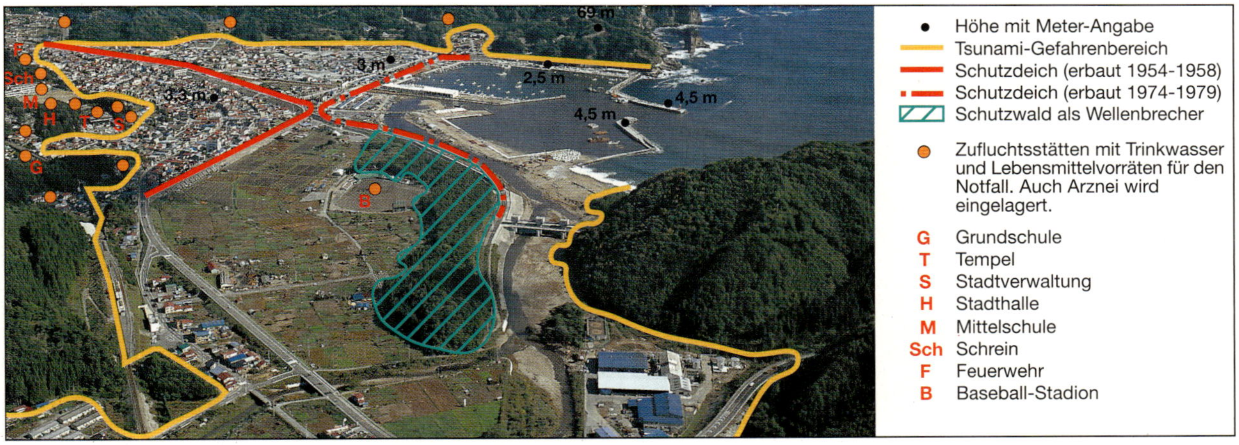


**M3** *Schutzmaßnahmen in der japanischen Hafenstadt Taro*

## Schutzmaßnahmen

Die Küstenbewohner am Indischen Ozean wurden bei der Flutkatastrophe am 26.12.2004 nicht vorgewarnt, da es dort noch kein Frühwarnsystem gab. Rechtzeitige Warnung rettet aber Menschenleben. Deshalb wurde nach der Katastrophe im Indischen Ozean ein satellitenüberwachtes Warnsystem installiert.

**5** Erläutere, wie Taros Bewohner vor Tsunamis geschützt werden (M3).
**6** Erkläre das Tsunami-Frühwarnsystem (M4, M5).
**7** Nenne die Zeit, die ein Bewohner hat, sich auf einen Tsunami vorzubereiten, der bei Hawaii entstanden ist (M4): a) in Japan, b) in den USA.

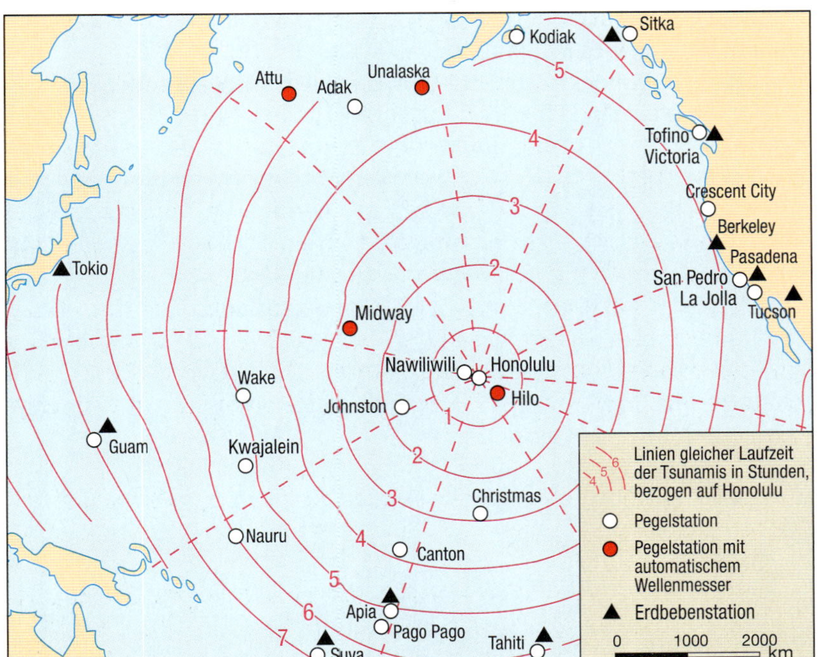


**M4** *Tsunami-Warndienst im Pazifischen Ozean*

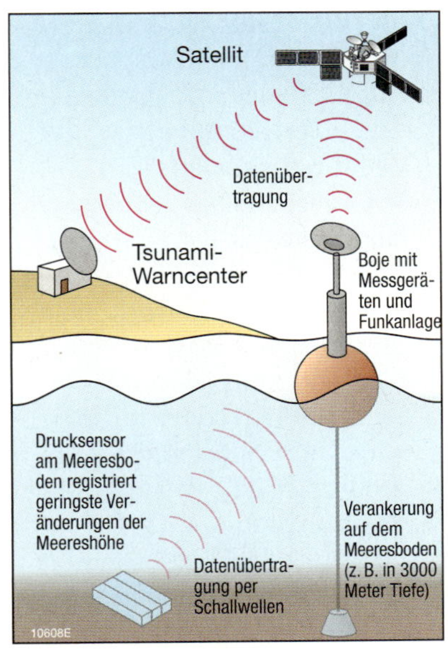


**M5** *Tsunami-Frühwarnsystem*

# Wirbelstürme

**M1** *Satellitenbild des Hurrikans „Katrina" im August 2005*

**M3** *Flutwelle bei einem Wirbelsturm*

Mit sintflutartigen Regenfällen und Windgeschwindigkeiten von gut 230 Stundenkilometern brach der Hurrikan „Katrina" am 29.08.2005 über die Stadt New Orleans herein. Der sieben bis acht Meter hohen Flutwelle hielten die Deiche nicht stand. Das Wasser bahnte sich fast ungehindert seinen Weg. Straßenzüge verwandelten sich in reißende Ströme. Häuser verschwanden bis zu den Dächern im Wasser. Die Großstadt lief wie „eine Wanne voll", da mehr als 70 Prozent des Stadtgebiets von New Orleans unterhalb der Meeresspiegelhöhe liegen.
Behörden hatten zwar zwei Tage vorher die Zwangsevakuierung der 485 000-Einwohner-Stadt angeordnet. Doch viele Bewohner wollten ihre Häuser nicht verlassen. Sie kamen in den Fluten um oder mussten lange auf den Dächern auf Hilfe warten, weil Rettungsboote knapp wurden.

**M2** *New Orleans unter Wasser (nach Agenturmeldungen vom 30.08.2005)*

## „Schicksal Hurrikane"

Jedes Jahr werden die Gebiete rund um den Golf von Mexiko von tropischen Wirbelstürmen heimgesucht. Im August und September 2005 richteten die Hurrikane „Katrina" und „Rita" besonders verheerende Verwüstungen an der Golfküste der USA an. Die Stürme wirbelten Fahrzeuge durch die Luft, zertrümmerten Häuser. Die Menschen waren tagelang ohne Strom und Trinkwasser. Die Dämme brachen, sodass die Großstadt New Orleans unter Wasser stand. Etwa 1 300 Menschen starben, rund eine Million wurden obdachlos. Die Schadenssumme beider Wirbelstürme erreichte die Rekordhöhe von etwa 130 Mrd. US-Dollar.

1 Beschreibe die Schäden, die die Hurrikane „Katrina" und „Rita" verursacht haben (Text, M2, M4).
2 Notiere die Bundesstaaten der USA, die durch Wirbelstürme besonders betroffen sind (Text, M1, Atlas).

**M4** *New Orleans nach dem Wirbelsturm „Katrina"*

## Tropische Wirbelstürme

Tropische Wirbelstürme heißen in Nord- und Mittelamerika Hurrikane, im Pazifischen Ozean Taifune, im Indischen Ozean Zyklone und im Bereich Australiens Willy Willy.
Sie entstehen nördlich und südlich des Äquators und bilden sich im Spätsommer, wenn die Oberflächen der Ozeane mindestens eine Temperatur von 27 °C erreicht haben. Die starke Sonneneinstrahlung lässt gewaltige Wassermassen verdunsten. Die warm-feuchte Luft steigt auf und beginnt, sich spiralförmig zu drehen. Der riesige Luftwirbel kann einen Durchmesser von 500–600 km erreichen. An den Rändern des Wirbels kann die Geschwindigkeit bis zu 350 km/h betragen (zum Vergleich: über der Nordsee bis zu 160 km/h). In der Mitte des Wirbels, dem sogenannten „Auge“, ist es windstill und wolkenlos.
Die Sturmwirbel ziehen mit durchschnittlich 30 km/h westwärts. Beim Auftreffen auf Land entwickeln sie ihre größte Zerstörungskraft. Hohe Windgeschwindigkeiten, meterhohe Flutwellen und lang anhaltende Niederschläge haben Tote, Verletzte und hohe Sachschäden zur Folge. Über dem Festland kühlen sie schnell ab und verlieren an Kraft.

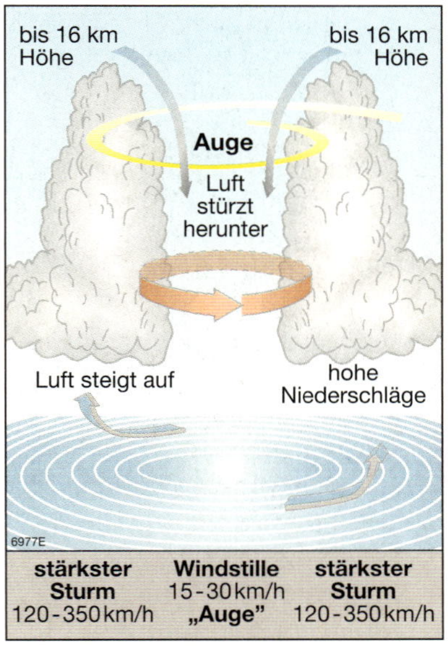


**M7** *Schnitt durch einen tropischen Wirbelsturm*

**3** Erkläre, wie tropische Wirbelstürme entstehen (Text, M7).
**4** Nenne Gründe, warum Wirbelstürme gefährlich sind (Text, M5).
**5** Ermittle die Staaten, die von Wirbelstürmen betroffen sind (M6, Atlas).

T1 – über 118 km/h, leichtere Schäden
T2 – über 154 km/h, Autos und Dächer werden weggeweht
T3 – über 178 km/h, schwere Schäden an Gebäuden
T4 – über 210 km/h, Bäume entwurzelt, Häuser unbewohnbar
T5 – über 250 km/h, Schiffe an Land geworfen; Häuser und Brücken zerstört

**M5** *Hurrikan-Skala*

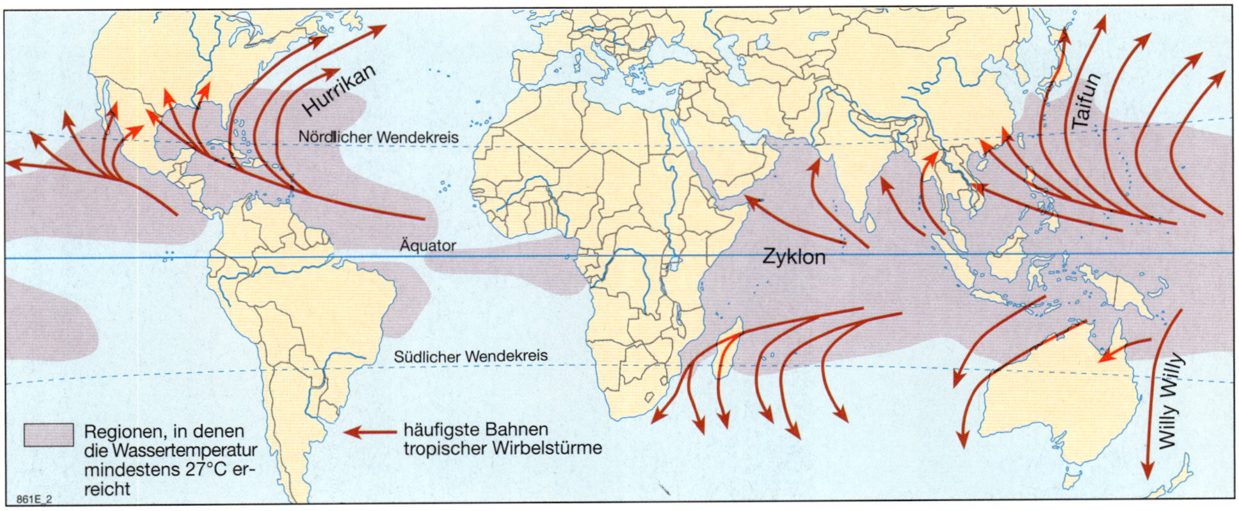


**M6** *Entstehungsgebiete und Zugbahnen tropischer Wirbelstürme*

# Wirbelstürme

Standing in the foyer of the Grand Hotel, Suitcase in his hand looking for a bill, there's a hurricane coming and everyone's trying to get away,
Time of the season, time of the year, the weather reporter from Miami is clear, „Find a save place to hide," there's no place here;
And then the lights go down, in that Caribbean town, and the fishing boats that go out from the coast, are tied up and dry, yeah yeah yeah,
There is nowhere here to hide, waiting for the hurricane, oh there is nowhere you can hide, waiting for the hurricane, no no no no …

**M1** *Waiting For The Hurricane (Lied von Chris de Burgh 1981)*

**M3** *Schutzbau aus Beton für 3 000 Menschen in Bangladesch*

### Effektives Vorwarnsystem gesucht

Menschen, die in Hurrikan-Gebieten leben, sind auf ein effektives Vorwarnsystem angewiesen. Möglichst genaue Vorhersagen sind notwendig, um rechtzeitig Evakuierungen und Schutzmaßnahmen einzuleiten. Für die schwierigen Vorhersagen müssen täglich neue Daten erhoben werden – ein abenteuerliches Unterfangen. Hurrikan-Flieger müssen ihre Maschinen direkt ins Auge des Sturms steuern. Dort schießen sie spezielle Mess-Sonden ab. Während ihres Fluges durch den Orkan messen sie Luftdruck, Temperatur und Luftfeuchtigkeit. Mit diesen Daten können die Spezialisten dann berechnen, wie der Hurrikan sich verändert und vor allem, wohin der Sturm zieht. Doch trotz jahrelanger Erfahrung sind Wirbelstürme nicht wirklich berechenbar. Sie können 120 bis 150 km vom vorausberechneten Weg abweichen.

**1** Erkläre die Notwendigkeit eines effektiven Vorwarnsystems.
**2** Übersetze M1.
**3** Erläutere Schutzmaßnahmen vor Wirbelstürmen (M2 – M5).

**M2** *Schild im Süden der USA*

**M4** *Notunterkünfte*

**M5** *Schutz eines Hauses*

# Experimente durchführen

Experimente in den Naturwissenschaften zeigen die Beziehung zwischen Ursache und Wirkung auf. Einzelne Wirkungen natürlicher Vorgänge lassen sich durch Experimente in ihrer Entstehung nachvollziehen. Experimente veranschaulichen natürliche Vorgänge, verdeutlichen Sachverhalte.
Bei Experimenten solltest du so vorgehen:

**Experiment 1: Hurrikanmodell**
Die Wolken um einen Hurrikan sind spiralförmig angeordnet. Solch ein Hurrikanwirbel soll mit Wasser erzeugt werden.

| Vorbereitung | Durchführung | Beobachtung, Deutung |
|---|---|---|
| Das brauchst du:<br>– Schüssel<br>– Wasser<br>– Esslöffel<br>– Lebensmittelfarbe | 1. Fülle die Schüssel mit Wasser.<br>2. Rühre das Wasser langsam mit dem Esslöffel um, bis es sich im Kreis bewegt.<br>3. Gib ein paar Tropfen Lebensmittfarbe hinzu. | 1. Beobachte, wie sich die Farbe ausbreitet.<br>2. Beschreibe.<br>3. Übertrage dann deine Beobachtungen auf die Wolken eines Hurrikans. |

**M6** *„Hurrikan" im Experiment*

**Experiment 2: Meeresspiegel im Auge des Hurrikans anheben**
Der extrem niedrige Luftdruck im Zentrum des Hurrikans lässt den Meeresspiegel darunter ansteigen. Dieser Effekt kann in einer Waschschüssel demonstriert werden.

| Vorbereitung | Durchführung | Beobachtung, Deutung |
|---|---|---|
| Das brauchst du:<br>– Waschschüssel<br>– Glasschüssel<br>– Schlauch<br>– zwei Tassen<br>– Wasser | 1. Fülle die Schüssel zur Hälfte mit Wasser.<br>2. Stelle die Tassen mit dem Rand nach unten hinein.<br>3. Lege die Glasschüssel umgekehrt mit dem Rand auf die Tassen. Der Rand muss sich unter der Wasseroberfläche befinden.<br>4. Stecke das eine Ende des Schlauches in den Luftraum in der Glasschüssel.<br>5. Sauge am Schlauch, um den Luftdruck in der Glasschüssel zu verringern. | 1. Beobachte den Wasserstand in der umgekehrten Glasschüssel.<br>2. Beschreibe.<br>3. Übertrage deine Beobachtungen auf den Meeresspiegel im Zentrum eines Wirbelsturms. |

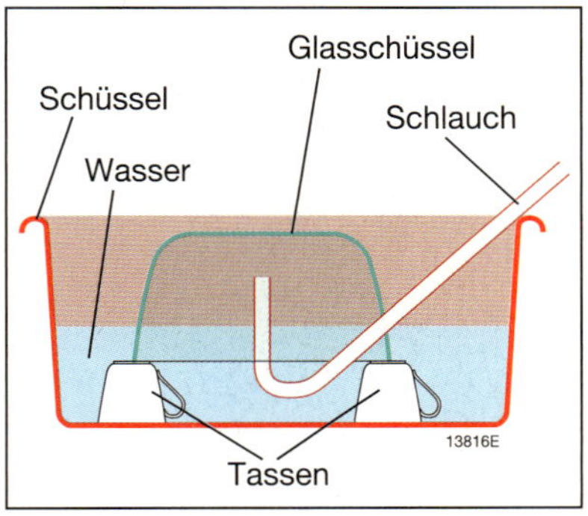


**M7** *Experiment 2 – Versuchsaufbau*

**M1** *Landschaft unter Wasser – der Meeresboden des Pazifischen Ozeans*

815E_3

### Ein Ozean – größer als alle Kontinente zusammen

Der Pazifische Ozean bedeckt ein Drittel der gesamten Erdoberfläche. Ein Gebirgssystem mit hohen Bergen, auch Rücken genannt, zerklüfteten Felswänden und tiefen Tälern (Tiefseegräben) durchzieht ihn. Die tiefsten Stellen reichen mehr als zehn Kilometer unter den Meeresspiegel. An einigen Stellen ragen die Berge als Inseln über der Meeresoberfläche. Die Rücken und Tiefseegräben befinden sich häufig in der Nähe von Plattengrenzen (siehe S. 131/M4).

1 Suche in M1 die drei tiefsten Stellen im Pazifischen Ozean. Wie viel Meter liegen sie unter dem Meeresspiegel? Nenne drei Tiefseegräben.
2 Ermittle aus drei Inselgruppen im Pazifischen Ozean jeweils eine Insel (M1, M2, Atlas). Nenne sie.

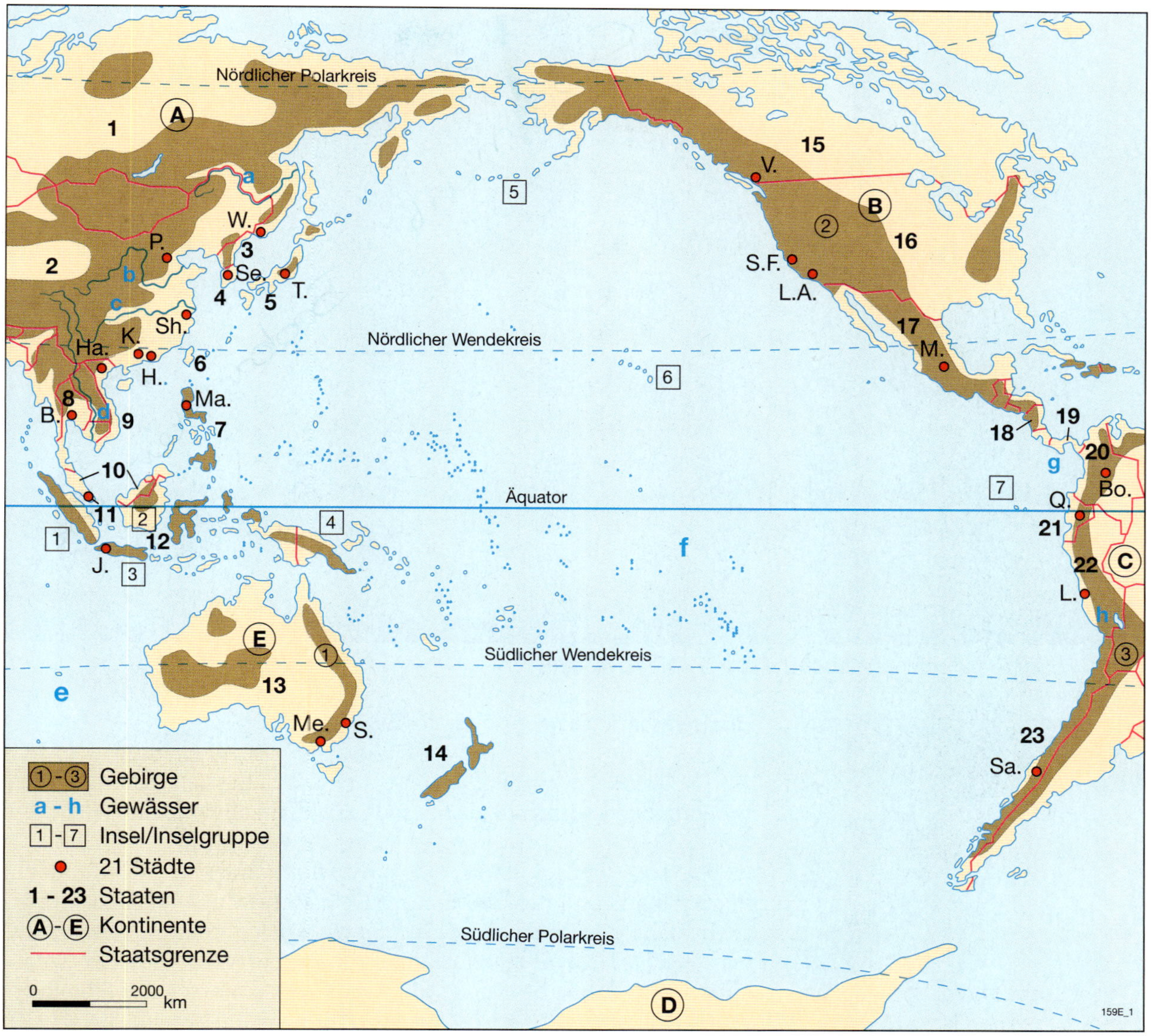


**M2** *Übungskarte Pazifischer Raum*

| | | | | |
|---|---|---|---|---|
| Inlandeis | Kokospalme | Murray | Formosa | Pearl Harbour |
| Känguru | Tasmanien | Polynesien | Samoa | Fujisan |
| Geysir | Papua | Scott | Schelfeis | Mikronesien |
| Tiefseegraben | Treibeisgrenze | Südpol | Honolulu | Korallen |
| Südsee | Archipel | Guano | Bikini-Atoll | Celebes |
| Eukalyptus | Kiwi | Molukken | Uluru | Brunei |
| Datumsgrenze | Pelikan | Krill | Koala | Großes Barriereriff |

**M3** *Im und um den Pazifischen Ozean*

**3** Bearbeite die Übungskarte M2.

**4** Berichte, was sich hinter den Begriffen in M3 verbirgt. Informiere dich im Lexikon, im Atlas oder im Internet.

# Hochwasser

**M1** *Hochwasserschäden in Weesenstein an der Müglitz (Sachsen)*

**M2** *Oft vom Hochwasser betroffene Flüsse in Sachsen*

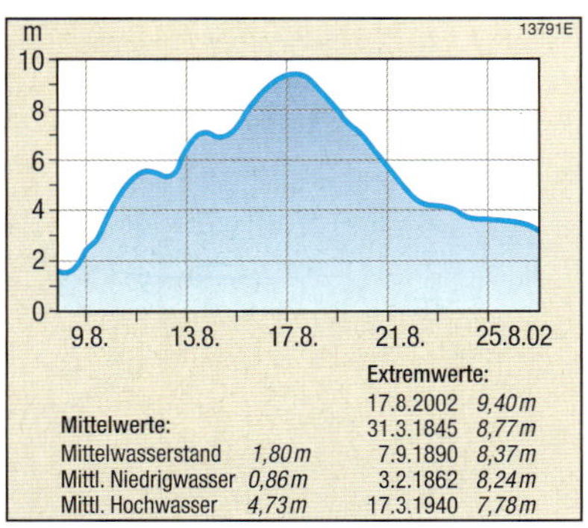


**M3** *Wasserstände der Elbe (Dresden)*

### Hochwasserkatastrophe an der Elbe

Am 12.08.2002 warnt der Wetterexperte Jörg Kachelmann: „Tief Ilse bringt in den kommenden 48 Stunden lang anhaltende, unwetterartige Regenfälle."
In Zinnwald, im Erzgebirge, fallen 312 Liter Wasser/m² in 24 Stunden, normal sind 100 Liter im Monat. Kleine Nebenflüsse der Elbe entwickeln sich zu reißenden Strömen. Sie verwüsten in ihren Tälern alles, was von den meterhohen Flutwellen erreicht wird. Aus der Tschechischen Republik bewegen sich riesige Wassermassen der Elbe flussabwärts. Am 17.08.2002 erreicht der Wasserstand (Pegel) der Elbe in Dresden 9,40 m, normal sind 1,80 m.
Viele Orte werden überflutet, Häuser zerstört. Ganze Stadtviertel, Altenheime, Krankenhäuser müssen evakuiert werden. Das Eigentum vieler Menschen versinkt in den Fluten. 21 Menschen sterben; die Sachschäden belaufen sich auf etwa 22 Milliarden Euro.

**1** Erkläre, welche natürlichen Ursachen die Hochwasserkatastrophe an der Elbe hat.

**2** Berichte über die Schäden in den Flusstälern (M1, M4, M5).

Hochwasser gab es hier schon immer. Aber an so etwas haben wir hier noch nicht einmal im Traum gedacht. Es wurde ein Albtraum. Erst hatten wir nur Angst, jetzt haben wir gar nichts mehr.

**M4** *Meinung eines Einwohners von Weesenstein am 16.08.2002*

**M5** *In Pirna (Sachsen) am 14.08.2002*

**M7** *Nach der Flutkatastrophe*

### Die Katastrophe zieht flussabwärts

In den folgenden Tagen wälzte sich die Flutwelle die Elbe flussabwärts. Auch in Niedersachsen versuchten viele Menschen, die Elbdeiche mit Sandsäcken zu verstärken. Zehntausende Menschen aus allen Teilen Deutschlands kamen, um zu helfen. Häufig waren ihre Anstrengungen vergeblich. Die durchweichten Dämme und Deiche hielten dem Wasserdruck nicht stand. Die bisher schwerste Flutkatastrophe brach über die Gebiete an der Elbe herein. Weite Landstriche versanken in den Fluten.

3 Lege mithilfe von M8 eine Tabelle an, die die Höchstwasserstände der Elbe bei den Städten in zeitlicher Abfolge zeigt.
4 Nenne die Bundesländer, die vom Hochwasser betroffen waren (M8, Atlas).
5 Erstelle eine Liste möglicher Folgen des Hochwassers.

**M6** *Dresden am 17.08.2002*

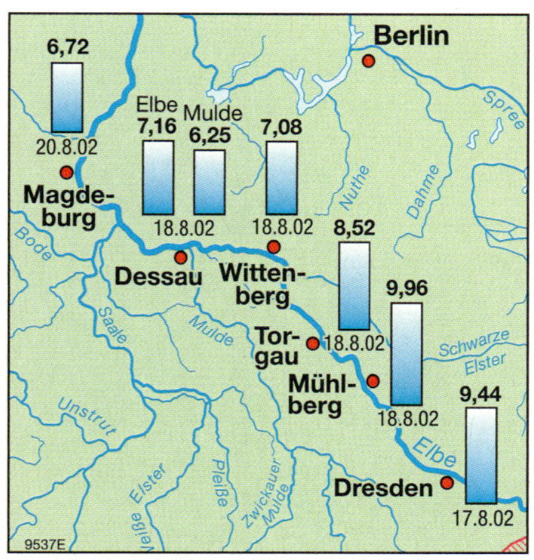


**M8** *Höchstwasserstände in Städten an der Elbe (2002)*

# Hochwasser

**M1** *Natürliche Flusslandschaft*

**M3** *Veränderte Flusslandschaft*

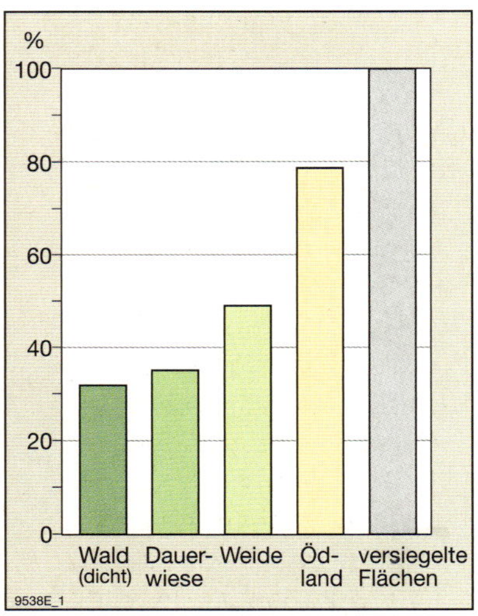


**M2** *Abfluss des Regenwassers in Kanalisation, Bäche und Flüsse bei verschiedenen Oberflächen*

### Ursachen von Hochwasserkatastrophen

Gewaltige Regenmengen und die Schneeschmelze führen zu Hochwasser in den Flüssen. Ursprünglich konnte dieses Wasser von den Flussauen aufgenommen werden. Diese natürlichen Überschwemmungsflächen wurden vielerorts zu Äckern und Bauland umgewandelt. Zum Schutz der neuen Siedlungen baute man Deiche direkt ans Ufer der Flüsse. Außerdem wurden die Flüsse begradigt, das heißt, man beseitigte die Flussschlingen, die Mäander. Nun müssen die Flüsse die Wassermassen in einem wesentlich schmaleren und begradigten Bett aufnehmen. So verlor zum Beispiel die Elbe 80 Prozent ihrer natürlichen Überschwemmungsflächen.
Durch die Versiegelung des Bodens kann das Regenwasser nur zum Teil im Boden versickern. Es fließt in die Kanalisation und landet von dort auf dem schnellsten Weg in den Bächen und Flüssen. Auch von freien Ackerflächen und Wiesen wird das Regenwasser durch künstlich angelegte Gräben schnell in die Flüsse geleitet.

**1** Beschreibe, wie die Menschen die Flusslandschaft veränderten (M1, M3).
**2** Nenne Ursachen von Hochwasserkatastrophen an Flüssen, die vom Menschen verursacht wurden (Text, M1, M3).
**3** Erkläre, welche Art der Bodenbedeckung die Hochwassergefahr erhöht (M2).

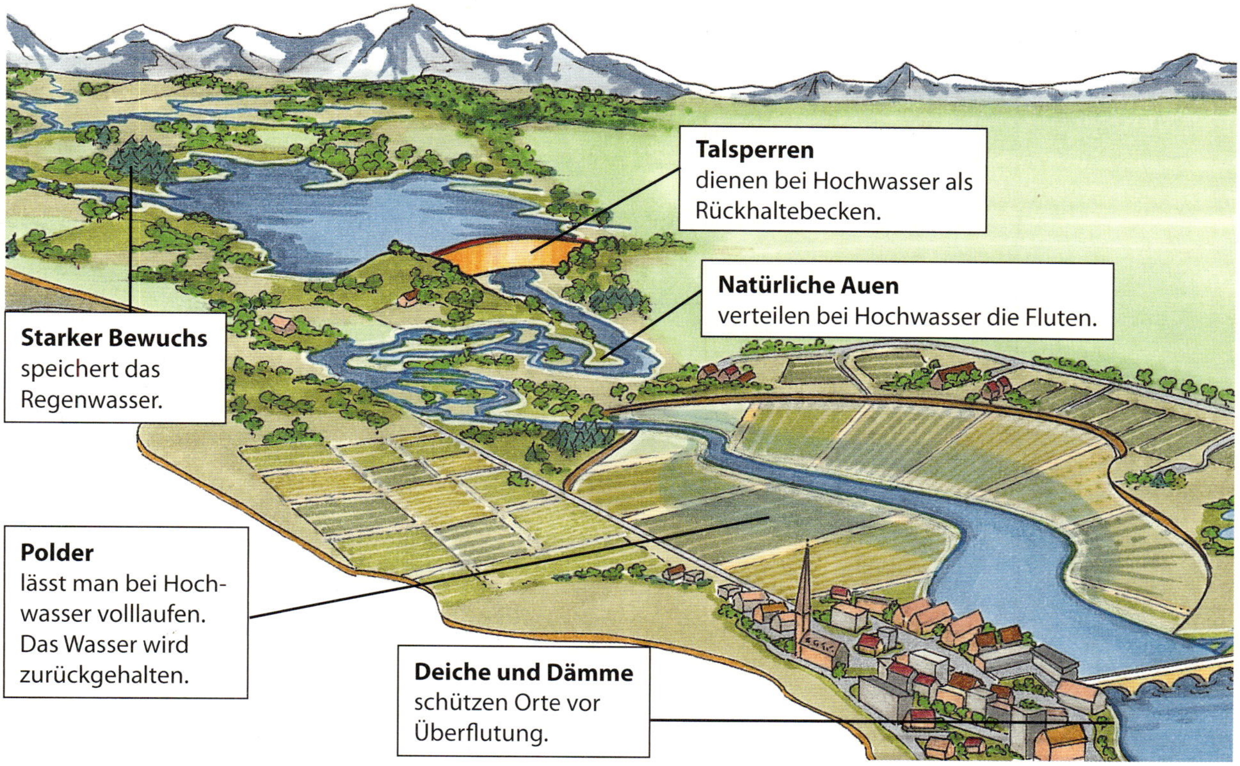


**M4** *Hochwasserschutz*

### „Lasst den Flüssen ihren Lauf!"

Damit verheerende Folgen von Hochwasser vermieden werden, gibt es verschiedene Möglichkeiten. So sollen Deiche und Mauern bewohnte Gebiete am Fluss schützen. Damit bei hohen Regenmengen und gleichzeitiger Schneeschmelze Wassermassen nicht die bewohnten Gebiete bedrohen, versucht man, das Wasser durch folgende Maßnahmen zurückzuhalten:

- Talsperren mit niedrig gehaltenem Wasserstand dienen bei Hochwasser als Rückhaltebecken.
- Starker Baum- und Pflanzenbewuchs in Flussnähe (z. B. am Oberlauf) speichert Regenwasser und gibt es allmählich an den Fluss ab.
- Die naturbelassenen Flussauen verteilen durch ihre vielen Flussarme bei Hochwasser die Fluten.
- Die Polder am Fluss dienen bei Hochwasser als Speicher und können volllaufen.
- Auch in bebauten Gebieten muss Regenwasser wieder versickern können. So dürfen die Hauseigentümer zum Beispiel in vielen Baugebieten nur einen genau vorgegebenen Teil ihres Grundstücks versiegeln.

**4** a) Zähle Maßnahmen zum Schutz vor Hochwasser auf (Text, M4).
b) Erläutere ihre Bedeutung für den Hochwasserschutz.

**i Polder**
Der Begriff Polder kommt aus dem Niederländischen. Man bezeichnet damit Flächen an der Küste oder am Ufer eines Flusses, die mit einem Deich umgeben sind. Schwillt ein Fluss bei Hochwasser an, lässt man die Polder mit Wasser volllaufen. Das Wasser kann dort so lange gespeichert werden, bis das Hochwasser zurückgeht. Dadurch können Wohn- und Industriegebiete, Straßen-, Eisenbahnstrecken sowie landwirtschaftlich genutzte Flächen vor Überschwemmungen geschützt werden.

# Wissen und können

## 1. Achtung! Driftende Platten!

**1** Zeichne die Karte mithilfe von Transparentpapier ab und male die einzelnen Erdplatten farbig an. Notiere die Namen der Erdplatten A – L.

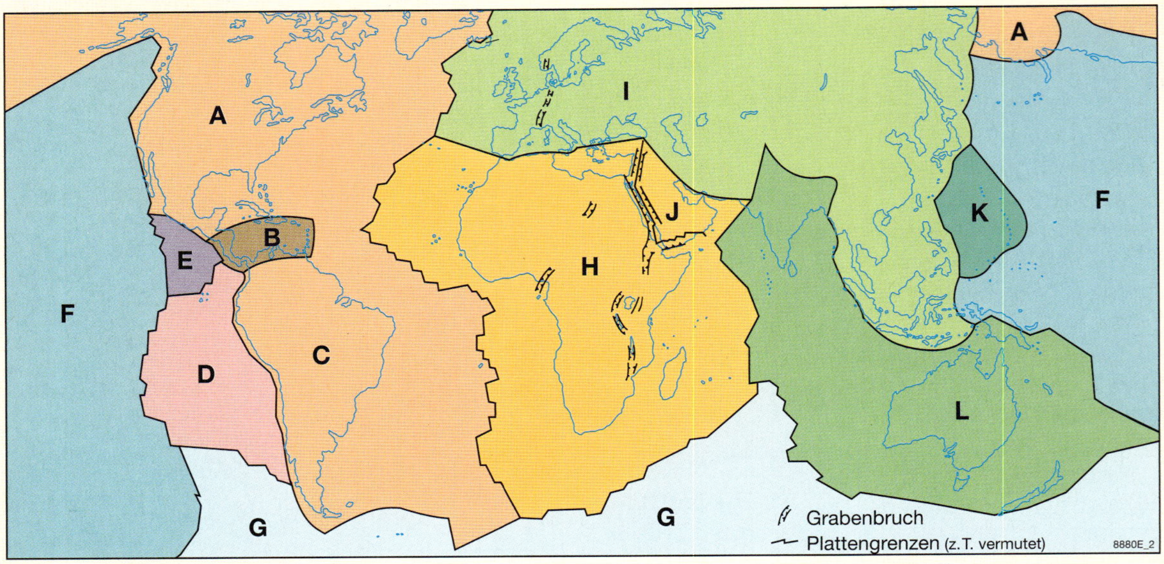


## 2. Silbenrätsel

**1** Gesucht werden zehn Begriffe, die mit Naturkatastrophen und Plattentektonik zu tun haben. Schreibe die Silben ab. Suche dann die Begriffe. Die Anfangsbuchstaben von 1 bis 10 ergeben einen Begriff aus der Plattentektonik.

asche – be – ben – ben – brü – che – deich – erd – erd – fun – gra – gren – kra – la – la – man – ne – plat – rich – schicht – see – ska – strom – tai – tel – ten – ter – ter – tief – va – ze

1. Schicht zwischen Erdkern und Erdkruste, 2. Energieskala zur Messung der Erdbebenstärke, 3. Schäden an Deichen, 4. Trennungslinie zwischen Erdplatten, 5. Fluss von heißem Gesteinsbrei am Vulkan, 6. Teil eines Schichtvulkans, 7. tropischer Wirbelsturm, 8. tiefe und langgestreckte Meeresstelle, 9. Erschütterung der Erdoberfläche, 10. trichterförmige Öffnung in einem Vulkan.

## 3. „Erdbeben selbst ausgelöst!"

**Versuch:** Zwei Styroporplatten sollen die Pazifische Platte und die Amerikanische Platte darstellen. Hohe und niedrige Häuser mit unterschiedlichem Grundriss stehen für San Francisco und Los Angeles. Die Häuser könnt ihr aus Pappe, Streichholzschachteln oder aus Holzstücken selbst herstellen. Die Plattenränder bilden die San-Andreas-Spalte. Schiebe beide Platten langsam aneinander vorbei. Was kannst du beobachten?

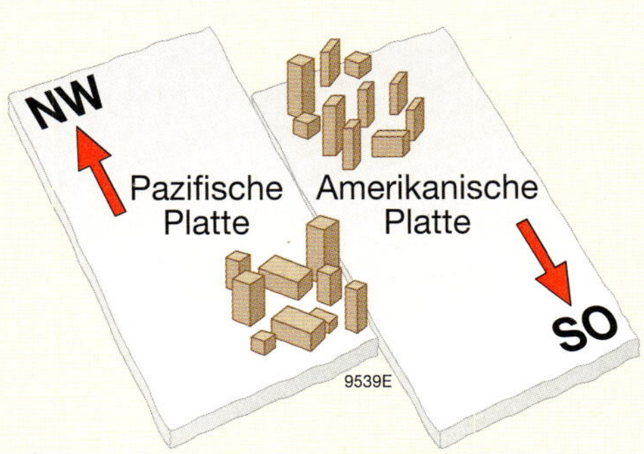

## 4. Ursachen und Folgen von Hochwasser

**1** Zeichne das Schema auf ein DIN-A4-Blatt. Trage dann die unten stehenden Punkte nach Ursachen (Natur/Mensch) und Folgen sortiert ein:

- Überflutung von Häusern
- Bodenversiegelung
- Verschmutzung der Landschaft
- Flussbegradigung
- Verlust von Ackerland
- Zerstörung von Verkehrswegen
- starke Niederschläge
- Bau von Deichen
- Kurzschlüsse und Brände
- plötzlich eintretende Schneeschmelze
- wirtschaftliche Nutzung der Flussauen
- Lebensgefahr von Flutwellen
- Beseitigung von natürlichen Überflutungsgebieten

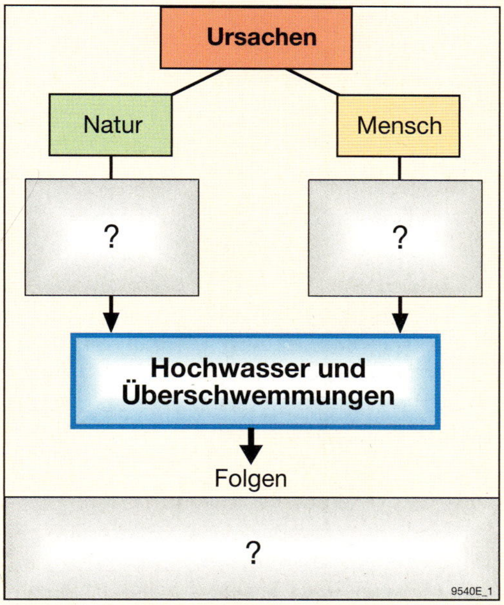


## 5. Vulkanexperte gesucht!

**1** Die Abbildung zeigt das Schema eines Schichtvulkans. Ordne den Nummern in der Abbildung die richtigen Begriffe zu und notiere sie.

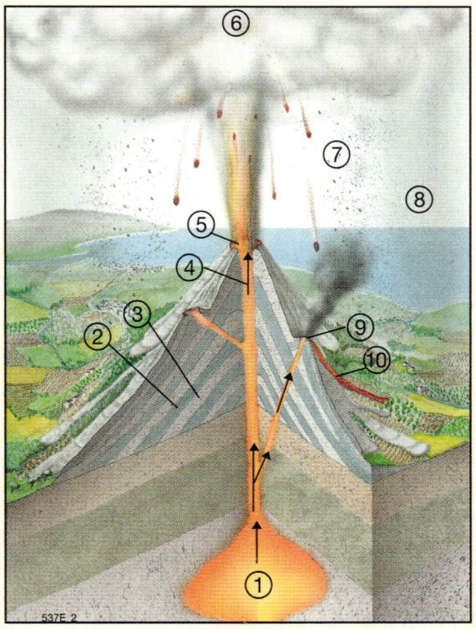


## 6. Finde die Begriffe

a) Gesteinsschmelze, die sich im Erdinneren befindet;
b) Punkt, der sich direkt über dem Erdbebenherd an der Erdoberfläche befindet;
c) Gerät zum Aufzeichnen der Erdbebenwellen;
d) Zentrum von Wirbelstürmen.

**Grundbegriffe**

Epizentrum
Erdkern
Erdkruste
Erdmantel
Faltengebirge
Flussaue
Geologen
Hypozentrum
Kontinentaldrift
Lava
Lithosphäre
Mäander
Magma
Mittelatlantischer Rücken
Richter-Skala
Schichtvulkan
Schildvulkan
Seismograph
Seismologe
Tsunami

# Erklären und beurteilen

San Francisco Cable Car

San Francisco – Golden Gate Bridge

**1** Bildet fünf Gruppen (Geologen, Seismologen, Bauingenieure, Stadtverwaltung, Bürgerinitiative).

**2** a) Legt mithilfe eurer Rollenkarte die Interessen und Ziele eurer Rolle fest.

b) Überlegt, wie ihr eure Arbeitsergebnisse vorstellen könnt und wie man Menschen vor einem möglichen Erdbeben schützen kann.

**3** Hinweise zum Rollenspiel:
- Jede Gruppe präsentiert zunächst ihre Gruppenarbeitsergebnisse.
- Anschließend machen die einzelnen Gruppen ihre Meinung deutlich.
- Unterstützt die Standpunkte und Haltungen anderer Interessengruppen, die euren Interessen und Zielen nahekommen.
- Argumentiert gegen Interessengruppen, derenZiele von euren abweichen.
- Macht Lösungsvorschläge und versucht, euch zu einigen.

San Francisco, 20.01.2009

Sehr geehrte Damen und Herren,

Wissenschaftler sagen voraus, dass es mit 99-prozentiger Wahrscheinlichkeit in den nächsten 30 Jahren ein schweres Beben mit der Stärke 8 auf der Richter-Skala in unserer Stadt geben wird. Aus großer Sorge um das Wohl unserer Stadt möchte ich Sie daher zu einer Konferenz einladen. Gemeinsam mit Fachvertretern unterschiedlicher Gruppen möchte ich mit Ihnen darüber diskutieren, was in Anbetracht einer möglicherweise bevorstehenden Katastrophe zu tun ist.

Mit freundlichen Grüßen

*Gavin Newsom*

Bürgermeister von San Francisco

## Geologen

Ihr arbeitet als Wissenschaftler an der Universität in San Francisco und sollt eine Konferenz leiten.
Erklärt den Teilnehmern, warum San Francisco erdbebengefährdet ist. Fertigt an der Tafel eine Skizze an, aus der deutlich wird, aus welchen Gründen es an den Plattengrenzen verstärkt zu Erdbeben kommen kann.
Ihr geht davon aus, dass es in den nächsten 30 Jahren zu einem starken Erdbeben kommen wird. Weist die Konferenz auf die Gefahren und Auswirkungen hin. Fordert die Behörden auf, die Stadt bei den geringsten Anzeichen von Erdbeben zu evakuieren, damit keine Menschen in Gefahr geraten.

## Stadtverwaltung

Ihr arbeitet bei der Stadtverwaltung von San Francisco. Ihr vertretet die Meinung, dass es viel zu teuer sei, bei jedem Anzeichen eines Erdbebens die Stadt zu evakuieren. Die Stadt hat kein Geld für Notunterkünfte und für die Versorgung.
Wer soll entscheiden, wann die Stadt evakuiert wird? Wer soll den Schaden, der durch Arbeitsausfall entsteht, bezahlen? Eurer Meinung nach muss man nur gut auf ein Erdbeben vorbereitet sein. Da im Falle eines Erdbebens Straßen, Eisenbahnverbindungen, Telefone und Stromversorgung nicht mehr funktionieren, gilt es vorzubeugen.
Die Menschen sollen wissen, was bei einem Beben alles passieren kann und Vorsorgemaßnahmen treffen.

## Bauingenieure

Ihr wisst bereits ganz genau, dass man Erdbeben nicht hundertprozentig exakt vorhersagen kann.
Eurer Meinung nach kann man nicht bei jedem geringsten Anzeichen für ein eventuelles Beben gleich die Bevölkerung einer so großen Stadt wie San Francisco in Panik versetzen. Schon des Öfteren haben sich die Seismologen bei ihrer Vorhersage eines Erdbebens geirrt.
Ebenso fehlt auch das Geld für solche Maßnahmen, die eine Evakuierung in so großem Stil kosten würde.
Ihr seid vielmehr der Auffassung, dass man sich durch eine erdbebensichere Bauweise vor den Folgen schwerer Beben schützen kann. Man könnte zum Beispiel elastische Baumaterialien verwenden, oder die Gebäude sollten auf biegsamen Pfeilern errichtet werden. Diese Gebäude kommen bei einem Erdbeben zwar ins Schwanken, stürzen dabei aber nicht um oder ein.
Eure neueste Erfindung ist ein riesiges Federelement. Ihr fordert die Stadtverwaltung auf, per Gesetz zu verfügen, dass jedes Haus auf solchen Federn gebaut werden muss. Stellt eure Erfindung der Konferenz vor.

## Seismologen

Ihr beschäftigt euch schon seit Jahren mit der Vorhersage von Erdbeben. Um die Bewegungen im Innern der Erde zu messen, habt ihr ein spezielles Instrument, den Seismographen, entwickelt. Mithilfe von Seismographen könnte man ein Warnsystem entwickeln, was Erdbeben vorhersagt. So könnten fast alle Menschen gerettet werden. Ihr habt auch beobachtet, dass Tiere bei bevorstehenden Erdbeben sehr unruhig sind. Sie können offenbar die nahende Gefahr spüren. Erklärt der Konferenz die Funktionsweise eines Seismographen. Setzt euch dafür ein, bei Anzeichen für ein drohendes Erdbeben die Stadt sofort zu evakuieren. Ein Beben in San Francisco ähnlich wie 1906 (8,3 auf der Richter-Skala) würde nämlich ungefähr 10 000 Menschenleben fordern.

## Bürgerinitiative

Ihr seid genau wie viele andere Bewohner von San Francisco bereits vor vielen Jahren in diese Stadt gekommen, weil ihr in einem Unternehmen der Computerbranche sofort eine Arbeit gefunden habt.
Ihr habt euer ganzes Geld in euer Haus gesteckt. Jetzt bekommt ihr allerdings genau wie viele andere Bürger der Stadt Angst.
Fordert die Stadtverwaltung auf, euch Geld zu geben, damit ihr euch in einer anderen Stadt niederlassen könnt. Nach eurer Ansicht muss es für die Stadtverwaltung doch besser sein, euch bei einer Umsiedlung finanziell zu unterstützen, als abzuwarten, bis das Geld für Hilfsmaßnahmen ausgegeben werden muss. Gleichzeitig fordert ihr den Bürgermeister auf, keine neuen Bürger mehr in der Stadt aufzunehmen. Ihr findet es absolut verantwortungslos, diese Stadt noch wachsen zu lassen.
Um deutlich zu machen, welche Auswirkungen ein Erdbeben für die Großstadt San Francisco haben kann, berichtet über vergangene Erdbeben und deren Auswirkungen für Menschen, Bauten und Anlagen im US-Bundesstaat Kalifornien.

# Wasser – begehrtes Lebensmittel und wichtiger Rohstoff

**M1** *An einem Brunnen in der Savanne*

# Ressource Wasser

**M1** *Bau eines Trinkwasserbrunnens in Indien*

**M2** *„Wasserversorgung" in Indien*

Dieses Kapitel ist eine Sammlung von wichtigen Informationen rund um das Thema „Wasser". Allerdings musst du allein oder mit Partnern nach weiteren interessanten Informationen suchen. Im Internet oder einer Bibliothek findest du sicherlich weitere Materialien und Informationen zum Thema. Präsentiere deine Arbeitsergebnisse in Form einer Ausstellung oder Wandzeitung.

Im Dorf Vel Thboung herrscht dieses Jahr besondere Trockenheit. „Vel Thboung" heißt übersetzt „Felder im Süden", doch von Feldern sieht man derzeit wenig. Das Dorf ist umgeben von staubiger Erde, aus der hier und da ein paar verkümmerte Halme ragen.
Ihr Trinkwasser müssen sich die Dorfbewohner das ganze Jahr über von einem zwei Stunden entfernten Brunnen holen. Diese Aufgabe erledigt die kleine Pala für ihre Familie. Pala ist sieben Jahre alt. Sie geht nicht in die Schule. Ihre Arbeitskraft wird im Dorf gebraucht. Sie holt jeden Morgen um sechs, wenn es noch nicht so heiß ist, das Wasser für den Mittagsreis. Ihre Familie kocht einmal am Tag Reis und isst ihn über den Tag ohne Beilagen.
Bevor sich das Mädchen auf den Weg macht, legt sie eine Bambusstange über ihre Schultern, an deren Enden zwei Wasserkanister baumeln. Zwei Stunden ist Pala mit den Kanistern unterwegs bis zu dem Erdloch, aus dem sie eine dunkle, erdige Brühe schöpft. Diese Flüssigkeit hat nichts zu tun mit dem klaren, durchsichtigen Wasser, das wir aus Deutschland kennen.
Wenn Pala vom Wasserholen zurückkommt, hilft sie im Haushalt oder spielt mit ihren Freundinnen. Am Abend wird dann ihr Vater, Nhek, noch einmal zum Brunnen gehen, um noch mehr Wasser zu holen. Manchmal kommt auch ein Wasserhändler mit seinem Fuhrwerk in das Dorf und bietet Wasser für rund zwei Cent den Liter an. Für Deutsche sind zwei Cent nicht viel, aber Palas Familie lebt vom eigenen Feld und verdient überhaupt kein Geld, deshalb ist für ihre Familie jeder Cent kostbar.

**M3** *Wassermangel in Kambodscha (nach einem Bericht des Roten Kreuzes)*

**M4** *Funktionen des Wassers*

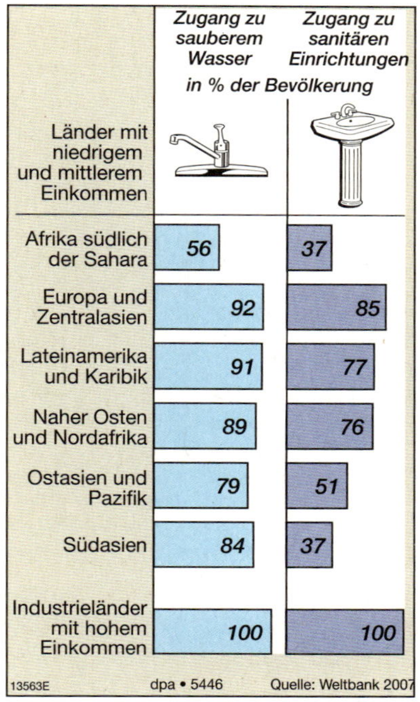


**M6** *Weltweite Wasserversorgung*

**1** a) Beschreibe die Wasserversorgung in M1 – M3.
b) Vergleiche mit der Versorgung in Deutschland.

**2** Nenne verschiedene Auswirkungen einer mangelhaften Wasserversorgung.

**3** Begründe die Aussage „Wasser ist Leben!“ (M3, M4).

**4** Beschreibe die Verteilung von nutzbarem Wasser auf der Erde (M5).

**5** Nenne mithilfe des Atlas 20 Länder mit Wassermangel und 20 Länder mit Wasserüberschuss.

**6** Informiere dich im Internet über Brunnenbauprogramme der UNICEF (Kinderhilfswerk der Vereinten Nationen) und der GTZ (Gesellschaft für technische Zusammenarbeit).

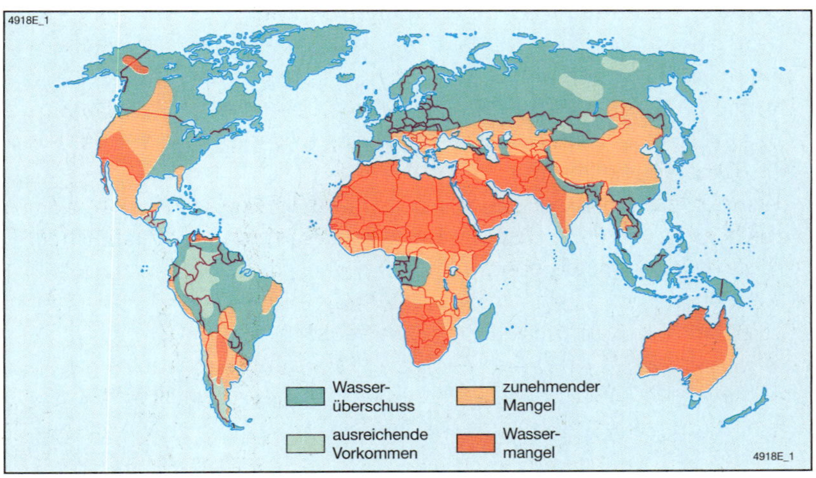


**M5** *Verteilung von nutzbarem Wasser auf der Erde*

In Afrika und Asien gehen frühmorgens Millionen von Frauen und Mädchen los, um von kilometerweit entfernten Wasserstellen Wasser für den Tag zu holen. Auf dem Rückweg tragen sie gefüllte Wasserkanister auf dem Kopf, die im Durchschnitt 10 bis 15 kg wiegen. Das ist eine enorme körperliche Anstrengung: In Afrika verbringen die Wasserträgerinnen bis zu sechs Stunden am Tag mit der Wasserbeschaffung. Zeit, in der sie nicht zur Schule gehen, nicht spielen und sich nicht um ihre Geschwister kümmern können. In Sierra Leone können 82 Prozent der erwachsenen Frauen nicht lesen und schreiben. Über die Hälfte der Mädchen gehen nicht zur Schule.

**M7** *Wassermangel (nach www.unicef.at 2008)*

# Ressource Wasser

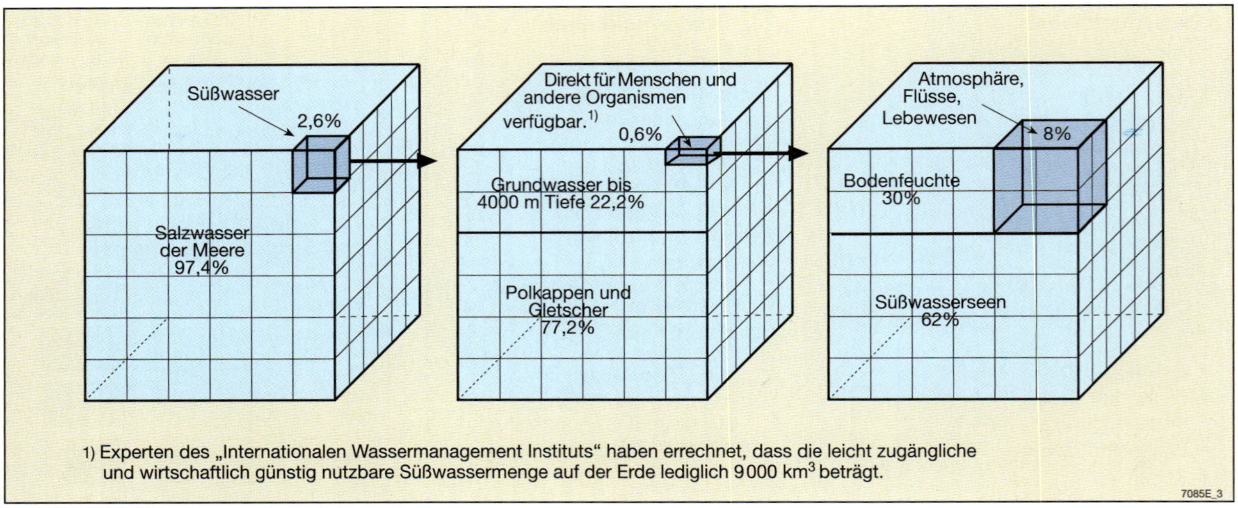


**M1** *Wasservorkommen auf der Erde*

1 Beschreibe die Wasservorkommen auf der Erde (M1).
2 Erläutere den Wasserkreislauf auf der Erde (M3).
3 a) Beschreibe die Entwicklung des globalen Wasserverbrauchs (M4).
b) Nenne Gründe für die Entwicklung.
4 Beschreibe den Wasserverbrauch in Deutschland (M2).
5 Werte die Grafik M6 aus. Erläutere sie.
6 Ermittle den Wasserverbrauch deiner Familie.
7 a) Beurteile den Wasserverbrauch in der Landwirtschaft mithilfe von M7.
b) Nenne Maßnahmen, durch die der Wasserverbrauch verringert werden könnte.

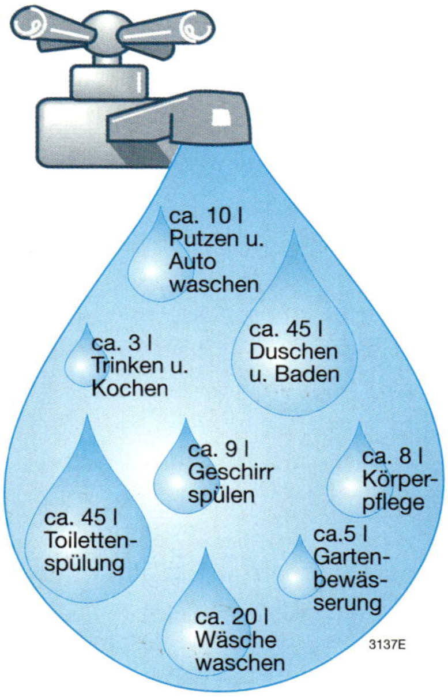


**M2** *Durchschnittlicher Wasserverbrauch pro Tag und Einwohner in Deutschland (2008)*

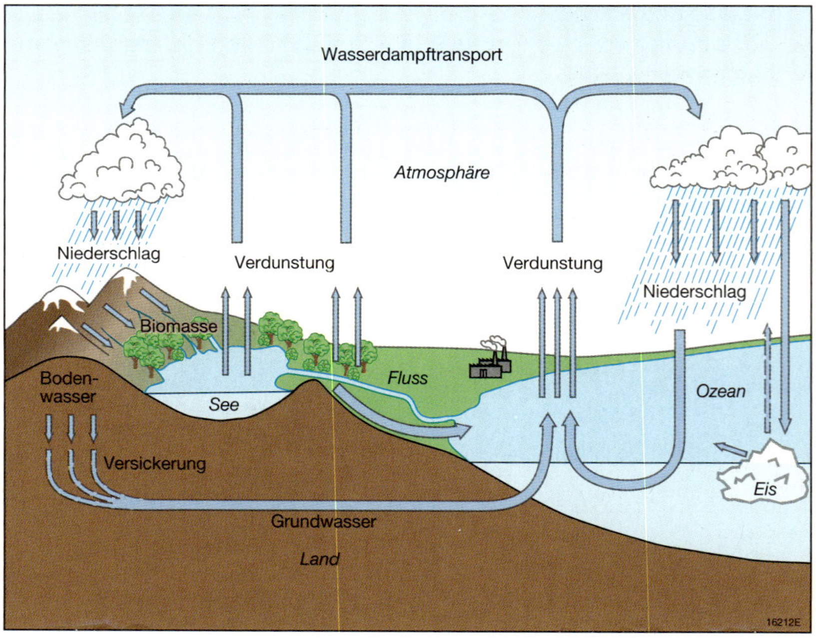


**M3** *Wasserkreislauf auf der Erde*

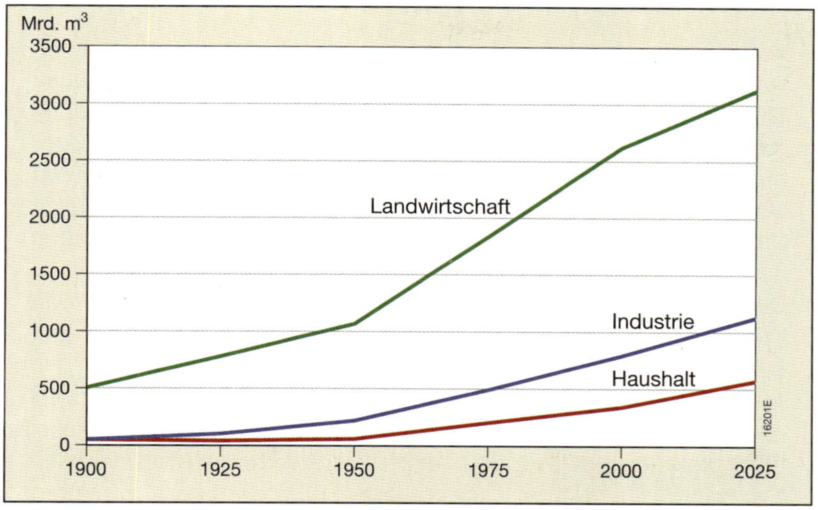


**M4** *Entwicklung des globalen Wasserverbrauchs*

Bis zu zwei Milliarden Menschen müssen fürchten, dass ihnen nicht genug Wasser zur Verfügung steht. Zum Trinken, Kochen und Waschen braucht man täglich etwa 20 bis 50 Liter.
Wasser ist auch für die industrielle Produktion und für die Elektrizitätsgewinnung in Kraftwerken notwendig. Aber 70 Prozent des weltweiten Nutzwassers werden von der Landwirtschaft und der Viehzucht verbraucht. Sie belasten die Wasserreserven in doppelter Weise: Einerseits werden sehr große Mengen Süßwasser zur Bewässerung benötigt; andererseits fließt mit Kot, Pestiziden und Dünger verschmutztes Abwasser direkt wieder zurück in Flüsse, Seen und Küstengewässer.

**M5** *Wasser wird bald knapp (nach: Collectors Edition Nr. 9, National Geographic – Planet Erde 2008)*

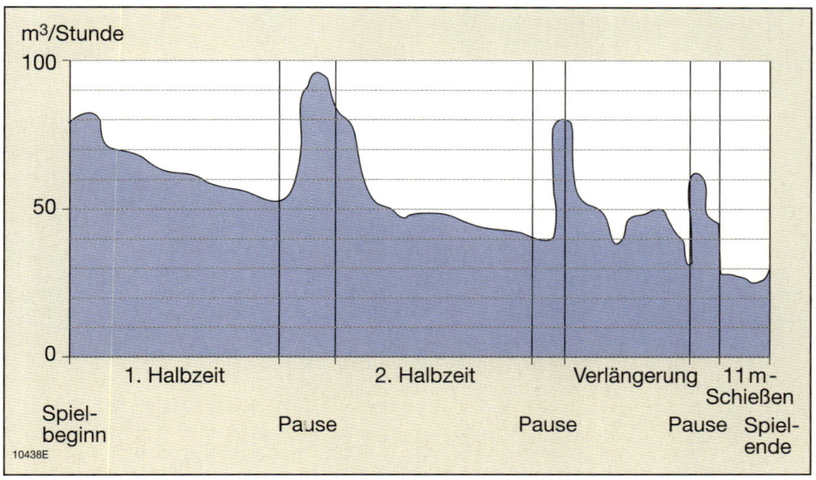


**M6** *Wasserverbrauch während eines Fußballspiels in Deutschland während einer Weltmeisterschaft*

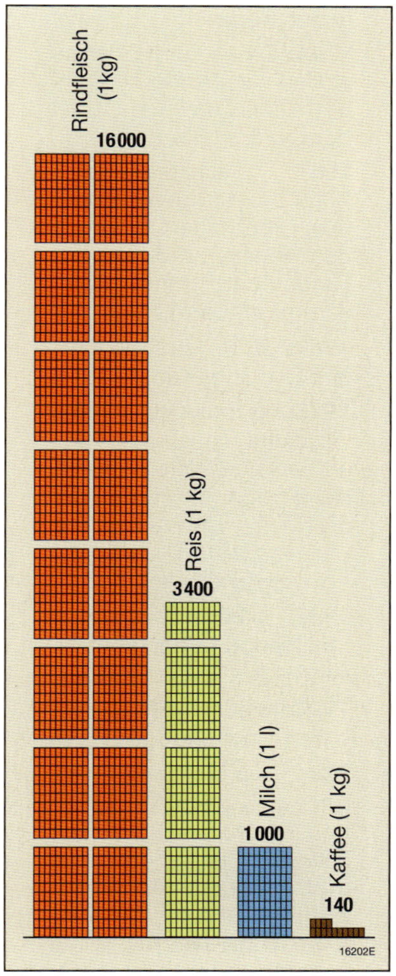


**M7** *Verbrauch von Wasser bei der Produktion von Nahrungs- und Genussmitteln*

# Wasserprobleme im Nahen Osten

**1948/1949:** Der Staat Israel wird gegen den Willen seiner arabischen Nachbarn gegründet.

**1949:** Israel legt Sümpfe an der syrischen Grenze trocken, damit der Jordan schneller in den See Genezareth fließt.

**1961:** Jordanien zapft den Jarmuk an und leitet dessen Wasser parallel zum Jordan durch den Ost-Ghor-Kanal ab.

**1964:** Israel baut die „Nationale Wasserleitung" vom See Genezareth um das Westjordanland herum bis in den Negev.

**1964:** Syrien und Libanon wollen die Flüsse Hasbani und Banias umleiten. Israel bombardiert Baustellen.

**1967 „Sechstagekrieg":** Israel besetzt die Golanhöhen, kontrolliert dadurch den Banias und zerstört Fundamente eines Staudamms am Jarmuk.

**1969:** Israel bombardiert den Ost-Ghor-Kanal.

**1973:** Im Jom-Kippur-Krieg verteidigt Israel das 1967 eroberte Westjordanland. Israel nutzt vier Fünftel der dortigen Wasservorräte. Friedensvertrag zwischen Ägypten und Israel.

**1982:** Israel besetzt den Südlibanon und kontrolliert dadurch den Litani.

**1994:** Friedensvertrag zwischen Israel und Jordanien.

**2004:** Politische Gegensätze (z.B. zwischen Syrien und Israel sowie zwischen Palästinensern und Israelis) und Angst vor Abhängigkeit verhindern notwendige zwischenstaatliche Projekte zur Wasserbeschaffung.

*M1 Chronik des Kampfes um Wasser*

Vom Wasser des Jordan hängt die Existenz der Anrainerstaaten wesentlich ab. Dabei liefert der 252 km lange Fluss aus seinem etwa 18 000 km² großem Einzugsgebiet nur höchstens eine Milliarde Kubikmeter Wasser jährlich. Die in der Länge vergleichbare Ruhr (235 km) bringt es hingegen aus nur 4 500 km² Einzugsgebiet etwa auf das Doppelte. Aber während im Einzugsgebiet der Ruhr jährlich 720 mm Niederschlag pro Quadratmeter registriert werden, fallen im Nordteil der Jordansenke nur 300 und im Süden gar weniger als 100 mm.
Die gerechte Wasserverteilung wurde zum dramatischen Problem, da Israel mit seiner wachsenden Bevölkerung, seiner sich entwickelnden Landwirtschaft und Industrie große Wasservorräte benötigte.
Jordanien leitet das Wasser von Yarmouk und Zarka im Ghor-Kanal nach Süden ab und bewässert damit den jordanischen Teil der Senke.
Israel bezieht rund 75 Prozent seines Wasserverbrauchs aus dem See Genezareth. Der „National Water Carrier" führt das Wasser bis tief in die Negev-Wüste.

*M2 Schon immer: Der Fluss, von dem Millionen leben (nach: GEO, 7/1985)*

*M3 Wasserbaumaßnahmen*

Das Tote Meer siecht dahin. In den vergangenen dreißig Jahren ist sein Wasserspiegel um mehr als 25 m gesunken. Bis 2020 könnten weitere 13 m verloren gehen, warnte Anfang 2006 eine Umweltorganisation. Der Hauptfeind des einzigartigen Salzsees ist die übermäßige Nutzung des Jordans, des größten Süßwasserzuflusses. Fürs Tote Meer bleibt inzwischen kaum mehr als ein Rinnsal – die Verdunstung überwiegt den Zufluss. Als tiefster Punkt der Landoberfläche zieht das Tote Meer das Grundwasser aus der Umgebung an. Der sinkende Wasserspiegel erzeugt im Untergrund einen Sog und Süßwasser strömt nach, jährlich etwa 850 Millionen Kubikmeter Trinkwasser, das besonders in Jordanien fehlt.
Das Süßwasser löst die Salze im Untergrund, der bislang von salzigem Grundwasser durchspült wurde und dadurch stabil war. „Erst bilden sich unterirdische Hohlräume. Irgendwann werden die überlagernden Schichten zu schwach und brechen ein", erklärt ein Geowissenschaftler.
Ein Projekt der Superklasse soll diesen Prozess nun aufhalten: Der Red Sea Dead Sea Kanal. Aus dem Golf von Akaba wird Ozeanwasser den Ufergrat hoch gepumpt und von dort 100 bis 200 m über dem Meeresspiegel durchs Aravatal fließen, bis es schließlich hinabstürzt ins Tote Meer, dessen Oberfläche mittlerweile auf etwa 417 m unter Null gesunken ist. Ein zwischengeschaltetes Kraftwerk soll die dabei entstehende frei werdende Energie in elektrischen Strom umwandeln und dadurch eine Entsalzungsanlage zur Trinkwassergewinnung antreiben.
Aber Umweltschützer haben Zweifel. Die Installation der Rohrverbindung und der ständige Sog durch das Abpumpen von jährlich immerhin 1 900 Millionen Kubikmetern Wasser zerstöre das Bodenleben im Golf von Akaba. Für das Tote Meer wären die Folgen noch einschneidender. Wird Wasser aus den Anrainermeeren eingeschleust, könnte sich die Chemie im Salzsee ändern. Meerwasser ist kalziumreich. Trifft es auf das sulfathaltige Wasser im Toten Meer, flockt Gips aus. Zudem besteht die Gefahr, dass sich die beiden Wasser nicht mischen. Der geplante Riesenbau liegt zudem mitten in einem seismisch aktiven Gebiet. Bekäme der Kanal bei einem Erdbeben ein Leck oder bräche er womöglich, würde salzhaltiges Ozeanwasser das rare Grundwasser im Arava Wüstental verseuchen.

**M4** *Rettender Kanal fürs Tote Meer (nach: Dewezet vom 14.07.2007)*

**M5** *Bewässerungskanal in Israel*

1 Beschreibe die natürliche Vegetation in Israel und seinen Nachbarstaaten.
2 Ermittle die Klimadaten von Jerusalem und zeichne ein Klimadiagramm.
3 Erläutere mithilfe von M1 und M2 die Auseinandersetzungen zwischen Israel, den Pälästinensern, Syrien, Libanon und Jordanien um Wasser.
4 a) Beschreibe den Zustand des Toten Meeres (M4, M6).
b) Nenne die Risiken, die mit dem Bau des Kanals verbunden sind (M4, M5).

**M6** *Ufer am Toten Meer*

# Wasserprobleme im Nahen Osten

**M1** *Naher Osten*

Not macht erfinderisch. Nirgends trifft diese Weisheit mehr zu als in Israel. Dort erwägt die Regierung nach vier trockenen Wintern sogar, das Sprenkeln öffentlicher Parks und Wiesen ab 2009 einzustellen. Dennoch wachsen in der Wüste Mangobäume, Oliven und Tomaten, allerdings mit salzigem Wasser, nicht mit knappem Süßwasser. Arie Isser ist es zu verdanken, dass Israels Wüste blüht. Er hat unter dem Negev ein gigantisches Wasserreservoir entdeckt, Überreste eines Gletschersees von vor 40 000 Jahren. 600 Jahre könnte Israel aus dem 200 Milliarden Kubikmeter vollem Reservoir schöpfen.
Das salz- und mineralhaltige Wasser aus 800 m Tiefe ist brackig und lässt sich ohne Entsalzung nicht trinken, aber Melonen- und Tomatenpflanzen können nicht genug davon bekommen. Sie werden sogar noch aromatischer, noch süßer – Folgen einer biochemischen Abwehrreaktion.
Bis zu Beginn der 1990er-Jahre hatte der Wüstenkibbuz Revivim vom Gemüse- und Früchteanbau gelebt, aber irgendwann wurde die Süßwasserrechnung zu hoch. Die Felder vertrockneten. Bis die Bauern ein Experiment wagten. Sie pflanzten junge Olivenbäume in den Wüstenboden und bewässerten die Wurzeln tröpfchenweise mit Wasser aus dem mineralhaltigen Gletschersee. Die etwa einen Meter großen Setzlinge waren bereits nach einem Jahr zweieinhalb Meter hoch gewachsen.
Heute wachsen und gedeihen etwa 80 000 Olivenbäume vom Wasser aus dem Gletschersee. Eine computergesteuerte Anlage misst das Wachstum. Sind die Bäume zu schmal, wird mehr Wasser durch die Schläuche gepumpt. Die Oliven finden reißenden Absatz.
Das Wasser dient auch der Fischzucht. Wenn das Wasser aus der Tiefe kommt, ist es mehr als 30 °C warm, eine Temperatur, in der sich bestimmte Fischarten sehr wohl fühlen. In 20 Zuchtfischfarmen werden jedes Jahr 600 Tonnen Seebrassen, Welse, Petersfische und Buntbarsche herangezüchtet.
Das Wasser aus den Teichen, das voll ist mit den Exkrementen der Fische, haben die Bauern als Dünger in die Wasserschläuche der Olivenbäume gespeist. „Die Bäume lieben den Fischdünger," berichten die Bauern.

**M3** *In der Wüste liegt die Zukunft (nach: „Süddeutsche Zeitung" vom 24.08.2008)*

**M2** *Tropfbewässerung*

**Naher Osten**
Als Nahen Osten bezeichnet man heute das Gebiet außerhalb Europas am östlichen Mittelmeer.
Der Nahe Osten umfasst die in Westasien gelegenen Staaten Libanon, Syrien, Irak, Jordanien, Israel sowie die Palästinensischen Autonomiegebiete.
Oft werden auch Ägypten, die Türkei, der Iran, der Iran, Saudi-Arabien und weitere Staaten auf der Arabischen Halbinsel zum Nahen Osten dazugerechnet.

M4 *Intensive landwirtschaftliche Nutzung in Israel (Negev) – Anbau von Kartoffeln*

1 Beschreibe das Wasservorkommen unter dem Negev und seine Bedeutung für Israel (M3).
2 ↝ Berichte über die Nutzung der neu entdeckten Wasservorräte (M2, M3).
3 ↝ Informiere dich über landwirtschaftliche Nutzungsformen im Nahen Osten und berichte darüber.
4 ↝ Informiere dich über die verschiedenen Bewässerungsmethoden und berichte.

M5 *Anbau von Erdbeeren unter Folie*

# Ein See schrumpft – Aralsee

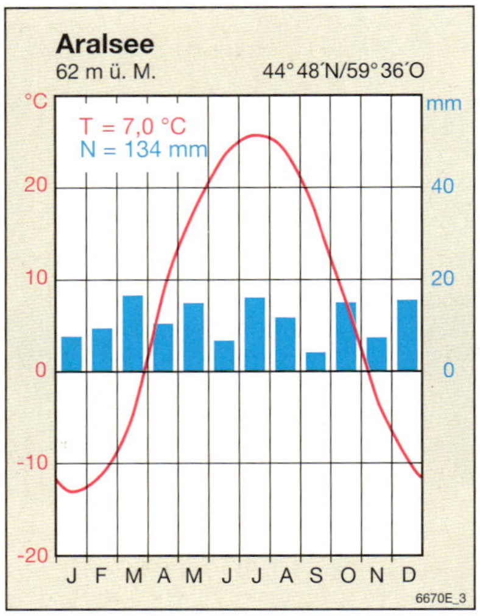


**M1** *Klimadiagramm Aralsee*

**M3** *Fischer am Aralsee*

1 Beschreibe die geographische Lage des Aralsees (Atlas).
2 Beschreibe das Klima am Aralsee und bestimme seine Lage innerhalb der Klima- und Vegetationszonen (M1, S. 72/M1).
3 a) Erstelle mithilfe von M4 und Transparentpapier zwei Zeichnungen vom Aralsee: 1960 und 2005.
   b) Bestimme für jede Zeichnung die Größe des Sees in km².
   c) Errechne, um wie viel Prozent sich die Fläche des Sees verändert hat.
4 Beschreibe die Veränderungen am Aralsee (M2–M4, M7).
5 Erläutere, woher der Aralsee sein Wasser erhält (M5).
6 Nenne Gründe für die Entwicklungen im Gebiet des Aralsees (M5).

**M2** *Fischerboote auf dem Aralsee 1960*

*... und heutige Situation*

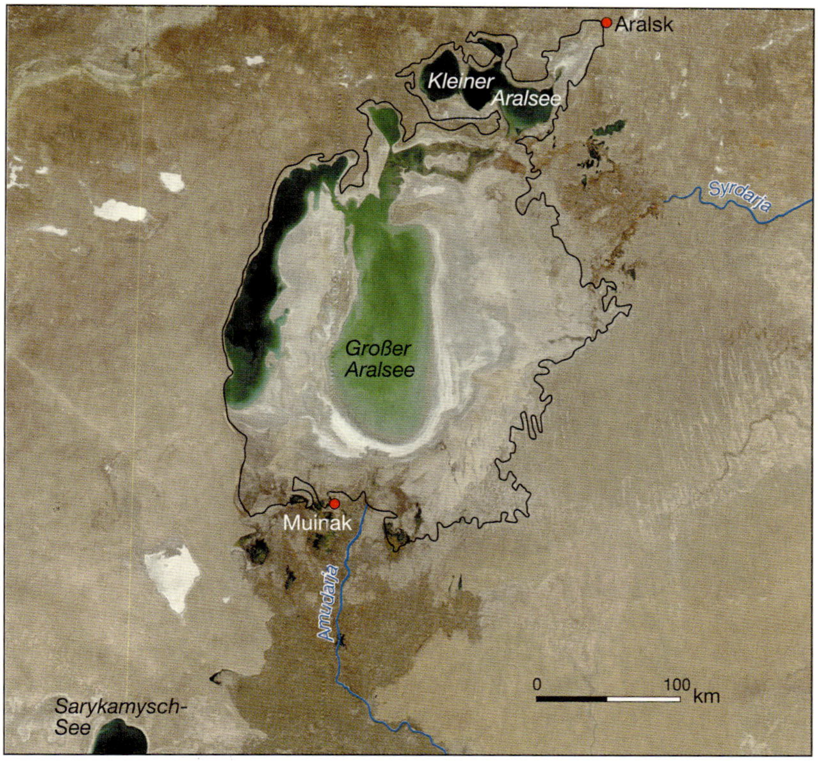


**M4** *Satellitenbild vom Aralsee 2005 (schwarze Umrandung: Stand 1960)*

Es gibt hier unzählige Füchse, Ziegen und Wölfe, vor allem aber Antilopen, die nicht vor den Menschen flüchten. Das Meer ist reich an Wels und Stör. Außerdem gibt es eine gewaltige Menge an Pelikanen, Kormoranen, Möwen und Seeschwalben. Im Schilf findet man zahlreiche Igel und an den Stränden die Spuren von Tigern.

**M6** *Aus dem Reisebuch eines Naturforschers (nach: Alexej Bukatov 1852)*

Das einst viertgrößte Binnenmeer der Welt wird im Jahr 2020 fast komplett ausgetrocknet sein: Der Aralsee schwindet zusehends. Neue Satellitenbilder zeigen, wie klein er mittlerweile ist – und wie groß dagegen die neu entstandene Wüste.
Vom Meer ist nur noch ein kleiner See übrig geblieben: Der Aralsee enthält nur ein Viertel der Wassermenge gegenüber den 1960er-Jahren, der Wasserpegel sank bisher um rund 13 m. Und die Prognose der Weltraumbehörde ESA für den kranken See sieht nicht gut aus. Die Küstenstreifen verlandeten offensichtlich. Noch in den 1960er-Jahren war der Aralsee doppelt so groß wie das Bundesland Baden-Württemberg.
Ein kleiner Teil des Sees im Norden könnte wohl gerettet werden, so die Weltraumbehörde ESA. Der südliche Teil des Aralsees werde in anderthalb Jahrzehnten aber komplett ausgetrocknet sein, so wird erwartet.
Durst hat der an der Grenze zwischen Usbekistan und Kasachstan gelegene Aralsee bereits seit rund 40 Jahren. Seitdem werden die zwei Hauptzuflüsse angezapft, um in Usbekistan Baumwollplantagen zu bewässern: Baumwollpflanzen brauchen Unmengen Wasser – in dem Land am Südufer des Aralsees aber gibt es nur Steppen. Heute sind die beiden Flüsse Amudarja und Syrdarja nur noch Rinnsale und auf dem Satellitenbild fast nicht zu erkennen.

**M5** *Verdurstender Aralsee (nach: www.spiegel.de, 21.07.2006)*

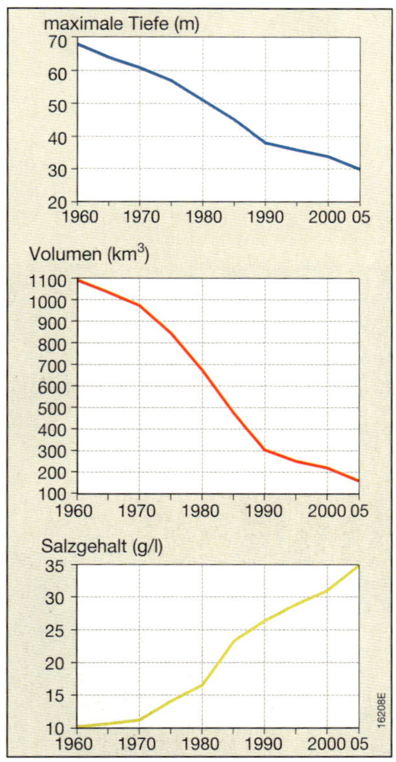


**M7** *Der Aralsee 1960 bis 2005*

# Ein See schrumpft – Aralsee

**Baumwolle**
Baumwolle ist eine der ältesten Nutzpflanzen der Erde. Die Fasern der Pflanze werden meistens zu dünnen Fäden gesponnen, aus denen sich Textilien herstellen lassen. Für ein gutes Wachstum benötigt die Pflanze 200 Tage mit Temperaturen über 20 °C. Ferner brauchen die Pflanzen sehr viel Wasser während der Wachstumszeit. Allerdings ist es wichtig, dass die Pflanzen während der Reife einen „trockenen Kopf" behalten. Das bedeutet, dass sie zwar viel Wasser benötigen, aber keinen Niederschlag vertragen.

Pflanze: a Blüte, b Kapsel, c Baumwollfasern

**M2** *Baumwollernte am Amudarja*

1 Beschreibe die landwirtschaftliche Nutzung im Gebiet rund um den Aralsee.
2 Erläutere den bestehenden Zusammenhang zwischen der landwirtschaftlichen Nutzung und den Veränderungen im Gebiet des Aralsees in Mittelasien.
3 Vergleiche die landwirtschaftliche Nutzung mit den klimatischen Bedingungen und beurteile die Nutzung.
4 Informiere dich im Internet über die Entwicklungen am Aralsee und schreibe einen Bericht.
5 Stelle M6 in einem Säulendiagramm dar.
6 Erläutere folgende Behauptung: „Der Aralsee ist ein abflussloser Salzsee."

**M1** *Baumwolle*

**M3** *Bewässerungsgebiete und Baumwollanbau in Mittelasien*

M4 *Wrack eines gestrandeten Fischerbootes im Gebiet des Aralsees*

| Jahr | Oberfläche (1 000 km²) | Salzgehalt (g/l) |
|---|---|---|
| 1950 | 70,0 | 5,0 |
| 1960 | 67,9 | 10,0 |
| 1970 | 60,4 | 11,1 |
| 1980 | 52,4 | 16,5 |
| 1990 | 33,5 | 30,0 |
| 2000 | 30,9 | 36,0 |
| 2010* | 21,1 | 42,0 |

* Prognose

M6 *Daten zum Aralsee*

7 Berichte über die jüngsten Entwicklungen am Aralsee und schreibe einen Zeitungsbericht (M5).

8 Informiere dich im Internet über die gegenwärtige Ausdehnung des Aralsees.

An den Aralsee ist die Hoffnung zurückgekehrt. Zumindest an den nördlichen, den „Kleinen Aralsee", der in Kasachstan liegt. Mithilfe der Weltbank hatte das Land vor zwei Jahren einen Staudamm gebaut. Damit wird der Syrdarja, einer der beiden Zuflüsse des Aralsees, aufgestaut. Seit der Einweihung des Damms ist der Wasserspiegel des nördlichen Aralsees um drei Meter gestiegen. An manchen Stellen hat sich die Uferlinie um 15 km landeinwärts verlagert.
Etwa 120 km südlich von Aralsk ist von der Traurigkeit der ausgestorbenen Hafenstadt nichts mehr zu spüren. Hier am Kok-Aral-Damm rauscht das Wasser über ein geöffnetes Wehr und fließt in Richtung Usbekistan, in den „Großen Aralsee". Unterhalb der Staumauer sind Dutzende Fischer mit ihren Booten unterwegs. Am Abend kommen die Fischer aus den Dörfern zusammen, bereiten ihre Netze für den nächtlichen Fischzug vor. Trotz des Erfolgs in Kasachstan sehen Experten keine Chance mehr, den gesamten Aralsee zurückzugewinnen. Der Wasser-Experte der Weltbank ist überzeugt, dass der „Große Aralsee" verloren ist. „Wir müssen realistisch bleiben. Zu unseren Lebzeiten wird der ‚Große Aralsee' nicht mehr zurückkehren." Dennoch ist der Dammbau für ihn ein Erfolg: „Wir haben beim nördlichen Teil gezeigt, dass wir eine von Menschen verursachte Umweltkatastrophe rückgängig machen können, bei der niemand gedacht hätte, dass das möglich sei.

M5 *Hoffnung für den Aralsee (nach: www.eurasischesmagazin.de, 10/2007)*

**Bodenversalzung**

Unter Bodenversalzung versteht man die Bildung von Salzböden. Durch intensive Bewässerung lagern sich im Wasser gelöste Salze im Boden ab. Wenn dieses Wasser zum Teil verdunstet, kommt es zur Ablagerung der Salze an der Erdoberfläche.

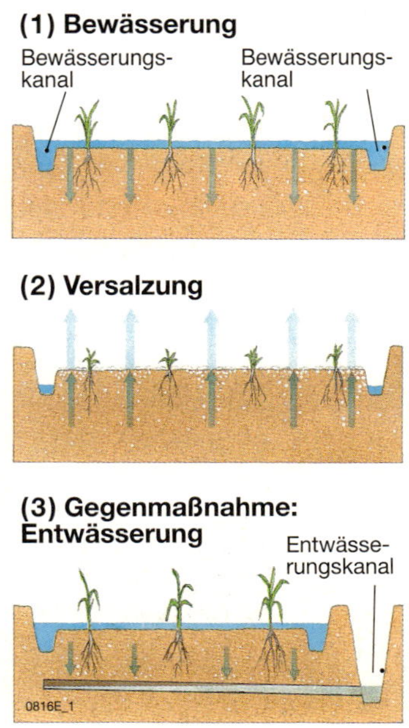

# Wasser als Energieproduzent – Drei-Schluchten-Staudamm

M1 *Schiff vor der Schleuse am Drei-Schluchten-Staudamm*

M3 *Staumauer des Drei-Schluchten-Staudamms*

Mit einer schlichten Zeremonie hat China die Fertigstellung des umstrittenen Drei-Schluchten-Staudamms gefeiert. Das staatliche chinesische Fernsehen zeigte, wie Bauarbeiter die letzte Zementladung auf die 2,3 Kilometer lange und 184 Meter hohe Staumauer gossen.
Die in dem Prestigeprojekt verbauten 27 Millionen Kubikmeter Beton und 280 000 Tonnen Metall sollen die Überschwemmungen des größten Flusses in China bändigen. Mit einer Leistung von rund 85 Milliarden Kilowattstunden jährlich soll die weltgrößte Wasserkraft-Anlage den Energiehunger der boomenden Wirtschaft stillen helfen. 14 Turbinen mit einer Leistung von 700 Megawatt wurden am linken Ufer des Flusses bereits in Betrieb genommen, weitere zwölf sollen ab Ende des Jahres Strom liefern.

M2 *Drei-Schluchten-Staudamm vollendet (nach: „Tagesschau"-Meldung vom 20.05.2006)*

Wang Rong und seine Frau Ying kommen von ihrer alten Heimat nicht los. Jeden Tag pilgern sie zum Fluss hinunter, holen ihr Verkaufswägelchen mit Zigaretten und Feuerzeugen und warten auf Kunden. Das Geschäft geht nicht gut, denn das Uferviertel der Yangtse-Stadt Wushan sieht aus wie nach einem Krieg. Nur eine Steinwüste bleibt übrig von den Gassen, durch die einst die Träger ihre Lasten zu den Schiffen schleppten, vorbei an dampfenden Garküchen und alten Leuten, die sich vor den Türen mit dem Glücksspiel Mahjong die Zeit vertrieben.
Nicht Bomben, sondern Bulldozer haben das Quartier dem Erdboden gleichgemacht und über 50 000 Bewohner gezwungen, in die neuen Stadtviertel weiter oben am Hang zu ziehen. Denn seit dem 01.06.2003 ist der 120 km flussabwärts gelegene Drei-Schluchten-Staudamm vollständig geschlossen, die Trümmer der Altstadt Wushan versinken im Wasser.
In den braunen Fluten des Yangtse werden gut 1 500 Städte und Dörfer ganz oder teilweise verschwinden. Rund 1,5 Millionen Menschen müssen ihre Heimat verlassen.

M4 *Wushan versinkt (nach: www.spiegel.de, 2005)*

1 Berichte über das Bauprojekt „Drei-Schluchten-Staudamm" (M1 – M3).
2 Beschreibe die Lage des Drei-Schluchten-Staudamms und vergleiche die Größe des Stausees mit Entfernungen in Deutschland (M5).
3 Nenne Gründe für den Bau des Staudamms (M2, M5, M6).
4 Stelle Nutzen und Probleme des Staudamms in einer Tabelle gegenüber.
5 Recherchiere nach weiteren Informationen über den Drei-Schluchten-Staudamm im Internet und erstelle eine Wandzeitung oder Präsentation über das Projekt (siehe S. 25).
6 Ermittle mithilfe von Internet und Lexika weitere große Staudämme und Stauseen der Erde und nenne die jeweiligen Flüsse.

**M5** *Der Drei-Schluchten-Staudamm*

Die Arbeiten am Staudamm für das größte Wasserkraftwerk der Welt sind abgeschlossen. Zwölf Jahre lang dauerte die Konstruktion. Der gigantische Damm soll der Stromerzeugung und der Hochwasserkontrolle dienen. Ursprünglich war die Fertigstellung der Betonbauarbeiten erst für Frühjahr 2007 vorgesehen. Das Wasserkraftwerk kann nun jedoch bereits 2006 in Betrieb gehen. 26 Turbinen werden für eine Leistung von 85 Milliarden Kilowattstunden im Jahr sorgen.
So imposant die technischen Daten, so umstritten ist das Projekt: Umweltschäden, geologische Risiken und die Umsiedlung von bisher rund einer Million Menschen für den 660 km langen Stausee machen die Anlage zum Risiko. In diesem Jahr müssen weitere 80 000 Menschen umsiedeln. Am Ende werden 1,3 Millionen Menschen ihre Heimat verloren haben, wenn der Wasserstand die normale Höhe von 175 m erreicht.
„Alle Befürchtungen, die wir vor dem Staudammbau hatten, haben sich bestätigt. Nicht nur das – es ist sogar noch schlimmer geworden", erklärte die Umweltaktivistin Dai Qing. Weil ganze Dörfer und Städte mit Fabriken und Müllkippen im Wasser versunken seien, habe die Wasserverschmutzung stark zugenommen. Außerdem habe sich die Fließgeschwindigkeit des Flusses verlangsamt, hinzu komme eine zunehmende Verschlickung. Am Ufer des Stausees drohten Erdrutsche, weil der Untergrund aufgeweicht werde; die Schifffahrt sei stark beeinträchtigt. Da der Bau des Schiffshebewerks neben der großen fünfstufigen Schleuse wegen finanzieller und technischer Probleme mehrere Male verschoben worden sei, müssten Schiffe heute lange Wartezeiten in Kauf nehmen.

**M6** *Drei-Schluchten-Staudamm fertiggestellt (nach: spiegel-online, 20.05.2006)*

Regierungsbeamte aus den Regionen rund um den Staudamm berichteten, dass die Wasserqualität der Nebenflüsse gesunken sei. Die durch die Ablagerungen verursachte Verschmutzung bedrohe in einem Landkreis die Trinkwasserversorgung von 50 000 Einwohnern und verstärke in vielen örtlichen Flüssen den Algenbefall.
Wo die Befürworter des Drei-Schluchten-Staudamms eine Verbesserung der Stromversorgung und der Hochwasserkontrolle sehen, warnen Kritiker seit langem vor Umweltschäden und einer Verschlechterung der Lebensbedingungen der Anwohner. Zudem argumentieren die Gegner, das gigantische Wasserkraft-Projekt könnte zum Aussterben des seltenen Jangtse-Flussdelfins führen.

**M7** *Trinkwasserversorgung bedroht (nach: sueddeutsche.de, 26.09.2007)*

# Minilexikon

A

**Agrobusiness**
Alle Unternehmen (Factory Farm), die landwirtschaftliche Produkte von mehr als 1 Million US-Dollar pro Jahr erzeugen.

**Anrainerstaat**
Bezeichnung für einen Staat, der an ein anderes Land grenzt (Nachbarstaat).

**Äquator**
Linie auf Karten und Globen, die die Erde in eine Nord- und eine Südhalbkugel teilt. Der Äquator ist 40 077 km lang.

**Archiv**
Ort, an dem geschichtliche Quellen (z. B. Schriftstücke, Filme) geordnet aufbewahrt werden.

B

**Bauxit**
Aluminiumerz.

**Best case**
Der Begriff stammt aus dem Englischen. Bei einer → Prognose der günstigste Fall, der eintreten kann (→ worst case).

**Biodiesel, Bioethanol, Biogas**
Aus Pflanzen hergestellte Treibstoffe.

**Biomasse**
Menge der lebenden Pflanzen und Tiere auf einer bestimmten Fläche zu einer bestimmten Zeit.

**Bohrkern**
Bodenproben aus tief liegenden Schichten, die mit einem Bohrer (innen hohl) entnommen werden.

**Brackwasser**
Mischung aus → Süß- und Salzwasser.

**Brandung**
Gebrochene oder auslaufende Bewegung von Wasser.

**Breitenkreis** (Breitengrad)
→ Gradnetz.

**Brennstoffzelle**
Sie wandelt Wasserstoff mithilfe von Sauerstoff in Elektrizität und Wärme um. Die Brennstoffzelle stößt nur Wasserdampf aus. Sie treibt Fahrzeuge an.

**Brettwurzel**
Bis zu 10 m hohe, sternförmig angeordnete Wurzel. Brettwurzeln verleihen den hohen Bäumen im tropischen Regenwald besondere Standfestigkeit.

**Buchung**
Bezeichnung zum Beispiel für die Bestellung einer Reise.

C

**Chinin**
Arzneimittel gegen → Malaria.

**Container**
Großer geschlossener Metallkasten, dessen Maße (Länge, Breite, Höhe) genormt sind. Auf diese Weise können Container gut transportiert werden. Sie werden zum Transport von Stückgut benutzt.

D

**Dekkan**
Landschaft (Hügelland) in Indien.

**Druckwelle**
Druck, der sich wellenartig ausbreitet.

E

**Erosion**
Abtragung von Boden und Gestein durch fließendes Wasser, Eis oder Wind.

**Evakuierung**
Räumung eines Gebietes und zeitweise Unterbringung von Menschen und Tieren an einem anderen sicheren Ort.

**Eventtourismus**
Reisen zu Ereignissen (z. B. Bundesligaspiele, Rock-Konzerte).

**Evolution**
Lehre von der Entwicklung des Lebens auf der Erde.

F

**Fertigware**
Verkaufsfähige Endprodukte von Industrie und Handwerk.

**Fossilien** (Versteinerungen)
Überreste von Menschen, Tieren und Pflanzen in Gesteinen.

G

**Galerie**
Das Wort stammt aus dem Italienischen und bedeutet „langer Säulengang".
Es wird zum Beispiel in der Architektur (zu mindestens einer Seite offener Bereich innerhalb eines Gebäudes) sowie im Eisenbahnbau und Straßenbau (errichtetes Gewölbe oder Tunnel im Gebirge zum Schutz gegen Lawinen und Steinschlag) verwendet.

**Gemeinnützig**
Ziel eines gemeinnützigen Projektes ist es, das Wohl einer Allgemeinheit zu fördern und dabei keine eigenen Interessen in materieller sowie wirtschaftlicher Hinsicht zu verfolgen.

**Genimplantation**
Einfügen eines fremden Gens (Träger einer Erbanlage) in das Genom (vorhandene Erbanlagen) eines Tieres oder einer Pflanze.

**Gentechnik**
Technik, mit der Gene (Erbanlagen) verändert werden können.

**Geologie**
Wissenschaft von der Entwicklung der Erde, zum Beispiel den Bewegungen in der Erdkruste.

**Gletscher**
Eismassen im → Hochgebirge und in Polargebieten, die sich als Ströme talwärts bewegen. Sie entstehen oberhalb der Schneegrenze.

**Grabenbruch**
Absinken einer zwischen zwei höher gelegenen Erdschollen.

**Gradnetz**
Koordinatensystem mit → Längen- und → Breitenkreisen zur Ortsbestimmung auf der Erde.

## H

**Halbware**
Unfertiges Produkt, meist an anderer Produktionsstätte endbearbeitet.

**Hauptsaison**
Die Zeit des Jahres, in der in einem Urlaubsort die höchsten Gästezahlen zu verzeichnen sind. Das ist oft in den Schulferien der Fall (→ Nebensaison).

**Hochgebirge**
Hochgebirge haben hohe Felswände, steil aufragende Gipfel (in Deutschland Alpen mit Zugspitze: 2962 m) und tief eingeschnittene Täler. Im höchsten Teil des Hochgebirges liegen Eis und Schnee.

**Höhenlinie**
Verbindet auf einer Karte alle Punkte in gleicher Höhe über dem → Meeresspiegel. Mithilfe von Höhenlinien werden die Oberflächenformen (Berge und Täler) einer Landschaft dargestellt. Je enger die Höhenlinien nebeneinander liegen, desto steiler ist das Gelände.

**Humanmedizin**
Der den Menschen betreffende Teilbereich der Medizin (Forschung, Behandlung).

**Humus**
Fruchtbarer Bodenbestandteil aus vermoderten Pflanzenteilen.

## I

**Illegal**
Bezeichnung für ungesetzliches und verbotenes Handeln.

**Industrialisierung**
Entstehen von Fabriken in der Mitte des 19.Jahrhunderts nach der Erfindung der Dampfmaschine.

**Investition**
Durch eine Investition wird eine Firma oder ein Projekt ganz oder teilweise finanziert.

## J

**Jäger und Sammler**
Völker, die nur von der Jagd, dem Sammeln von essbaren Pflanzen und der Fischerei leben (heute noch z. B. die Pygmäen).

## K

**Kautschuk**
Natürlicher Grundstoff für Gummi.

**Kiel**
Wichtigster, im Boden angebrachter Längsverband eines Schiffes bzw. Bootes.

**Kleinstlebewesen**
Mikroskopisch kleine Organismen.

**Kobalt**
Metall, das zur Stahlveredelung benötigt wird.

**Kohlendioxid**
Geruchloses, ungiftiges Gas.

**Komponente**
Teil eines Ganzen.

**Kreuzfahrtschiff**
Schiff mit Hotelgastronomie und Unterhaltungseinrichtungen, dessen Route vorher festgelegt wird.

## L

**Längenkreis** (Längengrad)
→ Gradnetz.

**Lateinamerika**
Teil des amerikanischen Kontinents, in dem Spanisch oder Portugiesisch gesprochen wird.

**Latschen**
Bezeichnung für verkrüppelte Kiefern im → Hochgebirge.

## M

**Mäander**
Flussschlinge.

**Machete**
Bezeichnung für ein langes, schwertähnliches Messer.

**Malaria**
Fiebrige Erkrankung, in den Tropen weit verbreitet.

**Mango**
Eine tropische Frucht.

**Massentourismus**
Bezeichnung für eine Form des Fremdenverkehrs, an der eine große Anzahl von Menschen teilnimmt. Urlaubsziele sind zum Beispiel die stark besuchten Badeorte am Mittelmeer. Der Begriff wird auch häufig abschätzig im Sinne einer Kritik an den Auswüchsen des Tourismus gebraucht.

**Meeresspiegel**
Wasseroberfläche des Meeres ohne Wellen und Gezeiten, angegeben in: über dem Meer (ü. M.) oder über Normalnull (NN).

**Meerwasser**
Salzhaltiges Wasser der Meere mit rund 3,5 Prozent Salzgehalt.

# Minilexikon

**Mineraldünger**
Natürlich vorkommende oder künstlich hergestellte Stoffe, die das Pflanzenwachstum fördern (z. B. Stickstoff-, Phosphat-, Kali- und Kalkdünger).

**Mineralien**
Feste Bestandteile der Erdkruste (z. B. Quarz).

**Mineralölerzeugnis**
Produkte, die aus Erdöl hergestellt werden.

**Monokultur**
Langjährige Nutzung einer bestimmten Fläche durch immer die gleiche Kulturpflanze.

**Moskito**
Stechmücke, die → Malaria übertragen kann.

## N

**Naturkatastrophe**
Ein Naturereignis, das vielen Menschen Schaden zufügen kann, zum Beispiel durch eine Überschwemmung oder Dürre, ein Erdbeben, einen Vulkanausbruch, ein Seebeben oder einen Wirbelsturm. Wenn große Zerstörungen und Menschenleben zu beklagen sind, wird das Naturereignis zur Naturkatastrophe.

**Nebensaison**
Die Zeit des Jahres, in der sich in einem Urlaubsort nur wenige Gäste aufhalten. Die Preise sind in der Nebensaison relativ niedrig (→ Hauptsaison).

## O

**Ödland**
Flächen ohne Bewuchs, die landwirtschaftlich nicht nutzbar sind.

**Offshore**
Bezeichnung für den Bereich, der vor der Küste im Meer liegt.

**Ökosystem**
Einheit aus Lebewesen und deren Lebensraum (z. B. Greifvögel, Mäuse und Wiese).

**Optimal**
Wird in Verbindung mit einer Handlung verwendet, die als besonders gut oder gelungen eingeschätzt wird.

**Organischer Dünger**
Bezeichnung für natürlichen Dünger wie Mist oder Gülle.

## P

**Partikel**
Kleinstes Teilchen.

**Pestizide**
Chemische Stoffe, die in der Landwirtschaft zur Schädlings- und Unkrautbekämpfung eingesetzt werden.

**Pipeline**
Bezeichnung für eine Rohrleitung, die zum Transport von flüssigen Produkten dient (z. B. Erdöl).

**Polarnacht**
Die Zeit eines Jahres, in der die Sonne jenseits der Polarkreise länger als 24 Stunden nicht am Horizont erscheint. An den Polen dauert die Polarnacht sechs Monate (→ Polartag).

**Polartag**
Die Zeit eines Jahres, in der die Sonne jenseits der Polarkreise Tag und Nacht scheint. An den Polen dauert der Polartag sechs Monate (→ Polarnacht).

**Portal**
Großer Eingang.

**Prognose**
Bezeichnung für eine Vorhersage.

## R

**Radioaktiv**
Tödliche Strahlung, die bei der Kernspaltung entsteht.

**Rangierrobot**
Bezeichnung für ein computergestütztes Schienenfahrzeug.

**Raubbau**
Wirtschaftsweise, bei der ohne Rücksicht auf mögliche negative Folgen (z. B. → Erosion) Rohstoffe (z. B. Holz) gewonnen werden.

**Recycling**
Das Wort stammt aus dem Englischen (Rückführung). Es steht für die Wiederverwertung von Müll. Viele Abfälle enthalten neu zu verwendendes Material: Glas, Aluminium, Papier, Kunststoffe. Sie müssen getrennt gesammelt werden. In Orten gibt es für diesen Wertmüll gesonderte Tonnen sowie Kunststoff- und Altglascontainer.

**Reduzieren**
Bezeichnung für vermindern.

**Regenerieren**
Sich wieder erholen.

**Reservoir**
Bezeichnung für eine Sammelstelle oder einen Sammelbehälter.

## S

**S-Bahn**
Schnellbahn in Großstädten, deren Züge in kurzen Abständen verkehren (→ U-Bahn).

**Schadstoffklasse**
Klassifizierung von Autos nach ihrem jeweiligen Feinstaubausstoß.

**Schwefelgas** (Schwefeldioxid)
Farbloses, stechend riechendes Gas. Es entsteht bei der Verbrennung fossiler Brennstoffe in Industrie und Kraftfahrzeugen.

**Schwemmland**
Fast ebenes Land, aus Sand- und Lehmablagerungen bestehend.

**Sedimentation**
Prozess der Ablagerung (z. B. von Sand und Steinen in Flüssen).

**Silo**
Behälter zur Aufbewahrung zum Beispiel von Futter oder Getreide.

**Sippe**
Gruppe von Menschen.

**Stärke**
Gehört zur Gruppe der Kohlenhydrate und wird bei der Photosynthese in Pflanzen gebildet.

**Steppe**
Bezeichnung für ein fast baumloses Grasland, weltweit verbreitet.

**Stickoxide**
Bezeichnung für Gase, die bei der Verbrennung entstehen.

**Substanz**
Bezeichnung für den Gehalt bzw. die Teile eines Ganzen.

**Süßkartoffel** (Batate)
Bezeichnung für eine kartoffelartige, tropische Knollenfrucht.

**Süßwasser**
Wasser von Binnengewässern mit einem Salzgehalt von rund 0,5 Prozent Salzgehalt (→ Meerwasser).

## T

**Terrassenfeldbau**
Anlage von ebenen Flächen (Terrassen) an Bergen zur ackerbaulichen Nutzung (z. B. Reisanbau).

**Tiefseegraben**
Langgestreckte, meist rinnenförmige Einsenkung im Meeresboden mit Tiefen bis zu 11 034 m (Witjas-Tief).

**Transit**
Transport von Waren und Personen aus einem Land durch das Gebiet eines anderen Staates in ein drittes Land. Der Transitverkehr wird durch Verträge der beteiligten Staaten geregelt.

**Trophäe**
Bezeichnung für den Teil der Jagdbeute bei Jägern.

**Tropische Edelhölzer**
Tropische Edelhölzer, wie Teak, Palisander, Limba, Mahagoni, die in der tropischen Zone wachsen. Besondere Kennzeichen: keine Jahresringe, hart, wenig empfindlich gegen Feuchtigkeit, besondere Maserung.

## U

**U-Bahn**
Meist in Tunneln fahrende Bahn in Großstädten (→ S-Bahn).

**Urwald**
Wälder, in die der Mensch noch nicht eingegriffen hat.

## V

**Vegetationsperiode**
Zeitraum zwischen Aussaat und Ernte von Pflanzen.

## W

**Wachstumszeit**
Zeitraum, in dem Pflanzen wachsen. Je nach Pflanzenart muss die Temperatur mindestens zwischen 5 °C und 10 °C betragen.

**Weltbank**
Sonderorganisation der Vereinten Nationen (UNO), die am 27.12.1945 gegründet wurde. Aufgabe der Weltbank ist die Förderung der wirtschaftlichen Entwicklung der Mitgliedsländer und des Lebensstandards der Bevölkerung (z. B. durch Förderung privater Investitionen und durch Maßnahmen zur Armutsbekämpfung). Dazu dienen vor allem die Vergabe von Finanzhilfen, die Gewährung von technischer Hilfe bei Entwicklungsprojekten, die Koordinierung von Entwicklungshilfe sowie die Zusammenarbeit mit Entwicklungshilfeorganisationen.

**Wendekreise**
Bezeichnung für die beiden → Breitenkreise (Breitengrade) der Erde, über denen die Sonne einmal im Jahr senkrecht steht, danach scheinbar „wendet" und sich wieder dem → Äquator nähert.
Die beiden Wendekreise (nördlicher und südlicher Wendekreis) liegen auf den Erdhalbkugeln bei 23,5° nördlicher und südlicher Breite.

**Wirtschaftsboom**
Zeitraum eines steilen Anstiegs bei der Produktion von Gütern und von Dienstleistungen.

**Wirtschaftswunder**
Bezeichnung für den Zeitraum (etwa 1948/1949 bis Anfang der 1960er-Jahre), in dem es in der Bundesrepublik Deutschland einen → Wirtschaftsboom gab.

**Worst case**
Der Begriff stammt aus dem Englischen. Bei einer → Prognose der schlechteste Fall der eintreten kann (→ best case).

## Z

**Zulieferer**
Betriebe, die Einzelteile für Maschinen oder Kraftfahrzeuge liefern.

Atlantisch
Pazifisc
Nordpolarmeer
Beringmeer
Beaufortsee
Golf von Alaska
Grönland
Grönlandsee
Labradorsee
Baffinbai
Davisstraße
Danmarkstraße
Hudsonbai
Hudsonstraße
Foxebecken
Baffininsel
Victoriainsel
Banksinsel
Devoninsel
Ellesmereinsel
Southamptoninsel
Kanadischer Schild
Barrengrounds
Labrador
Neufundland
Neuschottland
Island
Färöer
Azoren
Bermuda
Sargassosee
Golf von Mexiko
Florida
Große Antillen
Kuba
Hispaniola
Jamaika
Puerto Rico
Bahama-Inseln
Yucatan
Rocky Mountains
Felsengebirge
Great Plains
Appalachen
Alaska
Alaskakette
Brookskette
Mackenziegebirge
Küstengebirge
Küstenkette
Sierra Nevada
Großes Becken
Coloradoplateau
Westliche Sierra Madre
Östl. Sierra Madre
Hochland von Mexiko
Niederkalifornien
Golf von Kalifornien
Golfküstenebene
Mount McKinley 6198
Mount Logan 5951
Mount Robson 3954
Mount Rainier 4392
Mount Shasta 4317
Mount Whitney 4421
Mount Elbert 4396
Mount Mitchell 2039
Popocatepetl 5452
Pico de Orizaba 5700
Kap Barrow
Kap Prince of Wales
Kap Morris Jesup
Kap Farvel
Kap Race
Kap Cod
Kap Canaveral
Kap Mendocino
Beringstraße
McClure-Str.
Nördlicher Polarkreis
Nördlicher Wendekreis
Montreal
Ottawa
Toronto
Boston
New York
Philadelphia
Washington
Hartford
Buffalo
Pittsburgh
Detroit
Cleveland
Chicago
Milwaukee
Minneapolis
Indianapolis
Cincinnati
Columbus
Louisville
Nashville
Norfolk
Charlotte
Atlanta
Jacksonville
Orlando
Tampa
West Palm Beach
Miami
Havanna
New Orleans
Memphis
St. Louis
Kansas City
Oklahoma City
Dallas
Houston
Austin
San Antonio
Monterrey
Torreon
León
Guadalajara
Mexiko-Stadt
Puebla
Denver
Salt Lake City
Phoenix
Ciudad Juárez
Las Vegas
Los Angeles
San Diego
Tijuana
San Francisco
Sacramento
Portland
Seattle
Vancouver
Santo Domingo
San Juan
Port-au-Prince
Guatemala
Martinique
Guadeloupe
St.-Pierre u. Miquelon
Revilla-Gigedo-Inseln
Guadalupe
nach Hawaii 2500 km
London
Paris
Brüssel
Berlin
Hamburg
Hannover
Kopenhagen
Dublin
Glasgow
Birmingham
Newcastle upon Tyne
Randstad
Rhein-Ruhr
Frankfurt
Mittelengland

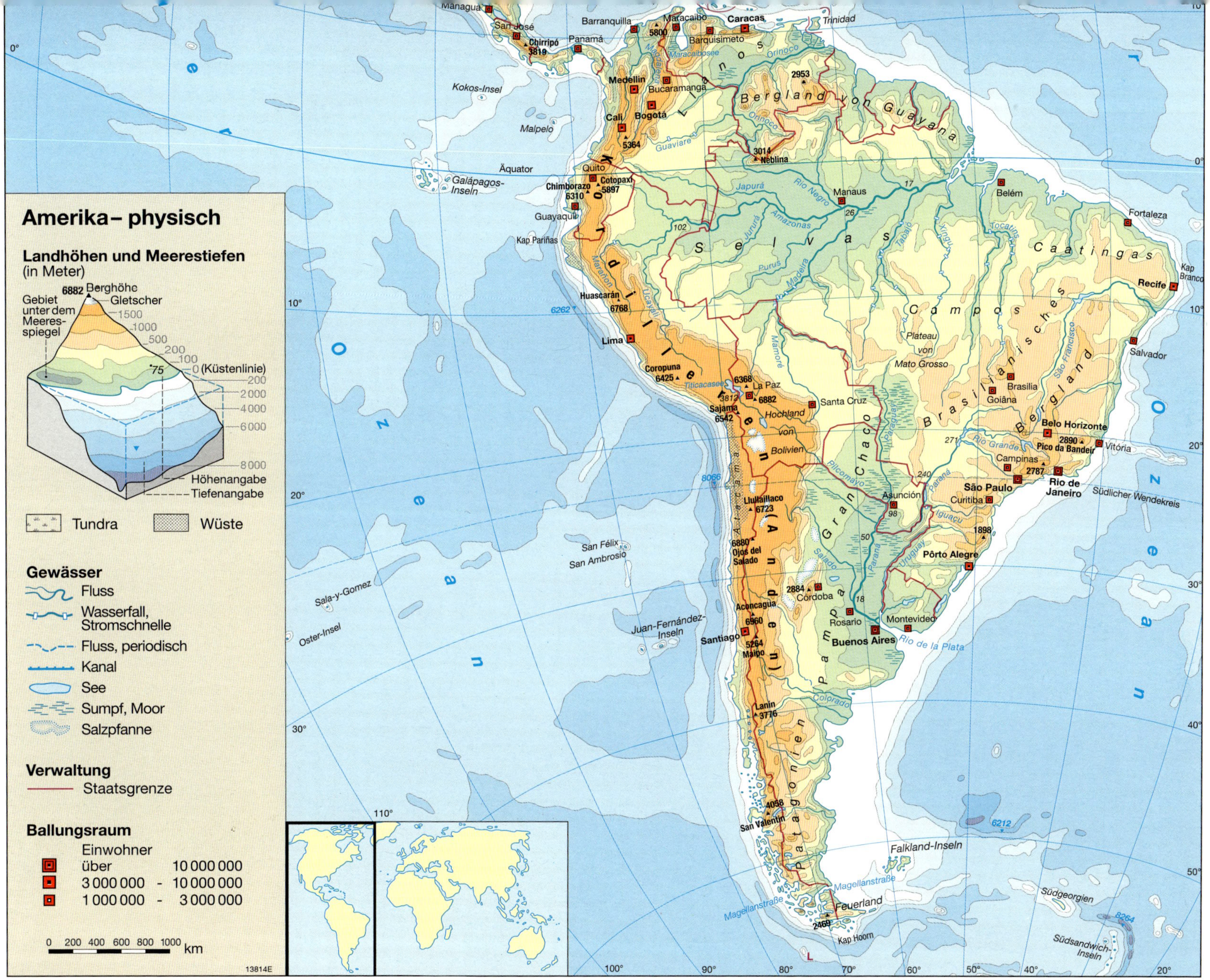
Amerika – physisch
Landhöhen und Meerestiefen (in Meter)
6882 Berghöhe
Gletscher
Gebiet unter dem Meeresspiegel
1500
1000
500
200
100
0 (Küstenlinie)
75
200
2000
4000
6000
8000
Höhenangabe
Tiefenangabe
Tundra
Wüste
Gewässer
Fluss
Wasserfall, Stromschnelle
Fluss, periodisch
Kanal
See
Sumpf, Moor
Salzpfanne
Verwaltung
Staatsgrenze
Ballungsraum
Einwohner
über 10 000 000
3 000 000 - 10 000 000
1 000 000 - 3 000 000
0 200 400 600 800 1000 km
13814E
Managua
San José
Chirripó 3819
Panamá
Barranquilla
Maracaibo
5800
Caracas
Barquisimeto
Trinidad
Maracaibosee
Orinoco
Llanos
Medellín
Bucaramanga
Bogotá
Cali
5364
Guaviare
Bergland von Guayana
2953
3014 Neblina
Kokos-Insel
Malpelo
Äquator
Galápagos-Inseln
Quito
Cotopaxi 5897
Chimborazo 6310
Guayaquil
Kap Pariñas
Japurá
Rio Negro
Manaus
Amazonas
Juruá
Purus
Madeira
Tapajós
Xingu
Tocantins
Belém
Fortaleza
Kap Branco
Recife
Caatingas
Selvas
Kordilleren
Anden
Marañón
Ucayali
102
17
26
Huascarán 6768
6262
Lima
Coropuna 6425
Titicacasee
6368
La Paz
3812
6882
Sajama 6542
Hochland von Bolivien
Santa Cruz
Mamoré
Campos
Plateau von Mato Grosso
Brasilianisches Bergland
Brasília
Goiânia
São Francisco
Salvador
Belo Horizonte
2890 Pico da Bandeira
Vitória
Campinas
2787
Rio de Janeiro
São Paulo
Curitiba
Südlicher Wendekreis
Rio Grande
271
240
Paraná
Paraguay
Iguaçu
Asunción
98
Gran Chaco
Pilcomayo
Atacama
8066
Llullaillaco 6723
6880 Ojos del Salado
Salado
50
Uruguay
1898
Pôrto Alegre
2884
Córdoba
18
Rosario
Montevideo
Buenos Aires
Rio de la Plata
Pampa
Aconcagua 6960
Santiago
5264 Maipo
San Félix
San Ambrosio
Juan-Fernández-Inseln
Sala-y-Gomez
Oster-Insel
Colorado
Lanín 3776
Patagonien
4058
San Valentín
6212
Falkland-Inseln
Magellanstraße
Feuerland
2469
Kap Hoorn
Südgeorgien
8264
Südsandwich-Inseln
Ozean
0°
10°
20°
30°
40°
50°
60°
70°
80°
90°
100°
110°

Nordpolarmeer
Britische Inseln
London
Birmingham
Glasgow
Dublin
Nordsee
Paris
Brüssel
Amsterdam
Hamburg
Berlin
Kopenhagen
Köln
Frankfurt
München
Madrid
Barcelona
Lyon
Montblanc 4807
Alpen
Turin
Mailand
Wien
Prag
Rom
Algier
Atlasgebirge
Skandinavien
Oslo
Stockholm
Helsinki
Tallinn
Riga
Ostsee
Vilnius
Warschau
Minsk
Sankt Petersburg
Murmansk
Kola
Archangelsk
Barentssee
Spitzbergen
Franz-Josef-Land
Nowaja Semlja
Karasee
Sewernaja Semlja
Kap Tscheljuskin
Taimyrhalbinsel
Neusibirische Inseln
Laptewsee
Moskau
Budapest
Belgrad
Bukarest
Kiew
Charkiw
Chisinău
Odessa
Dnipropetrowsk
Donezk
Sofia
Athen
Nishnij Nowgorod
Kasan
Perm
Ufa
Samara
Saratow
Wolgograd
Rostow
Uralgebirge
Narodnaja Gora
1894
Jekaterinburg
Tscheljabinsk
Omsk
Nowosibirsk
Norilsk
1701
Nördlicher Polarkreis
Sibirien
Westsibirisches Tiefland
Untere Tunguska
Angara
Jenissei
Ob
Irtysch
Tobol
Ertis
Astana
Qaraghandy
Kasachische Schwelle
Balchaschsee
Aralsee
Syrdarja
Amudarja
Turan
Kaspische Senke
Kaspisches Meer
Schwarzes Meer
Istanbul
Bursa
Izmir
Ankara
Anatolien
Taurus
Adana
Gaziantep
Aleppo
Kaukasus
5642
Tiflis
Jerewan
Ararat
5165
Baku
Täbris
Elburs
5604
Teheran
Zagrosgebirge
Isfahan
Hochland von Iran und Afghanistan
Shiraz
Kerman
Mittelmeer
Alexandria (El-Iskandariya)
Kairo
Tel Aviv-Jaffa
Beirut
Gaza
Damaskus
Amman
Syrische Wüste
Mosul
Mesopotamien
Bagdad
Basra
Kuwait
Persischer Golf
Riad
Mekka
Jiddah
Arabien
Arabische Wüste
Dubai
Abu Dhabi
Golf von Oman
Maskat
3018
Ras al-Haad
Sana
3760
Hadramaut
Aden
Bab al-Mandab
Dschibuti
Golf von Aden
Sokotra
Kap Guardafui
Somali-Halbinsel
Rotes Meer
Libysche Wüste
Nubien
Khartum
Hochland von Äthiopien
4307
Mt. Kenia
5199
Victoriasee
Kilimandscharo
5895
Mogadischu
Sansibar
Seychellen
Amiranten
Aldabra-Inseln
Äquator
Indischer Ozean
Arabisches Meer
Ashgabat
Meschhed
Taschkent
Samarkand
Duschanbe
Bishkek
Almaty
Pik Pobedy
7439
Tian Shan
Urumchi
Dsungarei
Pamir
7495
Tarimbecken
Hindukusch
Kabul
4148
Peshawar
Khaiber-Pass
Godwin Austen (K2)
8610
Karakorum
Rawalpindi
Gujranwala
Lahore
Multan
Punjab
Indus
Sutlej
Kunlun Shan
7723
Nan Shan
6346
Hochland von Tibet
Transhimalaya
Himalaya
Lhasa
Mount Everest
8846
Kathmandu
Mekran
4042
Karachi
Hyderabad
Thar
Delhi (Dilli)
Ludhiana
Meerut
7816
Jaipur
Agra
Lucknow
Kanpur
Varanasi
Allahabad
Patna
Hindustan
Ganges
Brahmaputra
Ahmadabad
Indore
Bhopal
Jabalpur
Asansol
Dhaka
Bengalen
Khulna
Chittagong
Vadodara
Surat
Narmada
Jamshedpur
Nashik
Nagpur
Kalkutta (Kolkata)
Bombay (Mumbai)
1646
Godavari
Poona
Hyderabad
1680
Ostghats
Westghats
Dekkan
Vishakhapatnam
Vijayawada
Golf von Bengalen
Bangalore (Bengaluru)
Madras (Chennai)
Lakkadiven
Calicut
Coimbatore
Anaimudi
2698
Madurai
Cochin
Trivandrum
Kap Comorin
Ceylon
Colombo
2524
Pidurutalagala
Kap Dondra
Malediven
Andamanen
Nikobaren
Altai
4506
Bjelucha
Sajan
Irkutsk
Baikalsee
Jablonowy
Changaigebirge
3905
Ulan Bator
Gobi oder Schamo
Selenga
Lanzhou
1554
Huang He
Chengdu
Rotes Becken
Minya Konka
7590
Kunming
Mandalay
Rangun (Yangon)
Bangkok (Krung Thep)
Phnom Penh
Isthmus von Kra
Golf von Thailand
Halbinsel Malakka
Medan
Kuala Lumpur
Sumatra
Kerinci
3805
Mekong
Irawadi
Saluen
Nordpolarmeer
Lena
Wiljui
Werchojansker
66,5°
60°
40°
80°
100°
120°
140°
160°
23,5°
20°
0°
40°
60° Ost
80°
100°

# Asien – physisch

## Landhöhen und Meerestiefen
(in Meter)

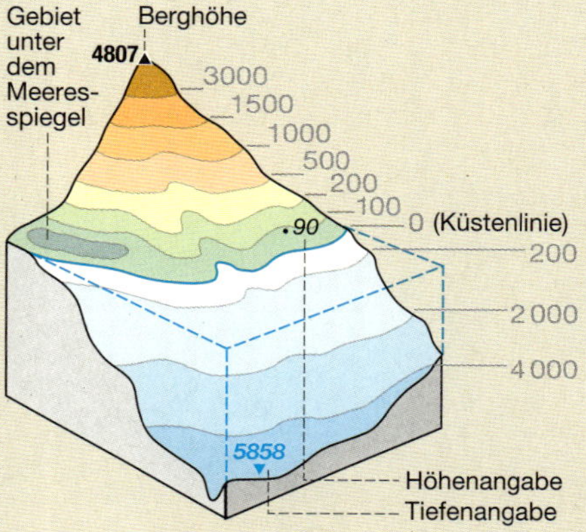


## Gewässer

- Fluss
- See
- Salzsee
- Moor, Sumpf

## Verwaltung

- Staatsgrenze

## Ballungsräume

Einwohner

- über 10 000 000
- 5 000 000 – 10 000 000
- 1 000 000 – 5 000 000
- unter 1 000 000

0 200 400 600 800 1000 km

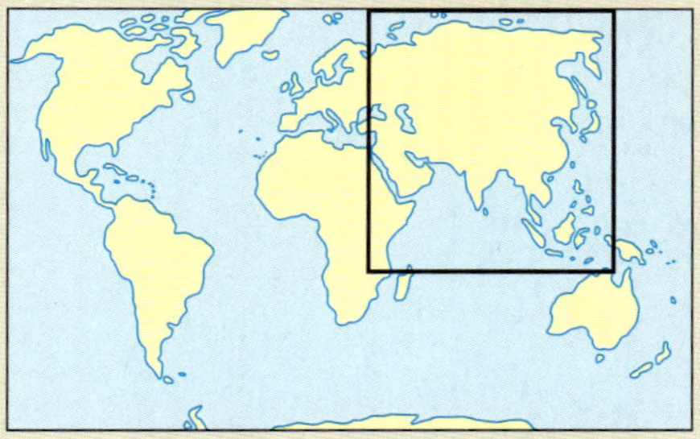

0157E_6

Kaspisches Meer
Schwarzes Meer
Mittelmeer
Rotes Meer
Persischer Golf
Golf von Aden
Indischer Ozean
Golf von Guinea
Kaukasus
Alpen
Elburs
Taurus
Mesopotamien
Hochland von Iran
Arabien
Große Arabische Wüste
Atlasgebirge
Grosse Sandwüste
Libysche Wüste
Sahara
Sahel
Ahaggar
Tibesti
Aïr
Fessan
Nubien
Kordofan
Tschadbecken
Erg Iguidi
Erg Chech
Oberguineaschwelle
Niederguineaschwelle
Asandeschwelle
Kongobecken
Hochland von Äthiopien
Somali-Halbinsel
Ostafrikanisches Hochland
Zentralafrikan. Schwelle
Kanarische Inseln
Madeira
Nördlicher Wendekreis
Äquator
Paris
Madrid
Lissabon
Rom
Wien
Budapest
Istanbul
Ankara
Kairo
Alexandria
Algier
Tunis
Tripolis
Bengasi
Rabat
Casablanca
Dakar
Lagos
Khartum
Addis Abeba
Nairobi
Kinshasa
Mogadischu
Teheran
Bagdad
Riad
Sana
Dschibuti
Daressalam
188

# Afrika – physisch

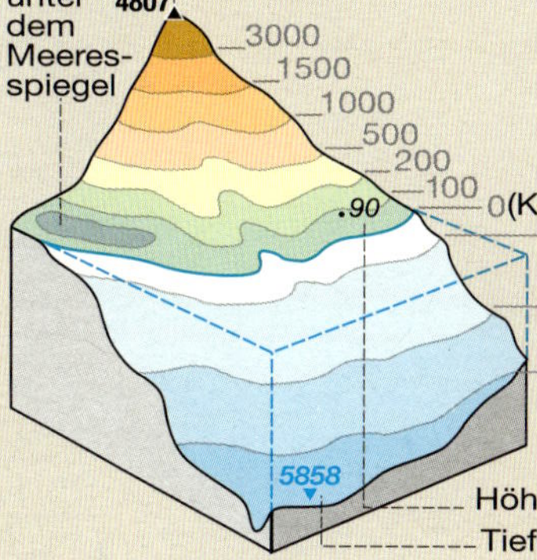


0 200 400 600 800 1000 km

**Gewässer**

- Fluss
- Oase
- Kanal
- Stromschnelle, Wasserfall
- See
- Salzsee
- Moor, Sumpf
- Wadi, Trockenfluss
- Salzpfanne, Salzsee

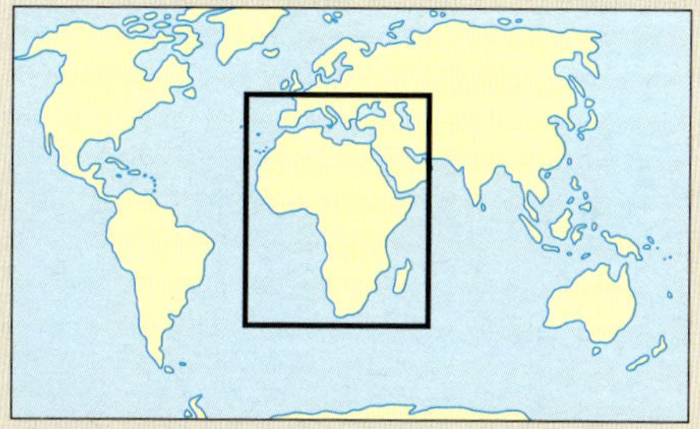

**Verwaltung**

- Staatsgrenze

**Ballungsraum**

Einwohner

- über 10 000 000
- 5 000 000 – 10 000 000
- 1 000 000 – 5 000 000
- unter 1 000 000

6958E_3

## Erde – physisch

20° Ost
40°
60°
80°
100°
120°
140°
160°
180°
Franz-Josef-Land
Nowaja
Semlja
Kap Tscheljuskin
Taimyr Halbinsel
Laptewsee
Ostsibirische See
Barents-
see
Karasee
Nordkap
Kola
Werchojansk
Werchojansker Gebirge
Kap Deshnew
Lena
S i b i r i e n
Ob
Jenissei
Ural
Stanowoigebirge
Kamtschatka
Bering-
meer
Aleuten
Ochotskisches
Meer
Baikalsee
Nowosibirsk
Irtysch
Wolga
Moskau
Berlin
E U R O P A
Jablonowyj-
gebirge
Amur
Altai
Kaspische
Senke
A S I E N
Mandschurei
Elbrus
5642
Schwarzes Meer
Kaspisches Meer
Turan
Gobi
Peking
Japanisches
Meer
Honshu
Tokio
Donau
Tian Shan
Tarim-
becken
Kunlun Shan
Korea
Mittelmeer
Mesopotamien
Hochland
von Iran
Hindukusch
Hochland
von Tibet
Huang He
Ostchinesisches
Meer
10554
Kairo
Himalaya
Mt. Everest
8872
Delhi
Indus
Thar
Ganges
Jangtsekiang
Südchinesisches
Bergland
Pazifischer Ozean
Nil
Rotes Meer
Arabien
Kanton
Große
Arabische
Wüste
Indien
Sahara
Tibesti
AFRIKA
Arabisches
Meer
Bombay
Golf von
Bengalen
Bangkok
Mekong
Philippinen
Marianen
Witjas-Tief
11034
Andamanen
Kap Guardafui
10540
Sudan
Nikobaren
Südchinesisches
Meer
Mikronesien
Hochland von
Äthiopien
Kap Cormorin
Ceylon
Karolinen
Asandeschwelle
Kongo
Malediven
Malaiischer
Borneo
Melanesien
0°
Kongo-
becken
Kenia
5199
Kilimandscharo
5895
Sumatra
3805
Kerinci
Kinshasa
Daressalam
Seychellen
Tschagos-
Inseln
Archipel
Neuguinea
Java
Niederguinea
Lundaschwelle
Komoren
Indischer Ozean
Kokos-Inseln
7450
Salomon-Inseln
Kap York
Sambesi
Darwin
Korallen-
see
Madagaskar
Namib
Maskarenen
Große
Sandwüste
Kalahari
Bergland
Neukaledonien
Johannesburg
AUSTRALIEN
Drakensberge
Große
Victoriawüste
Australisches
Tiefland
Perth
Kapstadt
Kap der
Guten Hoffnung
Große
Australische
Bucht
Australisches
Sydney
Tasman-
see
St. Paul
2230
Mt. Kosciusko
Tasmanien
40°
20°
60°
80°
Kerguelen
Neuseeland
Chatham-
Insel
Campbell-
Insel
A N T A R K T I S

# Bildquellen

3wimage.Com, Erlinsbach: 89 M6 B (Robert Schmid), 120 M3 (Schmid); A1PIX, Taufkirchen: 48 M1 (MPO), 91 M4 (TOG), 153 M6; alamy images, GB-Abingdon: 91 M5 (Brent Bergham/indiapicture), 121 M7 (Greenshoots Communications), 162 oben links (Jon Arnold Images), 171 M5 (Nahum Budin / PhotoStock-Israel); Alimdi.net, Deisenhofen: 145 M2 (Strigl); Alois Greiner Photo-Center, Braunschweig: 119 M6 (Graebner); Amtsfeld, P., Umkirch: 9 M4; Anzenberger, Wien: 68 M1 (Layma); Arco Images, Lünen: 100 M4 (Schlepphorst); argus Fotoarchiv GmbH, Hamburg: 9 M3 (Schwarzbach); Astrofoto, Sörth: 117 M7; Bettmeralp Tourismus, CH-Bettmeralp: 49 M3 links, 49 M3 rechts; Bildagentur Schapowalow GmbH, Hamburg: 41 M3 (Huber); Bildagentur-online GmbH, Burgkunstadt: 99 M6; Bilderberg, Hamburg: 45 M5 (Schmitz), 87 M6 (Grames); Birgit Wilczek: 124 M2; Blickwinkel Bildagentur, Witten: 106 M3 (Schmidbauer); Blume Bild, Celle: 79 M5; Burkard, H.-J., Hamburg: 112 M3; Caro Fotoagentur, Berlin: 38 M4 (Frank Sorge); Christoph & Friends / Das Fotoarchiv GmbH, Essen: 150 M4 (Xinhua), 174 M2 links, 176 M2; Comet Photoshopping, Zürich: 42 M2; Corbis, Düsseldorf: 72 M1 (van Sant), 105 M5 (Perrin), 111 M6 (Owen Franken), 118 M1 (Ed Kashi), 118 M4 (Yann Arthus-Bertrand), 126 M1 (Scigliano), 129 M6 (The Bettman Archive), 137 M6 (Jim Sugar), 142 M4 (Galen Rowell), 146 M4 (Lana Slivar/Reuters), 173 M4 (Kaufman); Das Fotoarchiv, Essen: 14 M1 (Rainer Heubeck), 87 M4, 105 M6 (S. Goodman), 110 M1 (Russell Gordon); ddp, Berlin: 157 M6 (Kappeler); Deutsches Elfenbeinmuseum, Erbach: 61 M5 Mitte; Dittrich, R. , Braunschweig: 122 oben; Doering, O., Düsseldorf: 57 M4; DRK-Bildarchiv, Berlin: 152 M3; Duisport AG, Duisburg: 17 M5; Eckert-Schweins, W., Ingolstadt: 25 M3; Egbert, Martin, Ibbenbueren: 94 M1; Eisele Photos, Augsburg: 114 M2, 114 M3; Erl / CCC,www.c5.net: 29 unten; Ernst Wrba Foto-Design, Wiesbaden: 60 M4; Fabian, M., Hannover: 143 M6; Fachagentur Nachwachsende Rohstoffe, Berlin: 78 M3 (Michael Ryba); Federal Express Corporation, Neu-Isenburg: 15 M7; Focus, Hamburg: 174 M2 rechts; GERB GmbH, Essen: 139 M5 rechts; Gerster, G., CH-Zumikon: 83 M5; Gesellschaft für ökologische Forschung, München: 42 M3 (Baumeister), 66 M2 oben, 66 M2 unten; Getty Images, München: 96 M1 (Blair), 105 M3 (Randy Olson/National Geographic), 128 M3 (AFP/Teh Eng Koon), 136 M1 (AFP/Jewel), 146 M2 (Stringer/AFP), 146 M3 (Stringer/AFP); Globus Infografik GmbH, Hamburg: 9 M5, 15 M5, 20 M4, 24 M1, 24 M2, 94 M4, 94 M5, 179 M5; Greenpeace, Hamburg: 110 M4 (Wendler), 116 M1, 118 M3 (Kuesters); Gästeinformation Bad Hindelang, Bad Hindelang: 49 M5; Hafen Hamburg Marketing, Hamburg: 15 M6; Haitzinger / CCC,www.c5.net: 123 unten; Hamburger Abendblatt, Hamburg: 6 M1 (Andreas Laible); Herbert, Ch. W., USA-Tuscon: 137 M9; i.m.a, Bonn: 79 M6; IFA-Bilderteam GmbH, Ottobrunn: 56 M1 (Graf); images.de, Berlin: 67 M6 (Baumeister); Imaginechina, Shanghai: 90 M3; Kerstin Neumann, Gelsenkirchen: 22 M2; Klohn, W., Vechta: 82 M4; Knecht, Freiburg: 92 a; KTB, Windischeschenbach: 130 M2; Kvaerner Warnow Werft, Rostock: 19 M5; Köcher, U., Hannover: 99 M8; laif, Köln: 106 M2, 119 M5 (Ulutuncok), 129 M5 (Garcia), 138 M2 (Tueremis), 162 oben rechts (Malherbe), 164 M1 (Ulutuncok); Look, München: 50 M3 (Jan Greune); Mager, F.-G., Gengenbach: 92 d; mauritius images, Mittenwald: 32 M1 (Vidler), 38 M1 (Mallaun), 43 M5 (Geiersperger), 43 M7 (Schmied), 45 M6 (Mitterer), 78 M1, 81 M7 (Mader), 142 M2 (Glöckner); MEV, Augsburg: 38 M2 (Riedel); NASA, USA-Houston: 150 M1; Nationalparkverwaltung Bayerischer Wald, Grafenau: 92 c (Rainer Pöhlmann); Nebel, J., Muggensturm: 10 M1; Okapia-Bildarchiv, Frankfurt/Main: 45 M3 (Dragesco), 57 M6 (Otto), 81 M6 (Eckstein), 89 M6 C, 89 M6 D, 107 M7 oben (Büttner), 124 M1 (Dale Robert Franz), 152 M5 (Reed); Otto, W., Oberhausen: 58 M1; Pandis Media GmbH, München: 150 M3; Peter Arnold, Berlin: 173 M5 (Dan Porges); Philipp, Dr. E., Berlin: 75 M3 unten; Picture-Alliance GmbH, Frankfurt am Main : 16 M3 (Deck), 19 M4 (Nietfeld), 20 M1 (Berg), 20 M2 (zb/Förster), 21 M6 (Thelen), 26 M2 (UPPA Gary Lee), 27 M6 (DB FRM), 30 M1 (Wagner), 35 Mitte (Bildagentur Huber/Schmid), 86 M2 (Gogong/Philippe Lissac), 102 M1 (Scheer), 102 M2 (Okapia/Woithe), 102 M3 (Okapia/McDonald), 102 M5 (Bildagentur Huber/Huber), 102 M6 (Okapia/McDonald), 102 M7 (Wittek), 115 M5 (Bloomberg News/Ardian), 125 M6 (epa/Walton), 136 M2 (Kasper), 152 M4 (Jorge Nuaez), 157 M5 (Pleul), 157 M7 (Pilick), 166 M1 (Düren), 166 M2 (epa Haris Tyagi), 172 M2, 174 M3 (Nowosti/Lehtikuva ), 178 M1 (Wang Kangming/Imaginechina), 178 M3 (Imaginechina); Pro Terra , München: 98 M2; Prof. Dr. U. Kull, Stuttgart: 75 M3 oben; Reuters, Bonn: 23 M6; Rupprecht, Frankfurt/M.: 8 M2; Sajak, D., Hemmingen: 140, 141; Schmidt, M., Teningen: 25 M6; Scholz, U., Gießen: 88 M1; Starke, Leipzig: 92 b; Stephan, T., Munderkingen: 135 M7; Stockfood, München: 99 M5 (Bischof); Stürzlinger, G., Pfons: 43 M8; Sächsische Landesbibliothek (SLUB) Deutsche Fotothek, Dresden: 57 M5; Transglobe Agency, Hamburg: 94 M2 (Rademaker), 138 M1 (Hackenberg); ullstein bild, Berlin: 10 M2, 19 M3 (Tollkühn), 38 M3 (Imagebroker.net), 40 M1 Mitte (Imagebroker.net), 40 M1 oben (Steffens), 40 M1 unten (Steffens), 52 M1, 61 M5 links (Gierth), 61 M5 rechts (Imagebroker.net), 67 M4 (CARO/Riedmiller), 67 M5 (Sylent-Press), 152 M2 (Imagebroker.net), 171 M6 (Still Pictures), 195 (ddp); Veltins-Arena, Gelsenkirchen: 67 M7; visaplan GmbH, Bochum: 26 M3; Visum, Hamburg: 10 M3 (Aussieker), 22 M3 (Aussieker), 45 M4 (Schlaeger), 134 M1 (Arndt), 136 M4 (Jim Holmes/Panos); Volkswagen AG, Wolfsburg: 18 M1 oben links u. rechts, 18 M1 unten links; Volkswagen Media Services, Wolfsburg: 18 M1 unten rechts; Weber- Reisen, Ch- Birr: 107 M7 unten; West 8 urban design & landscape architecture b.v., NL-Rotterdam: 53 M3 links u. rechts; Wildlife, Hamburg: 44 M1 (Usher); Wostok Verlag, Berlin: 177 M4; ZAHLENBILDER Erich Schmidt Verlag, Berlin: 28 unten.